U0623217

建筑消防系统的设计安装与调试

主 编 陈 伟
副主编 陈思宇

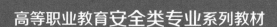

高等职业教育安全类专业系列教材

重庆大学出版社

内容提要

本书为校企合作教材。主要内容涵盖火灾探测报警、建筑防排烟、应急照明及疏散指示和以"水、气体、泡沫、干粉"四大传统灭火剂为代表的消防给水及消火栓系统、自动喷水灭火系统、气体灭火系统、水喷雾灭火系统、细水雾灭火系统、泡沫灭火系统、干粉灭火系统等建筑消防系统,并依据现行消防技术规范全面阐述其设计、安装和调试要求,为消防技能型人才培养奠定基础。

本书可作为建筑消防技术、建筑电气、建筑设备、消防工程等职教类专业的教材,也可作为相关行业企业人员的培训和工作参考书。

图书在版编目(CIP)数据

建筑消防系统的设计安装与调试／陈伟主编.
重庆：重庆大学出版社,2025.8. -- (高等职业教育安
全类专业系列教材). -- ISBN 978-7-5689-5628-4
Ⅰ. TU892
中国国家版本馆 CIP 数据核字第 2025TP8672 号

建筑消防系统的设计安装与调试
JIANZHU XIAOFANG XITONG DE SHEJI ANZHUANG YU TIAOSHI

主 编 陈 伟
副主编 陈思宇
策划编辑:苟荟羽

责任编辑:杨育彪　　版式设计:苟荟羽
责任校对:关德强　　责任印制:张 策

*

重庆大学出版社出版发行
社址:重庆市沙坪坝区大学城西路 21 号
邮编:401331
电话:(023)88617190　88617185(中小学)
传真:(023)88617186　88617166
网址:http://www.cqup.com.cn
邮箱:fxk@cqup.com.cn(营销中心)
全国新华书店经销
重庆新生代彩印技术有限公司印刷

*

开本:787mm×1092mm　1/16　印张:15　字数:385 千
2025 年 8 月第 1 版　2025 年 8 月第 1 次印刷
ISBN 978-7-5689-5628-4　定价:45.00 元

QIANYAN 前 言

《中共中央关于进一步全面深化改革 推进中国式现代化的决定》提出，"加快构建职普融通、产教融合的职业教育体系""着力培养造就卓越工程师、大国工匠、高技能人才"，这为职业教育的未来发展提供了根本遵循。《教育强国建设规划纲要（2024—2035 年）》提出要"打造一批职业教育优质教材""加快建设现代职业教育体系，培养大国工匠、能工巧匠、高技能人才"。本书的编写，旨在锚定现代职业教育培养新型技能型人才的战略定位，加快推动职业教育教材建设出新提质，为消防领域培养技能型人才作出应有的贡献。

"建筑消防系统的设计安装与调试"是高等职业院校建筑消防技术、消防工程技术专业的一门重要的专业课程。本书以火灾自动报警系统、消防给水及消火栓系统、自动喷水灭火系统、气体灭火系统、防排烟系统、应急照明及疏散指示系统、水喷雾灭火系统、细水雾灭火系统、泡沫灭火系统、干粉灭火系统等消防系统为基本知识架构，以消防技能型人才培养为着力点，全面阐述各个系统的设计、安装与调试要求，着力培养消防技能型人才。

本书的编写具有以下特点：第一，以专业培养目标为导向，注重构建完整的知识体系，为专业学习和实践操作奠定坚实的基础；第二，力争做到全面依据国家现行最新消防技术标准和技术规范，以实现在知识体系上的最新化，并做到图文并茂，数据全面，实用性强；第三，本书采用"项目-任务"编写模式，配有与教学内容相匹配的数字资源、任务测试和学业水平测试，以利于学生理解和消化知识并自测学习情况，也方便任课教师有选择地在授课中使用。

本书由欧带（西安）消防技术服务有限公司辽宁工程职业学院合作校区消防专业教师陈伟任主编并负责全书统稿，中建八局第四建设有限公司专新建造公司责任工程师陈思宇任副主编。具体编写分工如下：陈伟编写项目1（任务1.1、任务1.3）、项目2、项目3、项目5、项目7、项目8、项目9、项目10；陈思宇编写项目1（任务1.2）、项目4、项目6、附录。

在本书编写过程中，我们得到了欧带（西安）消防技术服务有限公司及其所属合作院校行业专家、工程技术人员和专业教师的支持与帮助，在此表示衷心的感谢。同时，我们也参考了大量国内外相关文献和标准规范，谨向所有作者致以诚挚的谢意。

由于编者水平有限，书中难免存在不足之处，恳请广大读者批评指正，以便我们不断完善和改进。

编 者

2025 年 3 月

项目 1　火灾自动报警系统

📖 **项目概述**

　　火灾自动报警系统是火灾探测报警系统与消防联动控制系统的总称,是以实现火灾早期探测和报警、向各类消防设施发出控制信号并接收其反馈信号,进而实现预定消防功能为基本任务的一种自动消防设施。通常还包括可燃气体探测报警系统和电气火灾监控系统两个独立的子系统,这两个子系统属于火灾预警系统。

　　火灾自动报警系统可用于人员居住和经常有人滞留的场所,以及存放重要物资或燃烧后产生严重污染需要及时报警的场所。

　　火灾自动报警系统一般设置在工业与民用建筑内部和其他可能因火灾而对人员生命和财产安全造成危害的场所,与自动灭火系统、防排烟系统、应急照明及疏散指示系统以及防火分隔设施等其他自动消防设施一起构成完整的建筑消防系统,因其具有探测火灾和联动控制功能而成为建筑消防系统的核心。

　　火灾自动报警系统组成示意图如图 1.1 所示。

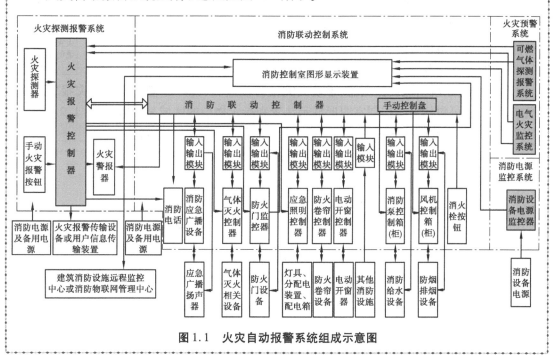

图 1.1　火灾自动报警系统组成示意图

📖 **知识目标**

1.了解火灾自动报警系统设计安装与调试的一般规定;了解火灾自动报警系统布线和供电要求。

2.熟悉消防控制室布置要求;熟悉报警区域和探测区域的划分规定。

3.掌握火灾自动报警系统形式的选择和设计要求;掌握不同类型火灾探测器的适用规定;掌握火灾自动报警系统设备的设置规定。

📖 **技能目标**

1.了解控制与显示类设备、火灾探测器及其他系统部件的安装要求。

2.熟悉火灾报警控制器、消防联动控制器及其现场部件调试的要求。

3.掌握消防专用电话系统、火灾警报、消防应急广播系统调试的要求。

任务 1.1 火灾自动报警系统的设计

1.1.1 火灾自动报警系统设计基础

1)火灾自动报警系统形式的选择和设计要求

火灾自动报警系统按照保护对象和设定的消防安全目标的不同,分为区域报警系统、集中报警系统和控制中心报警系统三种系统形式。

火灾自动报警系统的组成及工作原理

(1)区域报警系统

①区域报警系统由火灾探测器、手动火灾报警按钮、火灾声光警报器及火灾报警控制器等组成,系统中可包括消防控制室图形显示装置和指示楼层的区域显示器,如图1.2所示。

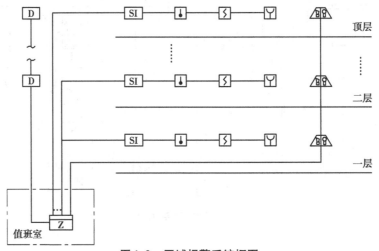

图1.2 区域报警系统框图

②仅需要报警而不需要联动自动消防设备的保护对象宜采用区域报警系统。

③区域报警系统火灾报警控制器应设置在有人值班的场所。

（2）集中报警系统

①集中报警系统由火灾探测器、手动火灾报警按钮、火灾声光警报器、消防应急广播、消防专用电话、消防控制室图形显示装置、火灾报警控制器、消防联动控制器等组成，如图1.3所示。

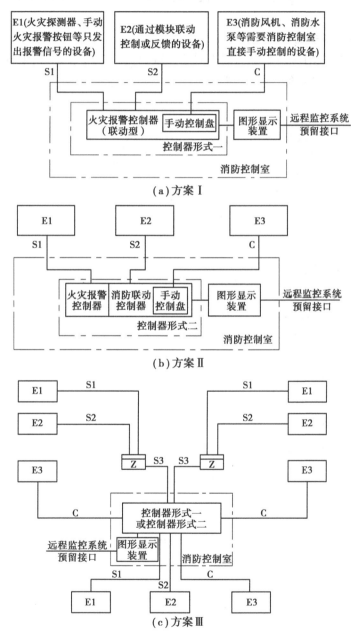

图1.3 集中报警系统框图

注:方案Ⅰ、方案Ⅱ在消防控制室设置一台起集中控制功能的控制器;方案Ⅲ除在消防控

制室设置一台起集中控制功能的控制器外,还可设置若干台区域火灾报警控制器。S1 为报警信号总线,S2 为联动信号总线,C 为直接控制线路。

②不仅需要报警,同时需要联动自动消防设备,且只设置一台具有集中控制功能的火灾报警控制器和消防联动控制器的保护对象,应采用集中报警系统,并应设置一个消防控制室。

③集中报警系统中的火灾报警控制器、消防联动控制器和消防控制室图形显示装置、消防应急广播的控制装置、消防专用电话总机等起集中控制作用的消防设备,应设置在消防控制室内。

(3)控制中心报警系统

①设置两个及以上消防控制室的保护对象,或已设置两个及以上集中报警系统的保护对象,应采用控制中心报警系统,如图 1.4 所示。

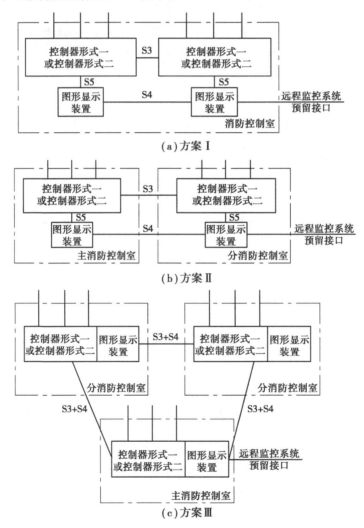

图 1.4 控制中心报警系统框图

②有两个及以上消防控制室时,应确定一个主消防控制室。

③主消防控制室应能显示所有火灾报警信号和联动控制状态信号,并应能控制重要的消防设备;各分消防控制室内消防设备之间可互相传输、显示状态信息,但不应互相控制。

注:方案Ⅰ为一个消防控制室内设置两个集中报警系统的情况;方案Ⅱ为设置两个消防控制室的情况,此时应明确一个消防控制室为主消防控制室;方案Ⅲ为设置多个消防控制室的情况,此时主消防控制室和分消防控制室之间可组成环网系统。S3 为控制器之间通信线,S4 为图形显示装置之间通信线。

2)报警区域和探测区域的划分

划分报警区域的目的主要是迅速确定报警及火灾发生部位,并解决消防系统的联动设计问题。发生火灾时,涉及发生火灾的防火分区及相邻防火分区的消防设备的联动启动,这些设备需要协调工作,因此需要划分报警区域。为了迅速而准确地探测出被保护区域内发生火灾的部位,需将被保护区域按顺序划分成若干探测区域。

(1)报警区域

报警区域是指将火灾自动报警系统的警戒范围按防火分区或楼层等划分的单元。

①可将一个防火分区或一个楼层划分为一个报警区域,也可将发生火灾时需要同时联动消防设备的相邻几个防火分区或楼层划分为一个报警区域。

②特殊场所报警区域的划分:

a.电缆隧道的一个报警区域宜由一个封闭长度区间组成,一个报警区域不应超过相连的 3 个封闭长度区间;道路隧道的报警区域应根据排烟系统或灭火系统的联动需要确定,且不宜超过 150 m。

b.甲、乙、丙类液体储罐区的报警区域应由一个储罐区组成,每个 50 000 m³ 及以上的外浮顶储罐应单独划分为一个报警区域。

c.列车的报警区域应按车厢划分,每节车厢应划分为一个报警区域。

(2)探测区域

探测区域是将报警区域按探测火灾的部位划分的单元。

①探测区域应按独立房(套)间划分。一个探测区域的面积不宜超过 500 m²。从主要入口能看清其内部,且面积不超过 1 000 m² 的房间,也可划为一个探测区域。

②红外光束感烟火灾探测器和缆式线型感温火灾探测器的探测区域的长度,不宜超过 100 m。

③需单独划分探测区域的场所:

a.敞开或封闭楼梯间、防烟楼梯间。

b.防烟楼梯间前室、消防电梯前室、消防电梯与防烟楼梯间合用的前室、走道、坡道。

c.电气管道井、通信管道井、电缆隧道。

d.建筑物闷顶、夹层。

3)消防控制室

消防控制室是建筑消防系统的信息中心、控制中心、日常运行管理中心和各自动消防系统运行状态监视中心,也是建筑发生火灾和日常消防演练时的应急指挥中心。在有城市远程监控系统的地区,消防控制室也是建筑与监控中心的接口。

①具有消防联动功能的火灾自动报警系统的保护对象中应设置消防控制室。

②消防控制室应有相应的竣工图纸、各分系统控制逻辑关系说明、设备使用说明书、系统操作规程、应急预案、值班制度、维护保养制度及值班记录等文件资料。

③消防控制室内严禁穿过与消防设施无关的电气线路及管路。

④消防控制室不应设置在电磁场干扰较强及其他影响消防控制室设备工作的设备用房附近。

⑤消防控制室内设备布置应符合以下规定:

a.设备面盘前的操作距离,单列布置时不应小于1.5 m;双列布置时不应小于2 m。

b.在值班人员经常工作的一面,设备面盘至墙的距离不应小于3 m。

c.设备面盘后的维修距离不宜小于1 m。

d.设备面盘的排列长度大于4 m时,其两端应设置宽度不小于1 m的通道。

e.与建筑其他弱电系统合用的消防控制室内,消防设备应集中设置,并应与其他设备间有明显间隔。

⑥消防控制室应符合有关建筑防火要求。

1.1.2 火灾探测器的分类选择与设置

1)火灾探测器的分类

(1)根据探测火灾特征参数分类

火灾探测器根据探测火灾特征参数的不同,分为感烟、感温、感光、气体和复合5种基本类型。

①感烟火灾探测器是对探测区域内某一点或某一连续路线周围,悬浮在大气中的燃烧和(或)热解产生的固体或液体微粒参数响应的火灾探测器。感烟火灾探测器按照探测方法不同分为离子感烟火灾探测器和光电感烟火灾探测器。

②感温火灾探测器,即响应异常温度、温升速率和温差变化等参数的火灾探测器,感温火灾探测器主要有三种类型:定温式、差温式和差定温式。

③感光火灾探测器,是一种对火焰中特定波段中的电磁辐射敏感(红外、可见和紫外谱带)的火灾探测器,又称火焰探测器,正常可见波段范围内的火焰探测器又称为图像型火灾探测器。

④气体火灾探测器,即响应燃烧或热解产生的气体的火灾探测器。

⑤复合火灾探测器,即将多种探测原理集中于一身的探测器,它进一步又可分为烟温复合、红外紫外复合等火灾探测器。

(2)根据监视范围分类

火灾探测器根据监视范围的不同,分为点型火灾探测器和线型火灾探测器。

①点型火灾探测器,即响应一个小型传感器附近的火灾特征参数的探测器。

②线型火灾探测器,即响应某一连续路线附近的火灾特征参数的探测器,通常包括线型光束感烟火灾探测器、缆式线型感温火灾探测器等。

a.线型光束感烟火灾探测器由发射器和接收器(反射器)两部分组成,分为对射式和反射式两种类型。其工作原理主要基于烟雾颗粒对光束的散射和吸收特性。该探测器利用红外线或激光等光束作为探测源,通过烟雾对光束的影响来探测火灾。当火灾发生时,烟雾颗粒进入探测器的监测区域,对光束产生散射和吸收作用,导致光束的强度发生变化。这种变化被探测器接收并转化为电信号,进一步由控制器处理和分析,最终判断是否发生火灾并发出报警信号。

b. 缆式线型感温火灾探测器由敏感部件和与其相连接的信号处理单元及终端组成,敏感部件通常采用感温电缆、感温光纤等。缆式线型感温火灾探测器以感温光纤作为敏感部件时又称线型光纤感温火灾探测器,它主要依赖于光纤内部光信号的变化来探测火灾,其最小报警长度比缆式线型感温火灾探测器长得多,因此只能适用于比较长且发热或起火初期燃烧面比较大的场所。

（3）其他分类方法

火灾探测器还可按照是否具有复位功能,是否具有可拆卸性进行分类。

2）火灾探测器的选择

（1）一般规定

①对火灾初期有阴燃阶段,产生大量的烟和少量的热,很少或没有火焰辐射的场所,应选择感烟火灾探测器。

②对火灾发展迅速,可产生大量热、烟和火焰辐射的场所,可选择感温火灾探测器、感烟火灾探测器、火焰探测器或其组合。

③对火灾发展迅速,有强烈的火焰辐射和少量烟、热的场所,应选择火焰探测器。

④对火灾初期有阴燃阶段,且需要早期探测的场所,宜增设一氧化碳火灾探测器。

⑤对使用、生产可燃气体或可燃蒸气的场所,应选择可燃气体探测器。

⑥对火灾形成特征不可预料的场所,可根据模拟试验的结果选择火灾探测器。

⑦同一探测区域内设置多个火灾探测器时,可选择具有复合判断火灾功能的火灾探测器。

（2）根据房间高度选择点型火灾探测器

对不同高度的房间,可按表 1.1 选择点型火灾探测器。

表 1.1　对不同高度的房间点型火灾探测器的选择

房间高度 h /m	点型感烟火灾探测器	点型感温火灾探测器			火焰探测器
		A1,A2	B	C,D,E,F,G	
12<h≤20	不适合	不适合	不适合	不适合	适合
8<h≤12	适合	不适合	不适合	不适合	适合
6<h≤8	适合	适合	不适合	不适合	适合
4<h≤6	适合	适合	适合	不适合	适合
h≤4	适合	适合	适合	适合	适合

注:表中 A1、A2、B、C、D、E、F、G 为点型感温火灾探测器的不同类别。

（3）点型感烟火灾探测器

①宜选择点型感烟火灾探测器的场所:饭店、旅馆、教学楼、办公楼的厅堂、卧室、办公室、商场、列车载客车厢等;计算机房、通信机房、电影或电视放映室等;楼梯、走道、电梯机房、车库等;书库、档案库等。

②不宜选择点型离子感烟火灾探测器的场所:相对湿度经常大于 95%;气流速度大于 5 m/s;有大量粉尘、水雾滞留;可能产生腐蚀性气体;在正常情况下有烟滞留;产生醇类、醚

类、酮类等有机物质。

③不宜选择点型光电感烟火灾探测器的场所：有大量粉尘、水雾滞留；可能产生蒸气和油雾；高海拔地区；在正常情况下有烟滞留。

（4）点型感温火灾探测器

①宜选择点型感温火灾探测器的场所：相对湿度经常大于95%；可能发生无烟火灾；有大量粉尘；吸烟室等在正常情况下有烟或蒸气滞留的场所；厨房、锅炉房、发电机房、烘干车间等不宜安装感烟火灾探测器的场所；需要联动熄灭"安全出口"标志灯的安全出口内侧；其他无人滞留且不适合安装感烟火灾探测器，但发生火灾时需要及时报警的场所。

②不宜选择点型感温火灾探测器的场所：可能产生阴燃火或发生火灾不及时报警将造成重大损失的场所；温度在0 ℃以下的场所，不宜选择定温火灾探测器；温度变化较大的场所，不宜选择具有差温特性的火灾探测器。

（5）感光火灾探测器

①宜选择点型感光火灾探测器的场所：火灾时有强烈的火焰辐射；可能发生液体燃烧等无阴燃阶段的火灾；需要对火焰做出快速反应。

②不宜选择点型感光火灾探测器和图像型火焰探测器的场所：在火焰出现前有浓烟扩散；探测器的镜头易被污染；探测器的"视线"易被油雾、烟雾、水雾和冰雪遮挡；探测区域内的可燃物是金属和无机物；探测器易受阳光、白炽灯等光源直接或间接照射。

③点型火焰探测器的选择限制：探测区域内正常情况下有高温物体的场所，不宜选择单波段红外火焰探测器；正常情况下有明火作业，探测器易受 X 射线、弧光和闪电等影响的场所，不宜选择紫外火焰探测器。

（6）点型可燃气体探测器

宜选择点型可燃气体探测器的场所：使用可燃气体的场所；燃气站和燃气表房以及存储液化石油气罐的场所；其他散发可燃气体和可燃蒸气的场所。

（7）线型光束感烟火灾探测器

①无遮挡的大空间或有特殊要求的房间，宜选择线型光束感烟火灾探测器。

②不宜选择线型光束感烟火灾探测器的场所：有大量粉尘、水雾滞留；可能产生蒸气和油雾；在正常情况下有烟滞留；固定探测器的建筑结构由于振动等原因会产生较大位移的场所。

（8）缆式线型感温火灾探测器

①宜选择缆式线型感温火灾探测器的场所：电缆隧道、电缆竖井、电缆夹层、电缆桥架；不易安装点型火灾探测器的建筑物夹层、闷顶；各种皮带输送装置；其他环境恶劣不适合点型火灾探测器安装的场所。

②宜选择线型光纤感温火灾探测器的场所：除液化石油气外的石油储罐；需要设置线型感温火灾探测器的易燃易爆场所；需要监测环境温度的地下空间等场所宜设置具有实时温度监测功能的线型光纤感温火灾探测器；公路隧道、敷设动力电缆的铁路隧道和城市地铁隧道等。

3）火灾探测器的设置

（1）点型火灾探测器的设置

点型火灾探测器的设置应符合下列规定：

①探测区域的每个房间应至少设置一只火灾探测器。

②感烟火灾探测器和感温火灾探测器的保护面积、保护半径和安装间距等参数,应根据《火灾自动报警系统设计规范》(GB 50116—2013)的相关规定确定。

③一个探测区域内所需设置的火灾探测器数量,不应小于下式的计算值,即

$$N = \frac{S}{K \cdot A}$$

式中　　N——探测器数量,只,应取整数;

S——该探测区域面积,m^2;

A——一只火灾探测器的保护面积,m^2;

K——修正系数,容纳人数超过 10 000 人的公共场所宜取 0.7 ~ 0.8;容纳人数为 2 000 ~ 10 000 人的公共场所宜取 0.8 ~ 0.9;容纳人数为 500 ~ 2 000 人的公共场所宜取 0.9 ~ 1.0;其他场所可取 1。

(2)在有梁的顶棚上设置点型感烟(感温)火灾探测器

①当梁突出顶棚的高度小于 200 mm 时,可不计梁对探测器保护面积的影响。

②当梁突出顶棚的高度为 200 ~ 600 mm 时,应按《火灾自动报警系统设计规范》(GB 50116—2013)的相关规定确定梁对探测器保护面积的影响,以及一只探测器能够保护的梁间区域的数量。

③当梁突出顶棚的高度超过 600 mm 时,被梁隔断的每个梁间区域应至少设置一只探测器。

④当梁间净距小于 1 m 时,可不计梁对探测器保护面积的影响。

(3)在宽度小于 3 m 的内走道顶棚上设置点型火灾探测器

①在宽度小于 3 m 的内走道顶棚上设置点型火灾探测器时,宜居中布置。

②感温火灾探测器的安装间距不应超过 10 m;感烟火灾探测器的安装间距不应超过 15 m;探测器至端墙的距离,不应大于探测器安装间距的 1/2。

(4)点型火灾探测器与周边环境的相对关系

①点型火灾探测器至墙壁、梁边的水平距离,不应小于 0.5 m。

②点型火灾探测器周围 0.5 m 内,不应有遮挡物。

③房间被书架、设备或隔断等分隔,其顶部至顶棚或梁的距离小于房间净高的 5% 时,每个被隔开的部分应至少安装一只点型火灾探测器,如图 1.5 所示。

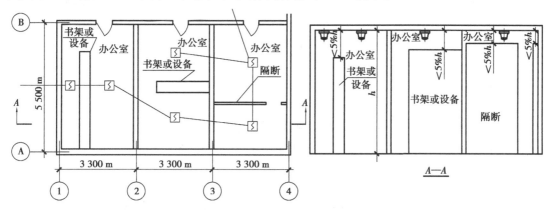

图 1.5　房间被分隔时点型火灾探测器设置示意图

④点型火灾探测器至空调送风口边的水平距离不应小于 1.5 m,并宜接近回风口安装。点型火灾探测器至多孔送风顶棚孔口的水平距离不应小于 0.5 m。

(5)点型火灾探测器安装角度

点型火灾探测器宜水平安装。当倾斜安装时,倾斜角不应大于 45°,如图 1.6 所示。

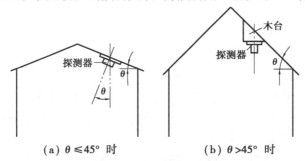

(a) θ≤45° 时   (b) θ>45° 时

图 1.6　点型火灾探测器安装示意图

注:探测器的安装角度 θ 为屋顶的法线与垂直方向的交角。

(6)火焰探测器的设置

①应考虑火焰探测器的探测视角及最大探测距离,可选择探测距离长、火灾报警响应时间短的火焰探测器。

②火焰探测器的探测视角内不应存在遮挡物。

③应避免光源直接照射在火焰探测器的探测窗口。

④单波段的火焰探测器不应设置在平时有阳光、白炽灯等光源直接或间接照射的场所。

(7)线型光束感烟火灾探测器的设置

①线型光束感烟火灾探测器的光束轴线至顶棚的垂直距离宜为 0.3～1.0 m,距地高度不宜超过 20 m。

②相邻两组线型光束感烟火灾探测器的水平距离不应大于 14 m,线型光束感烟火灾探测器至侧墙水平距离不应大于 7 m,且不应小于 0.5 m,线型光束感烟火灾探测器的发射器和接收器之间的距离不宜超过 100 m。

③线型光束感烟火灾探测器应设置在固定结构上。

④线型光束感烟火灾探测器的设置应保证其接收端避开日光和人工光源直接照射。

⑤选择反射式线型光束感烟火灾探测器时,应保证在反射板与探测器间任何部位进行模拟试验时,探测器均能正确响应。

图 1.7 所示为线型光束感烟火灾探测器设置示意图。

(8)线型感温火灾探测器的设置

①线型感温火灾探测器在保护电缆、堆垛等类似保护对象时,应采用接触式布置;在各种皮带输送装置上设置时,宜设置在装置的过热点附近。

②设置在顶棚下方的线型感温火灾探测器,至顶棚的距离宜为 0.1 m。线型感温火灾探测器的保护半径应符合点型感温火灾探测器的保护半径要求;探测器至墙壁的距离宜为 1～1.5 m。

③设置线型感温火灾探测器的场所有联动要求时,宜采用两只不同火灾探测器的报警信号组合。

④与线型感温火灾探测器连接的模块不宜设置在长期潮湿或温度变化较大的场所。

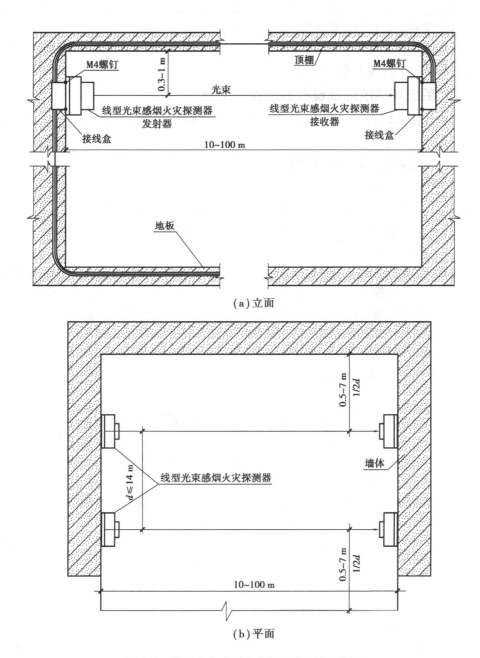

图 1.7 线型光束感烟火灾探测器设置示意图

（9）感烟火灾探测器在格栅吊顶场所的设置

在格栅吊顶场所设置感烟火灾探测器时，格栅吊顶的镂空面积占整个吊顶面积比例的大小，会对感烟火灾探测器探测火灾的及时性产生影响。

①镂空面积与总面积的比例不大于 15% 时，探测器应设置在吊顶下方。

②镂空面积与总面积的比例大于 30% 时，探测器应设置在吊顶上方。

③镂空面积与总面积的比例为 15% ～ 30% 时，探测器的设置部位应根据实际试验结果确定。

④探测器设置在吊顶上方且火警确认灯无法观察时,应在吊顶下方设置火警确认灯。

⑤地铁站台等有活塞风影响的场所,镂空面积与总面积的比例为 30% ~70% 时,探测器宜同时设置在吊顶上方和下方。

1.1.3 系统其他组件及设备的设计与设置

火灾自动报警系统各种组件及设备应选择符合国家相关标准和市场准入制度的合格产品。

1)火灾报警控制器和消防联动控制器

(1)火灾报警控制器

在火灾探测报警系统中,火灾报警控制器是用以接收、显示和传递火灾报警信号,并能发出控制信号和具有其他辅助功能的控制指示设备,是最基本的一种火灾报警装置。

(2)消防联动控制器

在消防联动控制系统中,消防联动控制器是其核心组件,它通过接收火灾报警控制器发出的火灾报警信息,按预设逻辑对建筑中设置的自动消防系统(设施)进行联动控制并接收其反馈信号。火灾报警控制器与消防联动控制设备合二为一,出现了现在普遍使用的火灾报警控制器(联动型)。

(3)设置要求

①火灾报警控制器和消防联动控制器,应设置在消防控制室内或有人值班的房间和场所。

②集中报警系统和控制中心报警系统中的区域火灾报警控制器在满足下列条件时,可设置在无人值班的场所:本区域内无需要手动控制的消防联动设备;本火灾报警控制器的所有信息在集中火灾报警控制器上均有显示,且能接收集中控制功能的火灾报警控制器的联动控制信号,并自动启动相应的消防设备;设置的场所只有值班人员可以进入。

③火灾报警控制器和消防联动控制器安装在墙上时,其主显示屏高度宜为 1.5 ~1.8 m,其靠近门轴的侧面距墙不应小于 0.5 m,正面操作距离不应小于 1.2 m。

(4)控制器容量控制及系统稳定性要求

①任一台火灾报警控制器所连接的火灾探测器、手动火灾报警按钮和模块等设备总数和地址总数,均不应超过 3 200 点,其中每一总线回路连接设备的总数不宜超过 200 点,且应留有不少于额定容量 10% 的余量。

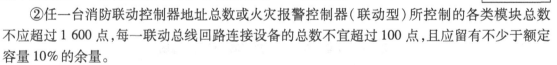

回路与制式

②任一台消防联动控制器地址总数或火灾报警控制器(联动型)所控制的各类模块总数不应超过 1 600 点,每一联动总线回路连接设备的总数不宜超过 100 点,且应留有不少于额定容量 10% 的余量。

图 1.8 所示为火灾报警控制器、消防联动控制器的设计容量方案示例。

2)系统其他组件

(1)手动火灾报警按钮的设置

火灾自动报警系统应设有自动和手动两种触发装置。手动火灾报警按钮与火灾探测器一起称为触发装置,二者分别以手动和自动的方式产生报警信号。

①每个防火分区应至少设置一个手动火灾报警按钮。从一个防火分区内的任何位置到最邻近的手动火灾报警按钮的步行距离不应大于 30 m。

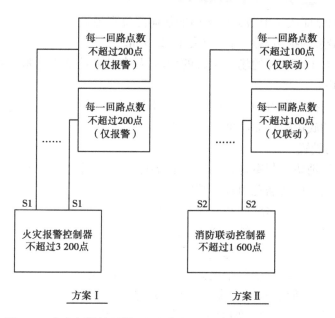

图1.8 火灾报警控制器、消防联动控制器的设计容量方案示例

②手动火灾报警按钮宜设置在疏散通道或出入口处。列车上设置的手动火灾报警按钮，应设置在每节车厢的出入口和中间部位。

③手动火灾报警按钮应设置在明显和便于操作的部位。当采用壁挂方式安装时，其底边距地高度宜为1.3~1.5 m，且应有明显的标志。

（2）区域显示器的设置

区域显示器也称为火灾显示盘、楼层显示器，是火灾自动报警系统中报警信息和故障信息的现场分显设备。

①每个报警区域宜设置一台区域显示器；宾馆、饭店等场所应在每个报警区域设置一台区域显示器。当一个报警区域包括多个楼层时，宜在每个楼层设置一台仅显示本楼层的区域显示器。

②区域显示器应设置在出入口等明显和便于操作的部位。当采用壁挂方式安装时，其底边距地高度宜为1.3~1.5 m。

（3）火灾警报器的设置

火灾警报器通常包括火灾光警报器、火灾声警报器和火灾声光警报器等类型。

①火灾光警报器应设置在每个楼层的楼梯口、消防电梯前室、建筑内部拐角等处的明显部位，且不宜与安全出口指示标志灯具设置在同一面墙上。

②每个报警区域内应均匀设置火灾声警报器，其声压级不应小于60 dB；在环境噪声大于60 dB的场所，其声压级应高于背景噪声15 dB。

③当火灾警报器采用壁挂方式安装时，其底边距地面高度应大于2.2 m。

（4）消防应急广播扬声器的设置

消防应急广播扬声器是消防广播系统的基本组件，通常采用壁挂式或吸顶式安装，其设置应符合下列规定：

①民用建筑内扬声器应设置在走道和大厅等公共场所。每个扬声器的额定功率不应小

于 3 W,其数量应能保证从一个防火分区内的任何部位到最近一个扬声器的直线距离不大于 25 m,走道末端距最近的扬声器距离不应大于 12.5 m。

②在环境噪声大于 60 dB 的场所设置的扬声器,在其播放范围内最远点的播放声压级应高于背景噪声 15 dB。

③客房设置专用扬声器时,其功率不宜小于 1 W。

④壁挂扬声器的底边距地面高度应大于 2.2 m。

(5)消防电话的设置

消防电话是用于消防控制室与建筑物中各部位之间通话的电话系统。它由消防电话总机、消防电话分机、消防电话插孔组成。消防电话是与普通电话分开的专用独立系统,一般采用集中式对讲电话。可分为多线制和总线制两种系统类型。

①消防电话网络应为独立的消防通信系统。

②消防控制室应设置消防电话总机。

③多线制消防电话系统中的每个电话分机应与总机单独连接。

④电话分机或电话插孔的设置,应符合下列规定:

a. 消防水泵房、发电机房、配变电室、计算机网络机房、主要通风和空调机房、防排烟机房、灭火控制系统操作装置处或控制室、企业消防站、消防值班室、总调度室、消防电梯机房及其他与消防联动控制有关的且经常有人值班的机房应设置消防专用电话分机。消防专用电话分机,应固定安装在明显且便于使用的部位,并应有区别于普通电话的标志。

b. 设有手动火灾报警按钮或消火栓按钮等处,宜设置电话插孔,并宜选择带有电话插孔的手动火灾报警按钮。

c. 避难层应每隔 20 m 设置一个消防专用电话分机或电话插孔。

d. 电话插孔在墙上安装时,其底边距地面高度宜为 1.3 ~ 1.5 m。

⑤消防控制室、消防值班室或企业消防站等处,应设置可直接报警的外线电话。

(6)模块的设置

模块是火灾自动报警系统的重要组件。其中输入模块、输出模块以及输入输出模块是几种常见的模块类型,输出模块又称为控制模块,输入输出模块又称为联动模块。

①每个报警区域内的模块宜相对集中设置在本报警区域内的金属模块箱中。

②模块严禁设置在配电(控制)柜(箱)内。

③本报警区域内的模块不应控制其他报警区域的设备。

④未集中设置的模块附近应有尺寸不小于 100 mm×100 mm 的标志。

(7)消防控制室图形显示装置的设置

消防控制室图形显示装置用于接收并显示保护区域内的各类消防系统及系统中的各类消防设备运行的动态信息和消防管理信息,同时还具有信息传输和记录功能。

①消防控制室图形显示装置应设置在消防控制室内,并应符合火灾报警控制器的安装设置要求。

②消防控制室图形显示装置与火灾报警控制器、消防联动控制器、电气火灾监控器、可燃气体报警控制器等消防设备之间,应采用专用线路连接。

(8)总线短路隔离器的设置

总线短路隔离器又称总线短路隔离模块。

①每只总线短路隔离器保护的火灾探测器、手动火灾报警按钮和模块等消防设备的总数不应超过 32 点。

②总线穿越防火分区时,应在穿越处设置总线短路隔离器。

系统总线上应设置总线短路隔离器,并规定每个短路隔离器保护的现场部件不超过一定数量,是考虑一旦某个现场部件出现故障,短路隔离器在对故障部件进行隔离时,可以最大限度地保障系统的整体功能不受故障部件的影响。

图 1.9 所示为总线短路隔离器设置示意图。

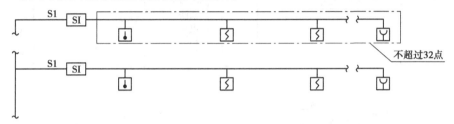

图 1.9　总线短路隔离器设置示意图

3)系统供电与布线

(1)系统供电

①火灾自动报警系统应设置交流电源和蓄电池备用电源。

②火灾自动报警系统的交流电源应采用消防电源,备用电源可采用火灾报警控制器和消防联动控制器自带的蓄电池电源或消防设备应急电源。当备用电源采用消防设备应急电源时,火灾报警控制器和消防联动控制器应采用单独的供电回路,并应保证在系统处于最大负载状态下不影响火灾报警控制器和消防联动控制器的正常工作。

③消防控制室图形显示装置、消防通信设备等的电源,宜由 UPS 电源装置或消防设备应急电源供电。

④火灾自动报警系统主电源(消防电源)不应设置剩余电流动作保护和过负荷保护装置。

⑤消防设备应急电源输出功率应大于火灾自动报警及联动控制系统全负荷功率的120%;蓄电池组的容量应足够大,保证火灾自动报警及联动控制系统在火灾状态同时工作负荷条件下连续工作 3 h 以上。

⑥消防用电设备应采用专用的供电回路,其配电设备应设有明显标志。其配电线路和控制回路宜按防火分区划分。

⑦火灾自动报警系统接地装置可分为共用和专用两种接地方式:采用共用接地装置时,接地电阻值不应大于 1 Ω。采用专用接地装置时,接地电阻值不应大于 4 Ω。

⑧消防控制室内的电气和电子设备的金属外壳、机柜、机架和金属管、槽等,应采用等电位连接。

⑨接地连接应符合下列规定:

a. 由消防控制室接地板引至各消防电子设备的专用接地线应选用铜芯绝缘导线,其线芯截面面积不应小于 4 mm²。

b. 消防控制室接地板与建筑接地体之间,应采用线芯截面面积不小于 25 mm² 的铜芯绝缘导线连接。

图 1.10 所示为火灾自动报警系统供电系统框图。

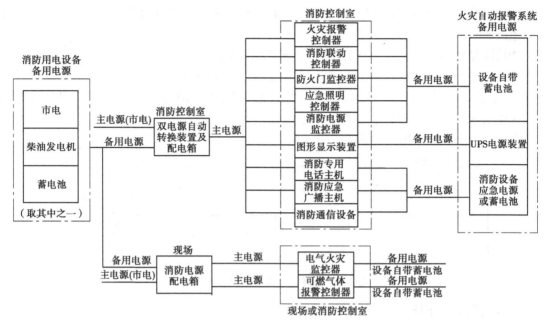

图 1.10 火灾自动报警系统供电系统框图

（2）布线

①布线应满足以下一般要求：

a. 火灾自动报警系统的传输线路和 50 V 以下供电的控制线路,应采用电压等级不低于交流 300 V/500 V 的铜芯绝缘导线或铜芯电缆。采用交流 220 V/380 V 的供电和控制线路,应采用电压等级不低于交流 450 V/750 V 的铜芯绝缘导线或铜芯电缆。

b. 火灾自动报警系统传输线路的线芯截面选择,除应满足自动报警装置技术条件的要求外,还应满足机械强度的要求。

c. 火灾自动报警系统的供电线路和传输线路设置在室外时,应埋地敷设。

②室内布线应满足以下要求：

a. 火灾自动报警系统的传输线路应采用金属管、可挠（金属）电气导管、B_1 级以上的刚性塑料管或封闭式线槽保护。

b. 火灾自动报警系统的供电线路、消防联动控制线路应采用耐火铜芯电线电缆,报警总线、消防应急广播和消防专用电话等传输线路应采用阻燃或阻燃耐火电线电缆。

c. 线路暗敷设时,应采用金属管、可挠（金属）电气导管或 B_1 级以上的刚性塑料管保护,并应敷设在不燃烧体的结构层内,且保护层厚度不宜小于 30 mm;线路明敷设时,应采用金属管、可挠（金属）电气导管或金属封闭线槽保护。矿物绝缘类不燃性电缆可直接明敷。

d. 火灾自动报警系统用的电缆竖井,宜与电力、照明用的低压配电线路电缆竖井分别设置。受条件限制必须合用时,应将火灾自动报警系统用的电缆和电力、照明用的低压配电线路电缆分别布置在竖井的两侧。

e. 不同电压等级的线缆不应穿入同一根保护管内,当合用同一线槽时,线槽内应有隔板分隔。

f. 采用穿管水平敷设时,除报警总线外,不同防火分区的线路不应穿入同一根管内。

g. 从接线盒、线槽等处引到探测器底座盒、控制设备盒、扬声器箱的线路,均应加金属保护管保护。

　　h. 火灾探测器的传输线路,宜选择不同颜色的绝缘导线或电缆。正极"+"线应为红色,负极"-"线应为蓝色或黑色。同一工程中相同用途导线的颜色应一致,接线端子应有标号。

📖 知识拓展

关于矿物绝缘电缆

　　矿物绝缘电缆即铜芯铜套氧化镁绝缘电缆,缆芯为铜芯,绝缘物为氧化镁,护套为无缝铜管。由于铜熔点为 1 083 ℃,氧化镁熔点为 2 300 ℃,故能经受 1 000 ℃内火灾(火焰或辐射)热的作用,具有良好的防火性能。同时,铜套和氧化镁均无老化、延燃性,又不产生烟雾和毒性气体。

📖 任务测试

一、单项选择题

1. 火灾自动报警系统总线上应设置总线短路隔离器,每只总线短路隔离器保护的火灾探测器、手动火灾报警按钮和模块等消防设备的总数不应超过(　　)点。

　　A. 24　　　　　　　　B. 28　　　　　　　　C. 32　　　　　　　　D. 36

2. 任一台火灾报警控制器所连接的火灾探测器、手动火灾报警按钮和模块等设备总数和地址总数,均不应超过_____点,其中每一总线回路连接设备的总数不宜超过_____点,且应留有不少于额定容量 10% 的余量。(　　)

　　A. 3 000　220　　　B. 3 200　200　　　C. 1 600　100　　　D. 2 600　200

3. 探测区域应按独立房(套)间划分。一个探测区域的面积不宜超过_____ m^2;从主要入口能看清其内部,且面积不超过_____ m^2 的房间,也可划为一个探测区域。(　　)

　　A. 1 000　2 000　　B. 500　1 200　　　C. 400　1 000　　　D. 500　1 000

4. 对火灾初期有阴燃阶段,产生大量的烟和少量的热,很少或没有火焰辐射的场所,应选择(　　)。

　　A. 感烟火灾探测器　B. 感温火灾探测器　C. 火焰探测器　　　D. 气体火灾探测器

5. 当梁突出顶棚的高度小于(　　)mm 时,可不计梁对探测器保护面积的影响。

　　A. 200　　　　　　　B. 500　　　　　　　C. 400　　　　　　　D. 100

6. 点型火灾探测器至空调送风口边的水平距离不应小于_____ m,并宜接近回风口安装。探测器至多孔送风顶棚孔口的水平距离不应小于_____ m。(　　)

　　A. 1.5　0.5　　　　B. 2.0　0.5　　　　C. 1.6　0.4　　　　D. 2.0　0.4

7. 感烟火灾探测器设置在格栅吊顶场所,镂空面积与总面积的比例不大于(　　)% 时,探测器应设置在吊顶下方。

　　A. 10　　　　　　　　B. 15　　　　　　　　C. 20　　　　　　　　D. 25

8. 从一个防火分区内的任何位置到最邻近的手动火灾报警按钮的_____距离不应大于_____ m。(　　)

　　A. 步行　25　　　　B. 直线　25　　　　C. 直线　30　　　　D. 步行　30

9. 每个报警区域内应均匀设置火灾警报器,其声压级不应小于_____ dB;在环境噪声大于 60 dB 的场所,其声压级应高于背景噪声_____ dB。(　　)

　　A. 50　20　　　　　B. 50　15　　　　　C. 60　15　　　　　D. 60　20

10. 火灾自动报警系统采用共用接地装置时，接地电阻值不应大于_____ Ω；采用专用接地装置时，接地电阻值不应大于_____ Ω。（ ）

A. 1　4　　　　　　　B. 2　4　　　　　　　C. 1　5　　　　　　　D. 2　5

二、多项选择题

1. 区域火灾报警系统应由(　　)组成。

A. 火灾探测器　　　　　　　　　　B. 手动火灾报警按钮

C. 消防控制室图形显示装置　　　　D. 火灾声光警报器

E. 火灾报警控制器

2. 下列关于控制中心报警系统主消防控制室与分消防控制室关系的说法，正确的是(　　)。

A. 主消防控制室应能显示所有火灾报警信号和联动控制状态信号，并应能控制重要的消防设备

B. 各分消防控制室内消防设备之间可互相传输、显示状态信息，但不应互相控制

C. 主消防控制室应能显示所有火灾报警信号和联动控制状态信号，但不能控制重要的消防设备

D. 各分消防控制室内消防设备之间可互相传输、显示状态信息，并互相控制

E. 有两个及以上消防控制室时，应确定一个主消防控制室

3. 下列关于报警区域划分的说法，正确的是(　　)。

A. 划分报警区域的目的主要是迅速确定报警及火灾发生部位，并解决消防系统的联动设计问题

B. 报警区域应根据防火分区或楼层划分

C. 可将一个防火分区或一个楼层划分为一个报警区域

D. 也可将发生火灾时需要同时联动消防设备的相邻几个防火分区或楼层划分为一个报警区域

E. 电缆隧道的一个报警区域宜由一个封闭长度区间组成，一个报警区域不应超过相连的2个封闭长度区间

4. 下列不宜安装感烟火灾探测器的场所是(　　)。

A. 档案库　　　　B. 厨房　　　　　C. 锅炉房　　　　　D. 发电机房

E. 烘干车间

5. 下述场所中及其他与消防联动控制有关且经常有人值班的机房应设置消防专用电话分机的是(　　)。

A. 消防水泵房　　　　　　　　　　B. 发电机房

C. 配变电室　　　　　　　　　　　D. 计算机网络机房

E. 通风和空调机房

任务 1.2　火灾自动报警系统的安装

1.2.1　一般规定与布线

1）一般规定

（1）系统部件设置

系统部件的设置应符合设计文件和现行国家标准《火灾自动报警系统设计规范》（GB 50116—2013）的规定。设计文件应符合规范规定，系统施工前应核对与设计图纸的符合性和一致性。

（2）爆炸危险性的场所系统布线和部件安装

有爆炸危险性的场所，系统的布线和部件的安装应符合现行国家标准《电气装置安装工程爆炸和火灾危险环境电气装置施工及验收规范》（GB 50257—2014）的相关规定。

2）布线

（1）管路明敷吊装

各类管路明敷时，应采用单独的卡具吊装或支撑物固定，吊杆直径不应小于 6 mm。

（2）管路暗敷保护

各类管路暗敷时，应敷设在不燃结构内，且保护层厚度不应小于 30 mm。

（3）管路变形补偿

管路经过建筑物的沉降缝、伸缩缝、抗震缝等变形缝处，应采取补偿措施，线缆跨越变形缝的两侧应固定，并应留有适当余量。图 1.11 所示为管路经过变形缝变形补偿的示意图。

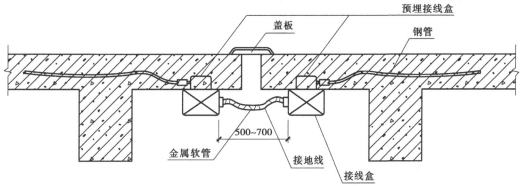

图 1.11　管路经过变形缝变形补偿的示意图（单位：mm）

（4）多尘或潮湿场所管路密封处理

敷设在多尘或潮湿场所管路的管口和连接处，均应做密封处理。

（5）装设接线盒

①管路无弯曲时，长度每超过 30 m，在便于接线处装设接线盒。

②管路有 1 个弯曲时，长度每超过 20 m，在便于接线处装设接线盒。

③管路有 2 个弯曲时，长度每超过 10 m，在便于接线处装设接线盒。

④管路有 3 个弯曲时,长度每超过 8 m,在便于接线处装设接线盒。

(6)管路固定

①金属管路入盒外侧应套锁母,内侧应装护口,在吊顶内敷设时,盒的内外侧均应套锁母。

②塑料管入盒应采取相应固定措施。

(7)槽盒敷设吊点或支点设置

槽盒敷设时,应在下列部位设置吊点或支点,吊杆直径不应小于 6 mm:

①槽盒始端、终端及接头处。

②槽盒转角或分支处。

③直线段不大于 3 m 处。

(8)槽盒接口安装标准

槽盒接口应平直、严密,槽盖应齐全、平整、无翘角。并列安装时,槽盖应便于开启。

(9)工程中的导线颜色区分

同一工程中的导线,应根据不同用途选择不同颜色加以区分,相同用途的导线颜色应一致。电源线正极应为红色,负极应为蓝色或黑色。

(10)管内或槽盒内布线施工节点

在管内或槽盒内的布线,应在建筑抹灰及地面工程结束后进行,管内或槽盒内不应有积水及杂物。

(11)系统单独布线要求

系统应单独布线,除设计要求以外,系统不同回路、不同电压等级和交流与直流的线路,不应布在同一管内或槽盒的同一槽孔内。

(12)线缆连接

线缆在管内或槽盒内不应有接头或扭结。导线应在接线盒内采用焊接、压接、接线端子可靠连接。

(13)可弯曲金属电气导管保护要求

从接线盒、槽盒等处引到火灾探测器底座、消防控制设备、消防广播扬声器的线路,当采用可弯曲金属电气导管保护时,其长度不应大于 2 m。可弯曲金属电气导管应入盒,盒外侧应套锁母,内侧应装护口。

(14)导线对地的绝缘电阻

系统导线敷设结束后,应用 500 V 兆欧表测量每个回路导线对地的绝缘电阻,且绝缘电阻值不应小于 20 MΩ。

1.2.2 系统部件的安装

1)控制与显示类设备

(1)控制与显示类设备的安装

火灾报警控制器、消防联动控制器、区域显示器、消防电话总机、消防控制室图形显示装置、消防应急广播控制装置等控制与显示类设备的安装应符合下列规定:

①应安装牢固,不应倾斜。

②安装在轻质墙上时,应采取加固措施。

③落地安装时,其底边宜高出地(楼)面 100 ~ 200 mm。

(2)控制与显示类设备的引入线缆

①配线应整齐,不宜交叉,并应固定牢靠。

②线缆芯线的端部均应标明编号,并应与设计文件一致,字迹应清晰且不易褪色。

③端子板的每个接线端接线不应超过 2 根。

④线缆应留有不小于 200 mm 的余量。

⑤线缆应绑扎成束。

⑥线缆穿管、槽盒后,应将管口、槽口封堵。

(3)控制与显示类设备电源连接及接地

①控制与显示类设备应与消防电源、备用电源直接连接,不应使用电源插头。主电源应设置明显的永久性标识。

②控制与显示类设备的蓄电池需进行现场安装时,应核对蓄电池的规格、型号、容量,并应符合设计文件的规定,蓄电池的安装应满足产品使用说明书的要求。

③控制与显示类设备的接地应牢固,并应设置明显的永久性标识。

2) 火灾探测器

(1)火灾探测器安装节点及保护

火灾探测器在即将调试时方可安装,在调试前应妥善保管并应采取防尘、防潮、防腐蚀措施。

(2)火灾探测器的安装

各种不同类型火灾探测器的安装应符合任务 1.1 中有关火灾探测器的设置规定。

(3)火灾探测器底座的安装

①应安装牢固,与导线连接应可靠压接或焊接,当采用焊接时,不应使用带腐蚀性的助焊剂。

②连接导线应留有不小于 150 mm 的余量,且在其端部应设置明显的永久性标识。

③穿线孔宜封堵,安装完毕的火灾探测器底座应采取保护措施。

(4)报警确认灯朝向

火灾探测器报警确认灯应朝向便于人员观察的主要入口方向。

3) 系统其他部件

(1)手动火灾报警按钮的安装

①手动火灾报警按钮应设置在明显和便于操作的部位,其底边距地(楼)面的高度宜为 1.3 ~ 1.5 m,且应设置明显的永久性标识。

②应安装牢固,不应倾斜。

③连接导线应留有不小于 150 mm 的余量,且在其端部应设置明显的永久性标识。

(2)模块或模块箱的安装

①同一报警区域内的模块宜集中安装在金属箱内,不应安装在配电柜、箱或控制柜内。

②应独立安装在不燃材料或墙体上,安装牢固,并应采取防潮、防腐蚀等措施。

③模块的连接导线应留有不小于 150 mm 的余量,其端部应有明显的永久性标识。

④模块的终端部件应靠近连接部件安装。

⑤隐蔽安装时,在安装处附近应设置检修孔和尺寸不小于 100 mm×100 mm 的永久性标识。

(3)消防电话分机和电话插孔的安装

①宜安装在明显、便于操作的位置,采用壁挂方式安装时,其底边距地(楼)面的高度宜为 1.3 ~ 1.5 m。

②避难层中,消防专用电话分机或电话插孔的安装间距不应大于 20 m。

③应设置明显的永久性标识。

④电话插孔不应设置在消火栓箱内。

(4)消防应急广播扬声器、火灾警报器的安装

①消防应急广播扬声器和火灾声警报装置宜在报警区域内均匀安装,扬声器在走道内安装时,距走道末端的距离不应大于 12.5 m。

②火灾光警报装置应安装在楼梯口、消防电梯前室、建筑内部拐角等处的明显部位,且不宜与消防应急疏散指示标志灯具安装在同一面墙上,确需安装在同一面墙上时,距离不应小于 1 m。

③采用壁挂方式安装时,底边距地面高度应大于 2.2 m。

④应安装牢固,表面不应有破损。

4)系统接地

系统接地及专用接地线的安装应满足设计要求。交流供电和 36 V 以上直流供电的消防用电设备的金属外壳应有接地保护,其接地线应与电气保护接地干线相连接。

📖 **任务测试**

一、单项选择题

1.火灾自动报警系统各类管路暗敷时,应敷设在不燃结构内,且保护层厚度不应小于( )mm。

A.30　　　　　　　B.25　　　　　　　C.40　　　　　　　D.35

2.从接线盒、槽盒等处引到火灾探测器底座、控制设备、扬声器的线路,当采用可弯曲金属电气导管保护时,其长度不应大于( )m。

A.3　　　　　　　B.2　　　　　　　C.4　　　　　　　D.5

3.火灾自动报警系统导线敷设结束后,应用_____ V 兆欧表测量每个回路导线对地的绝缘电阻,且绝缘电阻值不应小于_____ MΩ。( )

A.300　10　　　B.200　10　　　C.500　20　　　D.1 000　20

4.火灾探测器周围水平距离( )m 内不应有遮挡物。

A.0.3　　　　　　B.0.2　　　　　　C.0.4　　　　　　D.0.5

5.火灾探测器宜水平安装,当确需倾斜安装时,倾斜角不应大于( )。

A.30°　　　　　　B.45°　　　　　　C.60°　　　　　　D.65°

6.火灾探测器报警确认灯应朝向便于人员观察的( )方向。

A.次要道路　　　B.主要道路　　　C.次要入口　　　D.主要入口

7.消防应急广播扬声器采用壁挂方式安装时,底边距地面高度应大于( )m。

A.1.3　　　　　　B.1.5　　　　　　C.2.0　　　　　　D.2.2

8.手动火灾报警按钮连接导线应留有不小于( )mm 的余量,且在其端部应设置明显

的永久性标识。

    A. 100　　　　　　　　B. 150　　　　　　　　C. 200　　　　　　　　D. 250

    9. 线型光束感烟火灾探测器发射器和接收器(反射式探测器的探测器和反射板)之间的距离不宜超过(　　)m。

    A. 100　　　　　　　　B. 150　　　　　　　　C. 200　　　　　　　　D. 250

    10. 火灾自动报警系统电源线正极应为(　　)色。

    A. 绿　　　　　　　　B. 黑　　　　　　　　C. 红　　　　　　　　D. 蓝

二、多项选择题

1. 火灾自动报警系统采用槽盒敷设线路,下列应设置吊点或支点的地点是(　　)。

    A. 槽盒始端、终端　　　　　　　　　　B. 槽盒转角或分支处

    C. 直线段不大于 3 m 处　　　　　　　D. 槽盒接头处

    E. 直线段不大于 4 m 处

2. 下列关于火灾自动报警系统控制与显示类设备的安装说法,正确的是(　　)。

    A. 应安装牢固

    B. 安装在轻质墙上时,其顶边宜高出地(楼)面 1 100 ~ 1 200 mm

    C. 落地安装时,应采取加固措施

    D. 安装在轻质墙上时,应采取加固措施

    E. 不应倾斜安装

3. 下列关于火灾自动报警系统控制与显示类设备的引入线缆说法,正确的是(　　)。

    A. 配线应整齐,不宜交叉,并应固定牢靠

    B. 线缆芯线的端部均应标明编号,并应与设计文件一致,字迹应清晰且不易褪色

    C. 端子板的每个接线端接线不应超过 2 根

    D. 线缆应留有不小于 200 mm 的余量

    E. 线缆应绑扎成束,线缆穿管、槽盒后,应将管口、槽口封堵

4. 火灾探测器在即将调试时方可安装,在调试前应妥善保管并应采取(　　)措施。

    A. 防尘　　　　　　　B. 避光　　　　　　　C. 防潮　　　　　　　D. 防坠

    E. 防腐蚀

5. 同一报警区域内的模块宜集中安装,不应安装在(　　)内。

    A. 配电柜　　　　　　B. 配电箱　　　　　　C. 金属箱　　　　　　D. 控制柜

    E. 控制箱

任务 1.3　火灾自动报警系统的调试

1.3.1　一般规定与调试准备

1)一般规定

(1)系统调试事项及要求

系统调试应包括系统部件功能调试和分系统的联动控制功能调试,并应符合下列规定:

①应对系统部件的主要功能、性能进行全数检查,系统设备的主要功能、性能应符合现行国家标准的规定。

②应逐一对每个报警区域、防护区域或防烟区域设置的消防系统进行联动控制功能检查,系统的联动控制功能应符合设计文件和现行国家标准《火灾自动报警系统设计规范》(GB 50116—2013)的规定。

③不符合规定的项目应进行整改,并应重新进行调试。

(2)控制类设备的报警和显示功能

火灾报警控制器、可燃气体报警控制器、电气火灾监控设备、消防设备电源监控器等控制类设备的报警和显示功能,应符合下列规定:

①火灾探测器、可燃气体探测器、电气火灾监控探测器等发出报警信号或处于故障状态时,控制类设备应发出声、光报警信号,记录报警时间。

②控制器应显示发出报警信号部件或故障部件的类型和地址注释信息。

(3)消防联动控制器的联动启动和显示功能

消防联动控制器的联动启动和显示功能应符合下列规定:

①消防联动控制器接收到满足联动触发条件的报警信号后,应在 3 s 内发出控制相应受控设备动作的启动信号,点亮启动指示灯,记录启动时间。

②消防联动控制器应接收并显示受控部件的动作反馈信息,显示部件的类型和地址注释信息。

(4)消防控制室图形显示装置的消防设备运行状态显示功能

消防控制室图形显示装置的消防设备运行状态显示功能应符合下列规定:

①消防控制室图形显示装置应接收并显示火灾报警控制器发送的火灾报警信息、故障信息、隔离信息、屏蔽信息和监管信息。

②消防控制室图形显示装置应接收并显示消防联动控制器发送的联动控制信息、受控设备的动作反馈信息。

③消防控制室图形显示装置显示的信息应与控制器的显示信息一致。

(5)其他要求

①气体灭火系统、防火卷帘系统、防火门监控系统、自动喷水灭火系统、消火栓系统、防烟与排烟系统、消防应急照明及疏散指示系统、电梯与非消防电源等相关系统的联动控制调试,应在各分系统功能调试合格后进行。

②系统设备功能调试、系统的联动控制功能调试结束后,应恢复系统设备之间、系统设备和受控设备之间的正常连接,并应使系统设备、受控设备恢复正常工作状态。

2)调试准备

(1)设备查验及系统线路检查

系统调试前,应按设计文件的规定对设备的规格、型号、数量、备品备件等进行查验,并应按规定对系统的线路进行检查。

(2)系统部件地址设置及地址注释

系统调试前,应对系统部件进行地址设置及地址注释,并应符合下列规定:

①应对现场部件进行地址编码设置,一个独立的识别地址只能对应一个现场部件。

②与模块连接的火灾警报器、水流指示器、压力开关、报警阀、排烟口、排烟阀等现场部件

的地址编号应与连接模块的地址编号一致。

③控制器、监控器、消防电话总机及消防应急广播控制装置等控制类设备应对配接的现场部件进行地址注册,并应按现场部件的地址编号及具体设置部位录入部件的地址注释信息。

④应按规定填写系统部件设置情况记录。

(3)联动编程及编码设置

系统调试前,应对控制类设备进行联动编程,对控制类设备手动控制单元的控制按钮或按键进行编码设置,并应符合下列规定:

①应按照系统联动控制逻辑设计文件的规定进行控制类设备的联动编程,并录入控制类设备中。

②对于预设联动编程的控制类设备,应核查控制逻辑和控制时序是否符合系统联动控制逻辑设计文件的规定。

③应按照系统联动控制逻辑设计文件的规定,进行消防联动控制器手动控制单元的控制按钮、按键的编码设置。

④应按规定填写控制类设备联动编程、手动控制单元编码设置记录。

(4)单机通电检查

对系统中的控制与显示类设备应分别进行单机通电检查。

1.3.2　火灾报警控制器及其现场部件调试

1)火灾报警控制器调试

(1)调试准备

应切断火灾报警控制器的所有外部控制连线,并将任意一个总线回路的火灾探测器、手动火灾报警按钮等部件相连接后接通电源,使控制器处于正常监视状态。

(2)调试的主要功能

应对火灾报警控制器下列主要功能进行检查并记录:

①自检功能。

②操作级别。

③屏蔽功能。

④主、备电源的自动转换功能。

⑤故障报警功能:a.备用电源连线故障报警功能;b.配接部件连线故障报警功能。

⑥短路隔离保护功能。

⑦火警优先功能。

⑧消音功能。

⑨二次报警功能。

⑩负载功能。

⑪复位功能。

(3)其他回路调试

火灾报警控制器应依次与其他回路相连接,使控制器处于正常监视状态,在备电工作状态下,按前述(2)第⑤款第 b 项、第⑥款、第⑩款、第⑪款的规定对火灾报警控制器进行功能检查并记录。

2)火灾探测器调试

(1)离线故障报警功能

应对探测器的离线故障报警功能进行检查并记录,其功能应符合下列规定:

①探测器由火灾报警控制器供电的,应使探测器处于离线状态;探测器不由火灾报警控制器供电的,应使探测器电源线和通信线分别处于断开状态。

②火灾报警控制器的故障报警和信息显示功能应符合规定。

(2)点型感烟、点型感温火灾探测器及线型光束感烟火灾探测器的火灾报警功能及复位功能

①应对点型感烟、点型感温火灾探测器的火灾报警功能、复位功能进行检查并记录,其功能应符合下列规定:

a.对可恢复探测器,应采用专用的检测仪器或模拟火灾的方法,使探测器监测区域的烟雾浓度、温度达到探测器的报警设定阈值;对不可恢复的探测器,应采取模拟报警方法使探测器处于火灾报警状态,当有备品时,可抽样检查其报警功能;探测器的火警确认灯应点亮并保持。

b.火灾报警控制器的火灾报警和信息显示功能应符合规定。

c.应使可恢复探测器监测区域的环境恢复正常,使不可恢复探测器恢复正常,手动操作控制器的复位键后,控制器应处于正常监视状态,探测器的火警确认灯应熄灭。

②应对线型光束感烟火灾探测器的火灾报警功能、复位功能进行检查并记录,其功能应符合下列规定:

a.应调整探测器的光路调节装置,使探测器处于正常监视状态。

b.应采用减光率为 0.9 dB 的减光片或等效设备遮挡光路,探测器不应发出火灾报警信号。

c.应采用产品生产企业设定的减光率为 1.0~10.0 dB 的减光片或等效设备遮挡光路,探测器的火警确认灯应点亮并保持,火灾报警控制器的火灾报警和信息显示功能应符合规定。

d.应采用减光率为 11.5 dB 的减光片或等效设备遮挡光路,探测器的火警或故障确认灯应点亮,火灾报警控制器的火灾报警、故障报警和信息显示功能应符合规定。

e.选择反射式探测器时,应在探测器正前方 0.5 m 处按本条第 b 款—第 d 款的规定对探测器的火灾报警功能进行检查。

f.应撤除减光片或等效设备,手动操作控制器的复位键后,控制器应处于正常监视状态,探测器的火警确认灯应熄灭。

(3)线型感温火灾探测器敏感部件故障功能

应对线型感温火灾探测器的敏感部件故障功能进行检查并记录,其功能应符合下列规定:

①应使线型感温火灾探测器的信号处理单元和敏感部件间处于断路状态,探测器信号处理单元的故障指示灯应点亮。

②火灾报警控制器的故障报警和信息显示功能应符合规定。

（4）线型感温火灾探测器的火灾报警功能及复位功能

应对线型感温火灾探测器的火灾报警功能、复位功能进行检查并记录，其功能应符合下列规定：

①对可恢复探测器，应采用专用的检测仪器或模拟火灾的方法，使任一段长度为标准报警长度的敏感部件周围温度达到探测器报警设定阈值；对不可恢复的探测器，应采取模拟报警方法使探测器处于火灾报警状态，当有备品时，可抽样检查其报警功能；探测器的火警确认灯应点亮并保持。

②火灾报警控制器的火灾报警和信息显示功能应符合规定。

③应使可恢复探测器敏感部件周围的温度恢复正常，使不可恢复探测器恢复正常监视状态，手动操作控制器的复位键后，控制器应处于正常监视状态，探测器的火警确认灯应熄灭。

（5）线型感温火灾探测器小尺寸高温报警响应功能

应对标准报警长度小于 1 m 的线型感温火灾探测器的小尺寸高温报警响应功能进行检查并记录，其功能应符合下列规定：

①应在探测器末端采用专用的检测仪器或模拟火灾的方法，使任一段长度为 100 mm 的敏感部件周围温度达到探测器小尺寸高温报警设定阈值，探测器的火警确认灯应点亮并保持。

②火灾报警控制器的火灾报警和信息显示功能应符合规定。

③应使探测器监测区域的环境恢复正常，剪除试验段敏感部件，恢复探测器的正常连接，手动操作控制器的复位键后，控制器应处于正常监视状态，探测器的火警确认灯应熄灭。

（6）点型火焰探测器的火灾报警功能、复位功能

应对点型火焰探测器的火灾报警功能、复位功能进行检查并记录，其功能应符合下列规定：

①在探测器监视区域内最不利处应采用专用检测仪器或模拟火灾的方法，向探测器释放试验光波，探测器的火警确认灯应在 30 s 内点亮并保持。

②火灾报警控制器的火灾报警和信息显示功能应符合规定。

③应使探测器监测区域的环境恢复正常，手动操作控制器的复位键后，控制器应处于正常监视状态，探测器的火警确认灯应熄灭。

3）其他现场部件调试

（1）手动火灾报警按钮的离线故障报警功能

应对手动火灾报警按钮的离线故障报警功能进行检查并记录，其功能应符合下列规定：

①应使手动火灾报警按钮处于离线状态。

②火灾报警控制器的故障报警和信息显示功能应符合规定。

（2）手动火灾报警按钮的火灾报警功能

应对手动火灾报警按钮的火灾报警功能进行检查并记录，其功能应符合下列规定：

①使手动火灾报警按钮动作后，手动火灾报警按钮的火警确认灯应点亮并保持。

②火灾报警控制器的火灾报警和信息显示功能应符合规定。

③应使手动火灾报警按钮恢复正常，手动操作控制器的复位键后，控制器应处于正常监视状态，手动火灾报警按钮的火警确认灯应熄灭。

（3）区域显示器主要功能检查

应对区域显示器下列主要功能进行检查并记录：

①接收和显示火灾报警信号的功能。

②消音功能。

③复位功能。

④操作级别。

⑤非火灾报警控制器供电的区域显示器，主、备电源的自动转换功能。

（4）区域显示器的电源故障报警功能

应对区域显示器的电源故障报警功能进行检查并记录，区域显示器的电源故障报警功能应符合下列规定：

①应使区域显示器的主电源处于故障状态。

②火灾报警控制器的故障报警和信息显示功能应符合规定。

1.3.3 消防联动控制器及其现场部件调试

1）消防联动控制器调试

（1）调试准备

消防联动控制器调试时，应在接通电源前按以下顺序做好准备工作：

①应将消防联动控制器与火灾报警控制器连接。

②应将任一备调回路的输入/输出模块与消防联动控制器连接。

③应将备调回路的模块与其控制的受控设备连接。

④应切断各受控现场设备的控制连线。

⑤应接通电源，使消防联动控制器处于正常监视状态。

（2）调试的主要功能

应对消防联动控制器下列主要功能进行检查并记录：

①自检功能。

②操作级别。

③屏蔽功能。

④主、备电源的自动转换功能。

⑤故障报警功能：a.备用电源连线故障报警功能；b.配接部件连线故障报警功能。

⑥总线短路隔离器的隔离保护功能。

⑦消音功能。

⑧控制器的负载功能。

⑨复位功能。

⑩控制器自动和手动工作状态转换显示功能。

（3）其他回路调试

应依次将其他备调回路的输入/输出模块与消防联动控制器连接、模块与受控设备连接，切断所有受控现场设备的控制连线，使控制器处于正常监视状态，在备电工作状态下，按前述（2）第⑤款第b项、第⑥款、第⑧款、第⑨款的规定对控制器进行功能检查并记录。

火灾报警控制器（联动型）的调试应符合火灾报警控制器调试和消防联动控制器调试的

规定。

2）消防联动控制器现场部件调试

（1）模块的离线故障报警功能

应对模块的离线故障报警功能进行检查并记录，其功能应符合下列规定：

①应使模块与消防联动控制器的通信总线处于离线状态，消防联动控制器应发出故障声、光信号。

②消防联动控制器应显示故障部件的类型和地址注释信息。

（2）模块的连接部件断线故障报警功能

应对模块的连接部件断线故障报警功能进行检查并记录，其功能应符合下列规定：

①应使模块与连接部件之间的连接线断路，消防联动控制器应发出故障声、光信号。

②消防联动控制器应显示故障部件的类型和地址注释信息。

（3）输入模块的信号接收及反馈功能、复位功能

应对输入模块的信号接收及反馈功能、复位功能进行检查并记录，其功能应符合下列规定：

①应核查输入模块和连接设备的接口是否兼容。

②应给输入模块提供模拟的输入信号，输入模块应在3 s内动作并点亮动作指示灯。

③消防联动控制器应接收并显示模块的动作反馈信息，显示设备的名称和地址注释信息。

④应撤除模拟输入信号，手动操作控制器的复位键后，控制器应处于正常监视状态，输入模块的动作指示灯应熄灭。

（4）输出模块的启动、停止功能

应对输出模块的启动、停止功能进行检查并记录，其功能应符合下列规定：

①应核查输出模块和受控设备的接口是否兼容。

②应操作消防联动控制器向输出模块发出启动控制信号，输出模块应在3 s内动作，并点亮动作指示灯。

③消防联动控制器应有启动光指示，显示启动设备的名称和地址注释信息，且控制器显示的地址注释信息应符合规定。

④应操作消防联动控制器向输出模块发出停止控制信号，输出模块应在3 s内动作，并熄灭动作指示灯。

1.3.4 消防电话系统、火灾警报及消防应急广播系统调试

1）消防电话系统

（1）消防电话总机调试

应接通电源，使消防电话总机处于正常工作状态，对消防电话总机下列主要功能进行检查并记录：

①自检功能。

②故障报警功能。

③消音功能。

④电话分机呼叫电话总机功能。

⑤电话总机呼叫电话分机功能。

(2)消防电话分机调试

应对消防电话分机进行下列主要功能检查并记录：

①呼叫电话总机功能。

②接受电话总机呼叫功能。

(3)消防电话插孔调试

应对消防电话插孔的通话功能进行检查并记录。

2)火灾警报

(1)火灾声警报器的声警报功能

应对火灾声警报器的声警报功能进行检查并记录，其功能应符合下列规定：

①应操作控制器使火灾声警报器启动。

②在警报器生产企业标明的最大设置间距、距地面 1.5～1.6 m 处，声警报的 A 计权声压级应大于 60 dB，环境噪声大于 60 dB 时，声警报的 A 计权声压级应高于背景噪声 15 dB。

③带有语音提示功能的声警报应能清晰播报语音信息。

(2)火灾光警报器的火灾光警报功能

应对火灾光警报器的火灾光警报功能进行检查并记录，其功能应符合下列规定：

①应操作控制器使火灾光警报器启动。

②在正常环境光线下，火灾光警报器的光信号在警报器生产企业标明的最大设置间距处应清晰可见。

(3)火灾声光警报器的火灾声警报、光警报功能

应对火灾声光警报器的火灾声警报、光警报功能分别进行检查并记录，其功能应分别符合要求。

3)消防应急广播系统调试

(1)调试准备

应将各广播回路的扬声器与消防应急广播控制设备相连接，接通电源，使广播控制设备处于正常工作状态。

(2)广播控制设备调试的主要功能

对广播控制设备下列主要功能进行检查并记录：

①自检功能。

②主、备电源的自动转换功能。

③故障报警功能。

④消音功能。

⑤应急广播启动功能。

⑥现场语言播报功能。

⑦应急广播停止功能。

(3)扬声器调试

应对扬声器的广播功能进行检查并记录，其功能应符合下列规定：

①应操作消防应急广播控制设备使扬声器播放应急广播信息。

②语音信息应清晰。

③在扬声器生产企业标明的最大设置间距、距地面 1.5～1.6 m 处,应急广播的 A 计权声压级应大于 60 dB,环境噪声大于 60 dB 时,应急广播的 A 计权声压级应高于背景噪声 15 dB。

📖 任务测试

一、单项选择题

1. 消防联动控制器接收到满足联动触发条件的报警信号后,应在(　　)s 内发出控制相应受控设备动作的启动信号,点亮启动指示灯,记录启动时间。

A. 3　　　　　　　　B. 5　　　　　　　　C. 2　　　　　　　　D. 4

2. 消防控制室图形显示装置应接收并显示(　　)发送的联动控制信息、受控设备的动作反馈信息。

A. 消防电气控制装置　　　　　　　　B. 消防联动控制器

C. 火灾报警控制器　　　　　　　　　D. 消防电动装置

3. 在火灾探测器监视区域内最不利处采用专用检测仪器或模拟火灾的方法,向点型火焰探测器释放试验光波,探测器的火警确认灯应在(　　)s 点亮并保持。

A. 40　　　　　　　　B. 50　　　　　　　　C. 20　　　　　　　　D. 30

4. 环境噪声大于 60 dB 时,消防应急广播的 A 计权声压级应高于背景噪声(　　)dB。

A. 15　　　　　　　　B. 20　　　　　　　　C. 25　　　　　　　　D. 30

5. 在对手动火灾报警按钮的火灾报警功能进行检查并记录时,下列事项不符合规定的是(　　)。

A. 使报警按钮动作后,报警按钮的火警确认灯应点亮并保持

B. 火灾报警控制器的火灾报警和信息显示功能应符合规定

C. 使报警按钮恢复正常,手动操作控制器的复位键后,控制器应处于正常监视状态,报警按钮的火警确认灯应熄灭

D. 使报警按钮恢复正常,经过不大于 30 s 延时后,报警按钮的火警确认灯自动熄灭,控制器应处于正常监视状态

6. 在对线型光束感烟火灾探测器的火灾报警功能进行检查并记录时,下列事项不符合规定的是(　　)。

A. 应调整探测器的光路调节装置,使探测器处于正常监视状态

B. 应采用减光率为 0.9 dB 的减光片或等效设备遮挡光路,探测器发出火灾报警信号

C. 应采用产品生产企业设定的减光率为 1.0～10.0 dB 的减光片或等效设备遮挡光路,探测器的火警确认灯应点亮并保持

D. 应采用减光率为 11.5 dB 的减光片或等效设备遮挡光路,探测器的火警或故障确认灯应点亮

7. 下列不属于应对消防联动控制器进行检查并记录的主要功能是(　　)。

A. 自检功能　　　B. 操作级别　　　C. 一键启动　　　D. 屏蔽功能

8. 控制器、监控器、消防电话总机及消防应急广播控制装置等控制类设备应对配接的现场部件进行(　　),并应现场部件的地址编号及具体设置部位录入部件的地址注释信息。

A. 外观检查　　　B. 通电检查　　　C. 地址注册　　　D. 功能测试

9. 消防联动控制器调试时,在接通电源前所作准备工作排序正确的是(   )。

①应将消防联动控制器与火灾报警控制器连接;

②应切断各受控现场设备的控制连线;

③应将任一备调回路的输入/输出模块与消防联动控制器连接;

④应将备调回路的模块与其控制的受控设备连接;

⑤应接通电源,使消防联动控制器处于正常监视状态。

A.①③④②⑤　　　B.①②③④⑤　　　C.①④③②⑤　　　D.①②④③⑤

10. 气体灭火系统、防火卷帘系统、防火门监控系统、自动喷水灭火系统、消火栓系统、防烟与排烟系统、消防应急照明及疏散指示系统、电梯与非消防电源等相关系统的联动控制调试,应(   )进行。

A. 在各分系统功能调试合格后

B. 在各分系统功能调试合格前

C. 与各分系统功能调试同时

D. 与各分系统功能调试随机

二、多项选择题

1. 消防控制室图形显示装置应接收并显示火灾报警控制器发送的(   )。

A. 火灾报警信息　　B. 隔离信息　　C. 故障信息　　D. 屏蔽信息

E. 监管信息

2. 火灾自动报警系统调试前,应按设计文件的规定对设备的(   )等进行查验,并应按规定对系统的线路进行检查。

A. 规格　　　　B. 型号　　　　C. 数量　　　　D. 生产日期

E. 备品备件

3. 火灾报警控制器调试前准备工作包括(   )。

A. 应切断火灾报警控制器的所有外部控制连线

B. 将任意一个总线回路的火灾探测器、手动火灾报警按钮等部件相连接后接通电源

C. 使控制器处于正常监视状态

D. 应检查火灾报警控制器的所有外部控制连线连接完好

E. 接通电源后将任意一个总线回路的火灾探测器、手动火灾报警按钮等部件相连接

4. 应对区域显示器的下列(   )进行检查并记录,区域显示器的功能应符合规定。

A. 接收和显示火灾报警信号的功能

B. 消音功能

C. 复位功能

D. 操作级别

E. 非火灾报警控制器供电的火灾显示盘,主、备电源的自动转换功能

项目 2　消防给水及消火栓系统

📖 **项目概述**

　　消防给水及消火栓系统主要由消防水源(包括市政给水、消防水池、高位消防水池和天然水源等)、消防供水设备(包括消防水泵、消防水箱和稳压设施等)、消防给水管网(由进水管、干管和相应的配件、附件组成)、消火栓、消防水泵接合器等设施组成。消防给水及消火栓系统的功能是在火灾发生时,能够迅速启动并提供足够的水量和压力,以满足灭火的需求;系统可以通过手动或自动控制的方式启动,确保在紧急情况下能够及时供水。

　　按照设置的位置与灭火范围,可分为室外消火栓给水系统和室内消火栓给水系统,图2.1所示为室内(外)消火栓给水系统示意图。设置在市政给水管网上的室外消火栓给水系统又称市政消火栓给水系统。

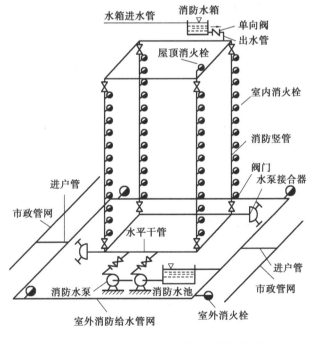

图 2.1　室内(外)消火栓给水系统示意图

按照配水管网内平时是否充(满)水,将消火栓给水系统分为湿式消火栓系统和干式消火栓系统。湿式消火栓系统是指平时配水管网内充满水的消火栓系统;干式消火栓系统是指平时配水管网内不充水,火灾时向配水管网充水的消火栓系统。

按照管网中的给水压力,分为高压消防给水系统、临时高压消防给水系统和低压消防给水系统。高压消防给水系统能始终保持满足水灭火设施所需的工作压力和流量,火灾时无须消防水泵直接加压的供水系统。临时高压消防给水系统平时不能满足水灭火设施所需的工作压力和流量,火灾时能自动启动消防水泵以满足水灭火设施所需的工作压力和流量的供水系统。低压消防给水系统能满足车载或手抬移动消防水泵等取水所需的工作压力和流量的供水系统。

📖 知识目标

1. 了解消防给水及消火栓系统设计基本参数;了解系统安装的一般规定;了解进场检验对象及要求。

2. 熟悉消防水池、消防水箱、消防水泵等水源及供水设施设计要求。

3. 掌握市政消火栓、室外消火栓、室内消火栓设置要求。

📖 技能目标

1. 了解消防给水及消火栓系统安装施工原则性要求。

2. 熟悉试压和冲洗的一般技术规定。

3. 掌握调试应具备的条件,掌握系统调试内容及要求。

任务 2.1　消防给水及消火栓系统的设计

2.1.1　基本参数

1)一起火灾灭火消防用水设计流量

(1)一起火灾灭火消防用水设计流量的组成

一起火灾灭火所需消防用水的设计流量应由建筑的室外消火栓系统、室内消火栓系统、自动喷水灭火系统、泡沫灭火系统等需要同时作用的各种水灭火系统的设计流量组成。

(2)一起火灾灭火消防用水设计流量的确定

一起火灾灭火所需消防用水的设计流量,应符合下列规定:

①应按需要同时作用的各种水灭火系统最大设计流量之和确定。

②两座及以上建筑合用消防给水系统时,应按其中一座设计流量最大者确定。

③当消防给水与生活、生产给水合用时,合用系统的给水设计流量应为消防给水设计流

量与生活、生产用水最大流量之和。

④自动喷水灭火系统、泡沫灭火系统等其他水灭火系统的消防给水设计流量,应分别按现行国家标准的有关规定执行。

2)建筑物室外消火栓设计流量

建筑物室外消火栓设计流量,应根据建筑物的用途功能、体积、耐火等级、火灾危险性等因素综合分析确定。

3)建筑物室内消火栓设计流量

建筑物室内消火栓设计流量,应根据建筑物的用途功能、体积、高度、耐火等级、火灾危险性等因素综合确定。

4)消防用水量

消防给水一起火灾灭火用水量应按需要同时作用的室内、外消防给水用水量之和计算,两座及以上建筑合用时,应取最大者。

2.1.2　消防水源

1)一般规定

(1)消防水源

①市政给水、消防水池、天然水源等可作为消防水源,并宜采用市政给水。

②雨水清水池、中水清水池、水景和游泳池可作为备用消防水源;当上述水源必须作为消防水源时,应有保证在任何情况下均能满足消防给水系统所需的水量和水质的技术措施。

(2)消防水源水质及酸碱度要求

①消防水源水质应满足水灭火设施的功能要求。

②消防给水管道内平时所充水的 pH 值应为 6.0 ~ 9.0。

(3)防冻措施

严寒、寒冷等冬季结冰地区的消防水池、水塔和高位消防水池等应采取防冻措施。

2)市政给水

当市政给水管网连续供水时,消防给水系统可采用市政给水管网直接供水。

用作两路消防供水的市政给水管网应符合下列规定:

①市政给水厂应至少有两条输水干管向市政给水管网输水。

②市政给水管网应为环状管网。

③应至少有两条不同的市政给水干管上不少于两条引入管向消防给水系统供水。

图 2.2 所示为市政给水管网为消防给水系统供水示意图。

3)消防水池

(1)设置消防水池的条件

符合下列规定之一时,应设置消防水池:

①当生产、生活用水量达到最大时,市政给水管网或入户引入管不能满足室内、室外消防给水设计流量。

②当采用一路消防供水或只有一条入户引入管,且室外消火栓设计流量大于 20 L/s 或建筑高度大于 50 m 时。

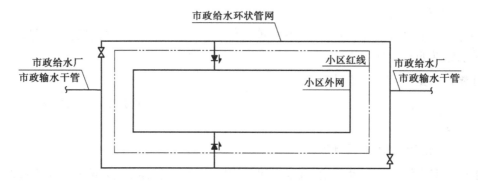

图 2.2　市政给水管网为消防给水系统供水示意图

③市政消防给水设计流量小于建筑室内外消防给水设计流量。

（2）消防水池有效容积的计算

消防水池有效容积的计算应符合下列规定：

①当市政给水管网能保证室外消防给水设计流量时,消防水池的有效容积应满足在火灾延续时间内室内消防用水量的要求。

②当市政给水管网不能保证室外消防给水设计流量时,消防水池的有效容积应满足火灾延续时间内室内消防用水量和室外消防用水量不足部分之和的要求。

③火灾延续时间是指水灭火设施达到设计流量的供水时间。火灾延续时间是根据火灾统计资料、国民经济水平以及消防力量等情况综合权衡确定的,不同场所消火栓系统和固定冷却水系统的火灾延续时间不同,不应小于《消防给水及消火栓系统技术规范》(GB 50974—2014)的规定的数值。

（3）消防水池给水管确定

消防水池的给水管应根据其有效容积和补水时间确定,补水时间不宜大于 48 h,但当消防水池有效总容积大于 2 000 m^3 时,不应大于 96 h。消防水池进水管管径应计算确定,且不应小于 DN100。

（4）消防水池有效容积确定

当消防水池采用两路消防供水且在火灾情况下连续补水能满足消防要求时,消防水池的有效容积应根据计算确定,但不应小于 100 m^3,当仅设有消火栓系统时不应小于 50 m^3。

（5）火灾时消防水池连续补水要求

火灾时消防水池连续补水应符合下列规定：

①消防水池应采用两路消防给水。

②火灾延续时间内的连续补水流量应按消防水池最不利进水管供水量计算。

（6）消防水池的分格与分座

①消防水池的总蓄水有效容积大于 500 m^3 时,宜设两格能独立使用的消防水池；当大于1 000 m^3 时,应设置能独立使用的两座消防水池,如图 2.3 所示。

②每格（或座）消防水池应设置独立的出水管,并应设置满足最低有效水位的连通管,且其管径应能满足消防给水设计流量的要求。

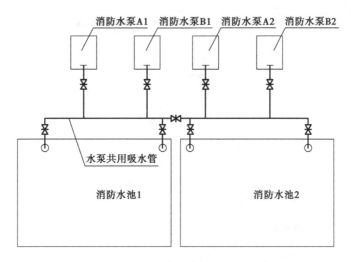

图 2.3　独立使用的两座消防水池示意图

(7)消防水池取水口(井)

储存室外消防用水的消防水池或供消防车取水的消防水池应设置取水口(井),且吸水高度不应大于 6.0 m,做法示例如图 2.4 所示。

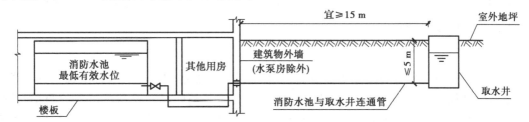

图 2.4　室外消防水池取水口做法示例

(8)与其他用水共用的水池

消防用水与其他用水共用的水池,应采取确保消防用水量不作他用的技术措施,做法示例如图 2.5 所示。

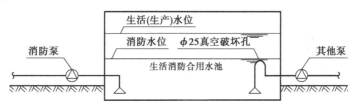

图 2.5　消防用水不作他用的技术措施示例

(9)消防水池的出水、排水和水位

消防水池的出水、排水和水位应符合下列规定:

①消防水池的出水管应保证消防水池的有效容积能被全部利用。

②消防水池应设置就地水位显示装置,并应在消防控制中心或值班室等地点设置显示消防水池水位的装置,同时应有最高和最低报警水位。

③消防水池应设置溢流水管和排水设施,并应采用间接排水,如图 2.6 所示。

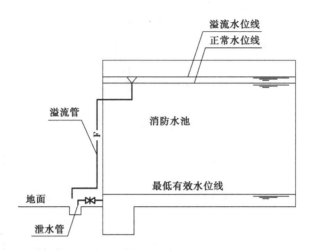

图2.6　消防水池溢流水管和排水设施示意图

(10)消防水池的通气管和呼吸管

消防水池的通气管和呼吸管等应符合下列规定:

①消防水池应设置通气管。

②消防水池通气管、呼吸管和溢流水管等应采取防止虫鼠等进入消防水池的技术措施。

2.1.3　供水设施

1)消防水泵

消防水泵是通过叶轮的旋转将能量传递给水,从而增加水的动能、压力能,并将其输送到灭火设备处,以满足各种灭火设备的水量、水压要求,它是消防给水系统的心脏。目前,消防给水系统中使用的水泵多为离心泵。离心泵的工作原理是靠叶轮在泵壳内旋转,使水靠离心力甩出,从而得到压力,将水送到需要的地方。离心泵主要是由泵壳、泵轴、叶轮、吸水管、出水管等部分组成。图2.7所示为卧式离心泵示意图。

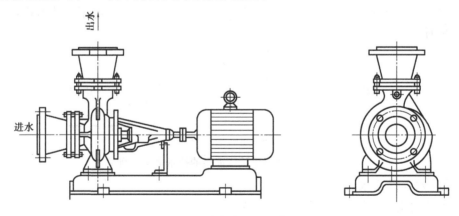

图2.7　卧式离心泵示意图

(1)消防水泵型式

消防水泵宜根据可靠性、安装场所、消防水源、消防给水设计流量和扬程等综合因素确定水泵的型式,水泵驱动器宜采用电动机或柴油机直接传动。

（2）消防水泵机组

消防水泵机组应由水泵、驱动器和专用控制柜等组成；一组消防水泵可由同一消防给水系统的工作泵和备用泵组成。

（3）消防水泵的最小/大额定流量

单台消防水泵的最小额定流量不应小于 10 L/s，最大额定流量不宜大于 320 L/s。

（4）消防水泵的技术规定

消防水泵的选择和应用应符合下列规定：

①消防水泵的性能应满足消防给水系统所需流量和压力的要求。

②当采用电动机驱动的消防水泵时，应选择电动机干式安装的消防水泵，如图 2.8 所示。

③流量扬程性能应满足零流量时的压力不应大于设计工作压力的 140%，且宜大于设计工作压力的 120%。

④当出流量为设计流量的 150% 时，其出口压力不应低于设计工作压力的 65%。

⑤消防给水同一泵组的消防水泵型号宜一致，且工作泵不宜超过 3 台。

⑥多台消防水泵并联时，应校核流量叠加对消防水泵出口压力的影响。

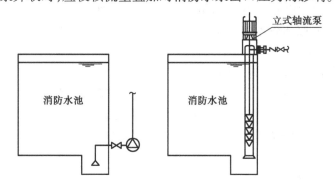

图 2.8　电动机驱动消防水泵干式安装示意图

（5）柴油机消防水泵技术规定

当采用柴油机消防水泵时应符合下列规定：

①柴油机消防水泵应采用压缩式点火型柴油机。

②柴油机的额定功率应校核海拔高度和环境温度对柴油机功率的影响。

③柴油机消防水泵应具备连续工作的性能，试验运行时间不应小于 24 h。

④柴油机消防水泵的蓄电池应保证消防水泵随时自动启泵的要求。

⑤柴油机消防水泵的供油箱应根据火灾延续时间确定，且油箱最小有效容积应按 1.5 L/kW 配置，柴油机消防水泵油箱内储存的燃料不应小于 50% 的储量。

（6）消防水泵备用泵

消防水泵应设置备用泵，其性能应与工作泵性能一致，但下列建筑除外：

①建筑高度小于 54 m 的住宅和室外消防给水设计流量小于等于 25 L/s 的建筑；

②室内消防给水设计流量小于等于 10 L/s 的建筑。

（7）消防水泵吸水技术规定

消防水泵吸水应符合下列规定：

①消防水泵应采取自灌式吸水，如图 2.9 所示。

②消防水泵从市政管网直接抽水时,应在消防水泵出水管上设置有空气隔断的倒流防止器。

③当吸水口处无吸水井时,吸水口处应设置旋流防止器。

为保证消防水泵及时启动供水,消防水泵应经常充满水。自灌式吸水是指启泵水位高于泵轴,这时水流可以自动充满整个水泵壳体,使其始终维持满水的真空状态。

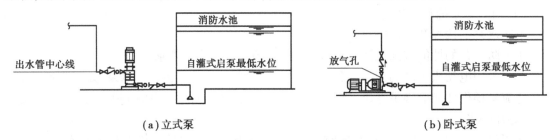

（a）立式泵　　　　　　　　　　　　（b）卧式泵

图 2.9　消防水泵自灌式吸水示意图

（8）离心式消防水泵吸水管、出水管和阀门技术要求

离心式消防水泵吸水管、出水管和阀门等,应符合下列规定:

①一组消防水泵,吸水管不应少于两条,当其中一条损坏或检修时,其余吸水管应仍能通过全部消防给水设计流量。

②消防水泵吸水管布置应避免形成气囊。

③一组消防水泵应设不少于两条的输水干管与消防给水环状管网连接,当其中一条输水管检修时,其余输水管应仍能供应全部消防给水设计流量。

图 2.10 所示为同组消防水泵吸水管、输水干管示意图。

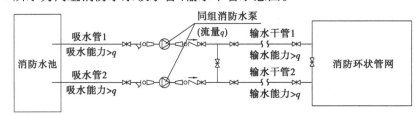

图 2.10　同组消防水泵吸水管、输水干管示意图

④消防水泵吸水口的淹没深度应满足消防水泵在最低水位运行安全的要求,吸水管喇叭口在消防水池最低有效水位下的淹没深度应根据吸水管喇叭口的水流速度和水力条件确定,但不应小于 600 mm,当采用旋流防止器时,淹没深度不应小于 200 mm,如图 2.11 所示。

⑤消防水泵的吸水管上应设置明杆闸阀或带自锁装置的蝶阀,但当设置暗杆阀门时应设有开启刻度和标志;当管径超过 DN300 时,宜设置电动阀门。

⑥消防水泵的出水管上应设止回阀、明杆闸阀;当采用蝶阀时,应带有自锁装置;当管径大于 DN300 时,宜设置电动阀门。

图 2.12 所示为消防水泵吸水管、出水管阀门设置示意图。

⑦消防水泵的吸水管、出水管道穿越外墙时,应采用防水套管;当穿越墙体和楼板时应加设套管,套管长度不应小于墙体厚度,或应高出楼面或地面 50 mm;套管与管道的间隙应采用不燃材料填塞,管道的接口不应位于套管内。

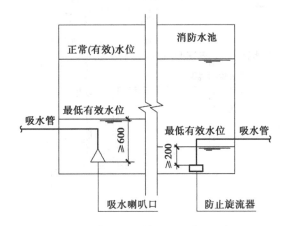

图2.11 消防水泵吸水管设置示意图(单位:mm)

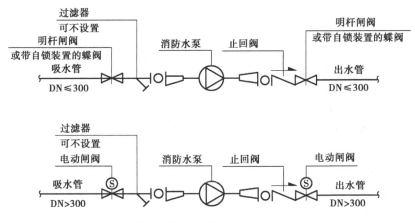

图2.12 消防水泵吸水管、出水管阀门设置示意图(单位:mm)

⑧消防水泵的吸水管穿越消防水池时,应采用柔性套管;采用刚性防水套管时应在水泵吸水管上设置柔性接头,且管径不应大于DN150。

⑨消防水泵吸水管可设置管道过滤器,管道过滤器的过水面积应大于管道过水面积的4倍,且孔径不宜小于3 mm。

⑩消防水泵吸水管和出水管上应设置压力表,应采用直径不小于6 mm的管道与消防水泵进出口管相接,并应设置关断阀门。每台消防水泵出水管上应设置DN65的试水管,并应采取排水措施。

2)高位消防水箱

采用临时高压给水系统的建筑物应设置高位消防水箱。设置消防水箱的目的,一是提供系统启动初期的消防用水量和水压;二是利用高位差为系统提供准工作状态下所需的水压,达到管道内充水并保持一定压力的目的。

图2.13所示为消防水箱配管及附件示意图。

(1)高位消防水箱的有效容积

临时高压消防给水系统的高位消防水箱的有效容积应满足初期火灾消防用水量的要求,并应符合下列规定:

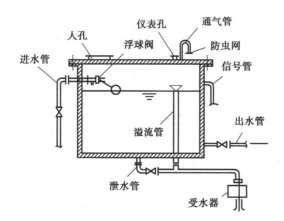

图 2.13 消防水箱配管及附件示意图

①一类高层公共建筑,不应小于 36 m³,但当建筑高度大于 100 m 时,不应小于 50 m³,当建筑高度大于 150 m 时,不应小于 100 m³。

②多层公共建筑、二类高层公共建筑和一类高层住宅,不应小于 18 m³,当一类高层住宅建筑高度超过 100 m 时,不应小于 36 m³。

③二类高层住宅,不应小于 12 m³。

④建筑高度大于 21 m 的多层住宅,不应小于 6 m³。

⑤工业建筑室内消防给水设计流量当小于或等于 25 L/s 时,不应小于 12 m³,大于 25 L/s 时,不应小于 18 m³。

⑥总建筑面积大于 10 000 m² 且小于 30 000 m² 的商店建筑,不应小于 36 m³,总建筑面积大于 30 000 m² 的商店建筑,不应小于 50 m³,当与前述①规定不一致时应取其较大值。

(2)最不利点处静水压力

高位消防水箱的设置位置应高于其所服务的水灭火设施,且最低有效水位应满足水灭火设施最不利点处的静水压力,并应按下列规定确定:

①一类高层公共建筑,不应低于 0.10 MPa,但当建筑高度超过 100 m 时,不应低于 0.15 MPa。

②高层住宅、二类高层公共建筑、多层公共建筑,不应低于 0.07 MPa,多层住宅不宜低于 0.07 MPa。

③工业建筑不应低于 0.10 MPa,当建筑体积小于 20 000 m³ 时,不宜低于 0.07 MPa。

④自动喷水灭火系统等自动水灭火系统应根据喷头灭火需求压力确定,但最小不应小于 0.10 MPa。

⑤当高位消防水箱不能满足前述①~④规定的静压要求时,应设稳压泵。

(3)高位消防水箱建造材质

高位消防水箱可采用热浸锌镀锌钢板、钢筋混凝土、不锈钢板等建造。

(4)高位消防水箱的设置

高位消防水箱的设置应符合下列规定:

①当高位消防水箱在屋顶露天设置时,水箱的人孔以及进出水管的阀门等应采取锁具或阀门箱等保护措施。

②严寒、寒冷等冬季冰冻地区的消防水箱应设置在消防水箱间内,其他地区宜设置在室

内,当必须在屋顶露天设置时,应采取防冻隔热等安全措施;高位消防水箱间应通风良好,不应结冰,当必须设置在严寒、寒冷等冬季结冰地区的非采暖房间时,应采取防冻措施,环境温度或水温不应低于5 ℃。

③高位消防水箱的有效容积、出水、排水、水位、通气管和呼吸管等,应符合消防水池的相关规定。

④高位消防水箱的最低有效水位应根据出水管喇叭口和旋流防止器的淹没深度确定,当采用出水管喇叭口时,吸水管喇叭口在高位消防水箱最低有效水位下的淹没深度应根据吸水管喇叭口的水流速度和水力条件确定,但不应小于600 mm;当采用旋流防止器时应根据产品确定,且不应小于150 mm 的保护高度。

⑤高位消防水箱外壁与建筑本体结构墙面或其他池壁之间的净距,应满足施工或装配的需要,无管道的侧面,净距不宜小于0.7 m;安装有管道的侧面,净距不宜小于1.0 m,且管道外壁与建筑本体墙面之间的通道宽度不宜小于0.6 m,设有人孔的水箱顶,其顶面与其上面的建筑物本体板底的净空不应小于0.8 m。

⑥进水管的管径应满足消防水箱8 h 充满水的要求,但管径不应小于DN32,进水管宜设置液位阀或浮球阀。

⑦高位消防水箱出水管管径应满足消防给水设计流量的出水要求,且不应小于DN100。

⑧高位消防水箱出水管应位于高位消防水箱最低水位以下,并应设置防止消防用水进入高位消防水箱的止回阀。

⑨高位消防水箱的进、出水管应设置带有指示启闭装置的阀门。

3)稳压泵

稳压泵是在消防给水系统中用于稳定平时最不利点水压的给水泵,通常选用小流量、高扬程的水泵。消防稳压泵通常可按"一用一备"原则选用。

(1)增(稳)压设备设置条件及组成

对于采用临时高压消防给水系统的高层或多层建筑,当消防水箱设置高度不能满足系统最不利点灭火设备所需的水压要求时,应设置增(稳)压设备。增(稳)压设备一般由稳压泵、气压罐、管道附件及控制装置等组成。

(2)稳压泵的型式和主要部件的材质

稳压泵宜采用离心泵,并宜符合下列规定:

①宜采用单吸单级或单吸多级离心泵。单吸就是一个吸入接口;单级,就是一个叶轮工作,一般流量较小,属于小型泵。多个叶轮串联工作,叫"多级"。

②泵外壳和叶轮等主要部件的材质宜采用不锈钢。

(3)稳压泵的设计流量

稳压泵的设计流量应符合下列规定:

①稳压泵的设计流量不应小于消防给水系统管网的正常泄漏量和系统自动启动流量。

②消防给水系统管网的正常泄漏量应根据管道材质、接口形式等确定,当没有管网泄漏量数据时,稳压泵的设计流量宜按消防给水设计流量的1% ~3% 计,且不宜小于1 L/s。

(4)稳压泵的设计压力

稳压泵的设计压力应符合下列要求:

①稳压泵的设计压力应满足系统自动启动和管网充满水的要求。

②稳压泵的设计压力应保持系统最不利点处水灭火设施在准工作状态时的静水压力应大于 0.15 MPa。

（5）防止稳压泵频繁启停的技术措施

设置稳压泵的临时高压消防给水系统应设置防止稳压泵频繁启停的技术措施,当采用气压水罐时,其调节容积应根据稳压泵启泵次数不大于 15 次/h 计算确定,但有效储水容积不宜小于 150 L。

（6）吸水管、出水管阀门设置

稳压泵吸水管应设置明杆闸阀,稳压泵出水管应设置消声止回阀和明杆闸阀。

4）消防水泵接合器

消防水泵接合器是通过消防车向建筑物内的消防管网输送消防用水的连接设备;它既可以补充消防用水量,又可以用于提高消防给水管网的压力。设置室内消火栓系统并符合相应条件的建筑以及自动喷水灭火系统等水灭火系统,均应设置消防水泵接合器。

（1）消防水泵接合器的流量

消防水泵接合器的给水流量宜按每个 10～15 L/s 计算。每种水灭火系统的消防水泵接合器设置的数量应按系统设计流量经计算确定。

（2）设置地点

水泵接合器应设在室外便于消防车使用的地点,且距室外消火栓或消防水池的距离不宜小于 15 m,并不宜大于 40 m。

（3）安装技术要求

①墙壁消防水泵接合器的安装高度距地面宜为 0.70 m;与墙面上的门、窗、孔、洞的净距离不应小于 2.0 m,且不应安装在玻璃幕墙下方。

②地下消防水泵接合器的安装,应使进水口与井盖底面的距离不大于 0.4 m,且不应小于井盖的半径。

（4）铭牌设置

水泵接合器处应设置永久性标志铭牌,并应标明供水系统、供水范围和额定压力。

2.1.4 消火栓系统

1）系统选择

（1）湿式消火栓系统

①市政消火栓和建筑室外消火栓应采用湿式消火栓系统。

②室内环境温度不低于 4 ℃,且不高于 70 ℃ 的场所,应采用湿式室内消火栓系统。

（2）干式消火栓系统

①室内环境温度低于 4 ℃ 或高于 70 ℃ 的场所,宜采用干式消火栓系统。

②建筑高度不大于 27 m 的多层住宅建筑设置室内湿式消火栓系统确有困难时,可设置干式消防竖管。

③严寒、寒冷等冬季结冰地区城市隧道及其他构筑物的消火栓系统,应采取防冻措施,并宜采用干式消火栓系统和干式室外消火栓。

④干式消火栓系统的充水时间不应大于 5 min。

2) 市政消火栓

(1) 市政消火栓栓口规格

市政消火栓宜采用直径 DN150 的室外消火栓,并应符合下列要求:

① 室外地上式消火栓应有一个直径为 150 mm 或 100 mm 和两个直径为 65 mm 的栓口。

② 室外地下式消火栓应有直径为 100 mm 和 65 mm 的栓口各一个。

(2) 市政消火栓设置地点

① 市政消火栓宜在道路的一侧设置,并宜靠近十字路口,但当市政道路宽度超过 60 m 时,应在道路的两侧交叉错落设置市政消火栓。

② 市政桥桥头和城市交通隧道出入口等市政公用设施处,应设置市政消火栓。

③ 市政消火栓应布置在消防车易于接近的人行道和绿地等地点,且不应妨碍交通,并应符合下列规定:

a. 市政消火栓距路边不宜小于 0.5 m,并不应大于 2.0 m;

b. 市政消火栓距建筑外墙或外墙边缘不宜小于 5.0 m;

c. 市政消火栓应避免设置在机械易撞击的地点,确有困难时,应采取防撞措施。

(3) 保护半径

市政消火栓的保护半径不应超过 150 m,间距不应大于 120 m。

(4) 消防水鹤

消防水鹤为城市给水系统消防专用取水设施,是专门为消防车快速上水而设计的取水设备。它能够在各种天气条件下,通过消防专用工具的操作,进行快速给水,以满足消防车在执行灭火任务时的用水需求。

① 严寒地区在城市主要干道上设置消防水鹤的布置间距宜为 1 000 m,连接消防水鹤的市政给水管的管径不宜小于 DN200。

② 火灾时消防水鹤的出流量不宜低于 30 L/s,且供水压力从地面算起不应小于 0.10 MPa。

(5) 标志

地下式市政消火栓应有明显的永久性标志。

3) 室外消火栓

(1) 室外消火栓的数量确定

建筑室外消火栓的数量应根据室外消火栓设计流量和保护半径经计算确定,保护半径不应大于 150.0 m,每个室外消火栓的出流量宜按 10 ~ 15 L/s 计算。

(2) 室外消火栓设置标准

① 室外消火栓宜沿建筑周围均匀布置,且不宜集中布置在建筑一侧;建筑消防扑救面一侧的室外消火栓数量不宜少于 2 个。

② 人防工程、地下工程等建筑应在出入口附近设置室外消火栓,且距出入口的距离不宜小于 5 m,并不宜大于 40 m。

③ 停车场的室外消火栓宜沿停车场周边设置,且与最近一排汽车的距离不宜小于 7 m,距加油站或油库不宜小于 15 m。

④ 甲、乙、丙类液体储罐区和液化烃罐区等构筑物的室外消火栓,应设在防火堤或防护墙外,数量应根据每个罐的设计流量经计算确定,但距罐壁 15 m 范围内的消火栓,不应计算在

该罐可使用的数量内。

4）室内消火栓

（1）室内消火栓的配置

①应采用 DN65 室内消火栓，并可与消防软管卷盘或轻便水龙设置在同一箱体内。

②应配置公称直径 65 有内衬里的消防水带，长度不宜超过 25.0 m；消防软管卷盘应配置内径不小于 ϕ19 的消防软管，其长度宜为 30.0 m；轻便水龙应配置公称直径 25 有内衬里的消防水带，长度宜为 30.0 m。

③宜配置当量喷嘴直径 16 mm 或 19 mm 的消防水枪，但当消火栓设计流量为 2.5 L/s 时宜配置当量喷嘴直径 11 mm 或 13 mm 的消防水枪；消防软管卷盘和轻便水龙应配置当量喷嘴直径 6 mm 的消防水枪。

（2）室内消火栓的设置

①设置室内消火栓的建筑，包括设备层在内的各层均应设置消火栓。

②室内消火栓的布置应满足同一平面有 2 支消防水枪的 2 股充实水柱同时达到任何部位的要求，但建筑高度小于或等于 24.0 m 且体积小于或等于 5 000 m³ 的多层仓库、建筑高度小于或等于 54 m 且每单元设置一部疏散楼梯的住宅，以及按照规定可采用 1 支消防水枪的场所，可采用 1 支消防水枪的 1 股充实水柱到达室内任何部位。

③建筑室内消火栓的设置位置应满足火灾扑救要求，并应符合下列规定：

a. 室内消火栓应设置在楼梯间及其休息平台和前室、走道等明显易于取用，以及便于火灾扑救的位置；

b. 住宅的室内消火栓宜设置在楼梯间及其休息平台；

c. 汽车库内消火栓的设置不应影响汽车的通行和车位的设置，并应确保消火栓的开启；

d. 同一楼梯间及其附近不同层设置的消火栓，其平面位置宜相同；

e. 冷库的室内消火栓应设置在常温穿堂或楼梯间内。

（3）安装高度

建筑室内消火栓栓口的安装高度应便于消防水龙带的连接和使用，其距地面高度宜为 1.1 m；其出水方向应便于消防水带的敷设，并宜与设置消火栓的墙面成 90°角或向下。

（4）布置间距

室内消火栓宜按直线距离计算其布置间距，并应符合下列规定：

①消火栓按 2 支消防水枪的 2 股充实水柱布置的建筑物，消火栓的布置间距不应大于 30.0 m。

②消火栓按 1 支消防水枪的 1 股充实水柱布置的建筑物，消火栓的布置间距不应大于 50.0 m。

（5）栓口压力和消防水枪充实水柱

充实水柱是指从水枪喷嘴起到全部水量 90% 的密实水柱通过直径 380 mm 圆断面的一段水柱长度。室内消火栓栓口压力和消防水枪充实水柱，应符合下列规定：

①消火栓栓口动压力不应大于 0.50 MPa；当大于 0.70 MPa 时必须设置减压装置。

②高层建筑、厂房、库房和室内净空高度超过 8 m 的民用建筑等场所，消火栓栓口动压不应小于 0.35 MPa，且消防水枪充实水柱应按 13 m 计算；其他场所，消火栓栓口动压不应小于 0.25 MPa，且消防水枪充实水柱应按 10 m 计算。

（6）试验消火栓

设有室内消火栓的建筑应设置带有压力表的试验消火栓，其设置位置应符合下列规定：

①多层和高层建筑应在其屋顶设置，严寒、寒冷等冬季结冰地区可设置在顶层出口处或水箱间内等便于操作和防冻的位置。

②单层建筑宜设置在水力最不利处，且应靠近出入口。

（7）室内消火栓系统的控制

①联动控制方式，应由消火栓系统出水干管上设置的低压压力开关、高位消防水箱出水管上设置的流量开关或报警阀压力开关等信号作为触发信号，直接控制启动消火栓泵，联动控制不应受消防联动控制器处于自动或手动状态影响。当设置消火栓按钮时，消火栓按钮的动作信号应作为报警信号及启动消火栓泵的联动触发信号，由消防联动控制器联动控制消火栓泵的启动。

②手动控制方式，应将消火栓泵控制箱（柜）的启动、停止按钮用专用线路直接连接至设置在消防控制室内的消防联动控制器的手动控制盘，并应直接手动控制消火栓泵的启动、停止。

③消火栓泵的动作信号应反馈至消防联动控制器。

任务测试

一、单项选择题

1．消防水池的给水管应根据其有效容积和补水时间确定，补水时间不宜大于＿＿＿＿h，但当消防水池有效总容积大于2 000 m³时，不应大于＿＿＿＿h。（　　）

　A．48　96　　　　　B．36　72　　　　　C．24　48　　　　　D．12　24

2．当消防水池采用两路消防供水且在火灾情况下连续补水能满足消防要求时，消防水池的有效容积应根据计算确定，但不应小于＿＿＿＿m³，当仅设有消火栓系统时不应小于＿＿＿＿m³。（　　）

　A．200　100　　　　B．100　50　　　　C．150　100　　　　D．50　25

3．消防水池的总蓄水有效容积大于＿＿＿＿m³时，宜设两格能独立使用的消防水池；当大于＿＿＿＿m³时，应设置能独立使用的两座消防水池。（　　）

　A．200　400　　　　B．400　800　　　　C．500　1 000　　　D．800　1 200

4．储存室外消防用水的消防水池或供消防车取水的消防水池应设置取水口（井），且吸水高度不应大于（　　）m。

　A．4　　　　　　　　B．5　　　　　　　　C．6　　　　　　　　D．8

5．单台消防水泵的最小额定流量不应小于＿＿＿＿L/s，最大额定流量不宜大于＿＿＿＿L/s。（　　）

　A．10　320　　　　B．20　160　　　　C．15　300　　　　D．5　100

6．柴油机消防水泵应具备连续工作的性能，试验运行时间不应小于（　　）h。

　A．8　　　　　　　　B．12　　　　　　　C．24　　　　　　　D．48

7．每台消防水泵出水管上应设置DN（　　）的试水管，并应采取排水措施。

　A．50　　　　　　　B．65　　　　　　　C．80　　　　　　　D．100

8．消防给水同一泵组的消防水泵型号宜一致，且工作泵不宜超过（　　）台。

　A．2　　　　　　　　B．4　　　　　　　　C．3　　　　　　　　D．1

9. 高位消防水箱的设置位置应_____其所服务的水灭火设施,且最低有效水位应满足_____水灭火设施的静水压力。(   )

A. 高于 最不利点处   B. 低于 最不利点处

C. 高于 最有利点处   D. 低于 最有利点处

10. 消防水泵接合器的给水流量宜按每个(   )L/s 计算。每种水灭火系统的消防水泵接合器设置的数量应按系统设计流量经计算确定。

A. 5～15   B. 15～20   C. 5～10   D. 10～15

二、多项选择题

1. 消防水泵机组应由(   )等组成;一组消防水泵可由同一消防给水系统的工作泵和备用泵组成。

A. 水泵   B. 消防水池   C. 驱动器   D. 专用控制柜

E. 消防水箱

2. 下列关于消防水泵的表述,正确的是(   )。

A. 消防水泵应设置备用泵,其性能宜与工作泵性能一致

B. 消防水泵应采取自灌式吸水

C. 一组消防水泵,吸水管不应少于两条

D. 消防水泵吸水管布置应避免形成气囊

E. 消防水泵吸水口的淹没深度应满足消防水泵在最高水位运行安全的要求

3. 高位消防水箱可采用(   )等建造。

A. 防腐木   B. 热浸锌镀锌钢板

C. 钢筋混凝土   D. 不锈钢板

E. 聚乙烯高分子材料

4. 下列关于建筑室内消火栓的表述,正确的是(   )。

A. 设置室内消火栓的建筑,包括设备层在内的各层均应设置消火栓

B. 设有室内消火栓的建筑应设置带有压力表的试验消火栓

C. 同一楼梯间及其附近不同层设置的消火栓,其平面位置宜相同

D. 消火栓按 2 支消防水枪的 2 股充实水柱布置的建筑物,消火栓的布置间距不应大于 30.0 m

E. 消火栓栓口动压力不应大于 0.50 MPa;当大于 0.70 MPa 时必须设置减压装置

5. 下列关于室内消火栓系统的联动控制方式的表述,正确的是(   )。

A. 可以由消火栓系统出水干管上设置的低压压力开关作为触发信号

B. 可以由高位消防水箱出水管上设置的流量开关作为触发信号

C. 可以由报警阀压力开关作为触发信号

D. 符合要求的触发信号直接控制启动消火栓泵,联动控制不应受消防联动控制器处于自动或手动状态影响

E. 只有当消防联动控制器处于自动状态时,符合要求的触发信号方可控制启动消火栓泵

任务 2.2　消防给水及消火栓系统的安装

建筑消防系统
分部分项工程
的划分

2.2.1　一般规定及进场检验

1）一般规定

（1）分部分项工程划分

消防给水及消火栓系统分部、分项工程，宜按《消防给水及消火栓系统技术规范》（GB 50974—2014）的相关规定划分。

（2）施工准备

消防给水及消火栓系统施工前应具备下列条件：

①施工图应经国家相关机构审查审核批准或备案后再施工。

②平面图、系统图、详图等图纸及说明书、设备表、材料表等技术文件应齐全。

③设计单位应向施工、建设、监理单位进行技术交底。

④系统主要设备、组件、管材管件及其他设备、材料，应能保证正常施工。

⑤施工现场及施工中使用的水、电、气应满足施工要求。

（3）施工过程质量控制

消防给水及消火栓系统工程的施工过程质量控制，应按下列规定进行：

①应校对审核图纸并复核是否同施工现场一致。

②各工序应按施工技术标准进行质量控制，每道工序完成后，应进行检查，并应检查合格后再进行下道工序。

③相关各专业工种之间应进行交接检验，并应经监理工程师签证后再进行下道工序。

④安装工程完工后，施工单位应按相关专业调试规定进行调试。

⑤调试完工后，施工单位应向建设单位提供质量控制资料和各类施工过程质量检查记录。

⑥施工过程质量检查组织应由监理工程师组织施工单位人员组成。

⑦按要求填写施工过程质量检查记录及质量控制资料。

（4）其他要求

①消防给水及消火栓系统的施工必须由具有相应等级资质的施工队伍承担。

②系统施工应按设计要求编制施工方案或施工组织设计。施工现场应具有相应的施工技术标准、施工质量管理体系和工程质量检验制度，并应按要求填写有关记录。

③消防给水及消火栓系统工程的施工，应按批准的工程设计文件和施工技术标准进行施工。

2）进场检验

（1）基本要求

消防给水及消火栓系统施工前应对采用的主要设备、系统组件、管材管件及其他设备、材料进行进场检查，应符合国家现行相关产品标准的规定，并应具有出厂合格证或质量认证书。

（2）具体规定

①消防水泵、消火栓、消防水带、消防水枪、消防软管卷盘或轻便水龙、报警阀组、电动（磁）阀、压力开关、流量开关、消防水泵接合器、沟槽连接件等系统主要设备和组件应经国家消防产品质量监督检验中心检测合格。

②稳压泵、气压水罐、消防水箱、自动排气阀、信号阀、止回阀、安全阀、减压阀、倒流防止器、蝶阀、闸阀、流量计、压力表、水位计等应经相应国家产品质量监督检验中心检测合格。

③气压水罐、组合式消防水池、屋顶消防水箱、地下水取水设施和地表水取水设施，以及其附件等应符合国家现行相关产品标准的规定。

2.2.2　施工及试压和冲洗

1）施工

（1）安装施工原则性要求

①消防水泵等设备安装前应校核产品合格证，以及其规格、型号和性能与设计要求应一致，并应根据安装使用说明书进行安装。

②设备安装前应对安装位置进行复核，并应符合设计文件要求；设备之间，以及设备与墙或其他设备之间的间距，并应满足安装、运行和维护管理的要求。

③消防水池和消防水箱等储水设施的水位、出水量、有效容积应符合设计要求，气压水罐有效容积、气压、水位及设计压力应符合设计要求。

④消防水泵等需要与结构施工配合完成的项目安装前应复核设备基础混凝土强度、坐标、标高、尺寸和螺栓孔位置。

⑤管道、阀门及有关设备的施工和安装，应符合现行国家有关专业施工及验收规范的规定。

（2）有关设备施工安装应满足产品使用性能要求

①消防水池和消防水箱出水管或水泵吸水管应满足最低有效水位出水不掺气的技术要求；溢流管、泄水管不应与生产或生活用水的排水系统直接相连，应采用间接排水方式。

②消防水泵吸水管水平管段上不应有气囊和漏气现象；变径连接时，应采用偏心异径管件并应采用管顶平接。

③消防水泵接合器的安装，应按接口、本体、连接管、止回阀、安全阀、放空管、控制阀的顺序进行。

④消火栓栓口出水方向宜向下或与设置消火栓的墙面成90°角，栓口不应安装在门轴侧；消火栓箱门的开启角度不应小于120°。

⑤消防给水管穿过地下室外墙、构筑物墙壁以及屋面等有防水要求处时，应设防水套管；消防给水管穿过建筑物承重墙或基础时，应预留洞口，洞口高度应保证管顶上部净空不小于建筑物的沉降量，不宜小于0.1 m，并应填充不透水的弹性材料；消防给水管穿过墙体或楼板时应加设套管，套管长度不应小于墙体厚度，或应高出楼面或地面50 mm；套管与管道的间隙应采用不燃材料填塞，管道的接口不应位于套管内；消防给水管必须穿过伸缩及沉降缝时，应采用波纹管和补偿器等技术措施。

消防管道跨越伸缩缝的做法

2)试压和冲洗

(1)试压和冲洗的一般技术规定

①管网安装完毕后,应对其进行强度试验、冲洗和严密性试验。

②强度试验和严密性试验宜用水进行。干式消火栓系统应做水压试验和气压试验;水压试验和水冲洗宜采用生活用水进行,不应使用海水或含有腐蚀性化学物质的水。

③系统试压完成后,应及时拆除所有临时盲板及试验用的管道,并应与记录核对无误,且应按要求填写记录。

④管网冲洗应在试压合格后分段进行。冲洗顺序应先室外,后室内;先地下,后地上;室内部分的冲洗应按供水干管、水平管和立管的顺序进行。

⑤系统试压前埋地管道的位置及管道基础、支墩等经复查应符合设计要求;试压用的压力表数量、精度及量程满足要求,冲洗方案已经批准;对不能参与试压的设备、仪表、阀门及附件应加以隔离或拆除;加设的临时盲板应具有突出于法兰的边耳,且应做明显标志,并记录临时盲板的数量。图 2.14 所示为盲板(不带边耳)示意图。盲板即法兰盖,也叫盲法兰或者管堵。它是中间不带孔的法兰,用于封堵管道口。所起到的功能

图 2.14　盲板(不带边耳)示意图

和封头及管帽是一样的,只不过盲板密封是一种可拆卸的密封装置,而封头的密封是不准备再打开的。

⑥系统试压过程中,当出现泄漏时,应停止试压,并应放空管网中的试验介质,消除缺陷后,应重新再试。

⑦管网冲洗宜用水进行。冲洗前,应对系统的仪表采取保护措施;冲洗前,应对管道防晃支架、支吊架等进行检查,必要时应采取加固措施;对不能经受冲洗的设备和冲洗后可能存留脏物、杂物的管段,应进行清理;冲洗管道直径大于 DN100 时,应对其死角和底部进行振动,但不应损伤管道。

⑧管网冲洗合格后,应按要求填写记录。

(2)水压试验

①水压强度试验的测试点应设在系统管网的最低点。对管网注水时,应将管网内的空气排净,并应缓慢升压,达到试验压力后,稳压 30 min 后,管网应无泄漏、无变形,且压力降不应大于 0.05 MPa。

②水压严密性试验应在水压强度试验和管网冲洗合格后进行。试验压力应为系统工作压力,稳压 24 h,应无泄漏。

③水压试验时环境温度不宜低于 5 ℃,当低于 5 ℃时,水压试验应采取防冻措施。

④消防给水系统的水源干管、进户管和室内埋地管道应在回填前单独或与系统同时进行水压强度试验和水压严密性试验。

(3)气压严密性试验

气压严密性试验的介质宜采用空气或氮气,试验压力应为 0.28 MPa,且稳压 24 h,压力降不应大于 0.01 MPa。

(4)冲洗

①管网冲洗的水流流速、流量不应小于系统设计的水流流速、流量;管网冲洗宜分区、分

段进行;水平管网冲洗时,其排水管位置应低于冲洗管网。

②管网冲洗的水流方向应与灭火时管网的水流方向一致。

③管网冲洗应连续进行。当出口处水的颜色、透明度与入口处水的颜色、透明度基本一致时,冲洗可结束。

④管网冲洗宜设临时专用排水管道,其排放应畅通和安全。排水管道的截面面积不应小于被冲洗管道截面面积的60%。

⑤管网的地上管道与地下管道连接前,应在管道连接处加设堵头后,对地下管道进行冲洗。

⑥管网冲洗结束后,应将管网内的水排除干净。

⑦干式消火栓系统管网冲洗结束,管网内水排除干净后,宜采用压缩空气吹干。

📖 任务测试

一、单项选择题

1.消防水泵吸水管水平管段上不应有气囊和漏气现象;变径连接时,应采用_____管件并应采用_____。( )

A.同心异径　管顶平接　　　　　　　　B.同心异径　管底平接

C.偏心异径　管顶平接　　　　　　　　D.偏心异径　管底平接

2.消火栓栓口出水方向宜向下或与设置消火栓的墙面成_____角,栓口不应安装在门轴侧;消火栓箱门的开启不应小于_____。( )

A.90°　120°　　B.90°　175°　　C.100°　120°　　D.110°　120°

3.消防给水管道冲洗试验时,冲洗管道直径大于( )时,应对其死角和底部进行振动,但不应损伤管道。

A.DN80　　　　B.DN100　　　　C.DN650　　　　D.DN50

4.下列关于消防给水管道气压严密性试验的表述,错误的是( )。

A.气压严密性试验的介质宜采用空气或氮气

B.试验压力应为0.28 MPa

C.稳压12 h

D.压力降不应大于0.01 MPa

5.管网冲洗宜设临时专用排水管道,其排放应畅通和安全。排水管道的截面面积不应小于被冲洗管道截面面积的( )。

A.40%　　　　B.70%　　　　C.50%　　　　D.60%

6.消防给水及消火栓系统工程施工过程质量检查组织应由( )组织施工单位人员组成。

A.甲方经理　　　B.总工程师　　　C.项目经理　　　D.监理工程师

7.消防给水及消火栓系统工程的施工,应按( )进行施工。

A.批准的工程设计文件

B.总工程师现场决策

C.批准的工程设计文件和施工技术标准

D.施工技术标准

8.强度试验和严密性试验宜用( )进行。

A. 压缩空气　　　　B. 水　　　　　　C. 氮气　　　　　D. 空气

9. 下列关于消防给水管网冲洗顺序的表述,错误是(　　)。

A. 先室外,后室内

B. 先地下,后地上

C. 室内部分的冲洗应按供水干管、水平管和立管的顺序进行

D. 先金属管,后非金属管

10. 消防给水管穿过墙体或楼板时应加设套管,套管长度不应小于墙体厚度,或应高出楼面或地面(　　)mm。

A. 30　　　　　　B. 40　　　　　　C. 50　　　　　　D. 60

二、多项选择题

1. 下列关于消防给水管安装的表述,正确的是(　　)。

A. 消防给水管穿过地下室外墙、构筑物墙壁以及屋面等有防水要求处时,应设防水套管

B. 消防给水管穿过建筑物承重墙或基础时,应预留洞口,洞口高度应保证管顶上部净空不小于建筑物的沉降量,不宜小于 0.1 m,并应填充不透水的弹性材料

C. 消防给水管穿过墙体或楼板时应加设套管,套管长度不应小于墙体厚度,或应高出楼面或地面 50 mm

D. 套管与管道的间隙应采用不燃材料填塞,管道的接口应位于套管内

E. 消防给水管必须穿过伸缩缝及沉降缝时,应采用波纹管和补偿器等技术措施

2. 消防给水管网安装完毕后,应对其进行(　　)。

A. 流量测试　　　　B. 水锤试验　　　　C. 强度试验　　　　D. 冲洗

E. 严密性试验

3. 下列关于消防给水管网水压强度试验的表述,正确的是(　　)。

A. 水压强度试验的测试点应设在系统管网的最高点

B. 对管网注水时,应将管网内的空气排净,并应缓慢升压,达到试验压力后,稳压 20 min 后,管网应无泄漏、无变形,且压力降不应大于 0.05 MPa

C. 水压严密性试验应在水压强度试验和管网冲洗合格后进行;试验压力应为系统工作压力,稳压 24 h,应无泄漏

D. 水压试验时环境温度不宜低于 6 ℃,当低于 6 ℃时,水压试验应采取防冻措施

E. 消防给水系统的水源干管、进户管和室内埋地管道应在回填前单独或与系统同时进行水压强度试验和水压严密性试验

4. 下列关于消防给水管网冲洗的表述,正确的是(　　)。

A. 管网冲洗的水流流速、流量不应小于系统设计的水流流速、流量;管网冲洗宜分区、分段进行;水平管网冲洗时,其排水管位置应与冲洗管网平齐

B. 管网冲洗的水流方向应与灭火时管网的水流方向相反

C. 管网冲洗应连续进行。当出口处水的颜色、透明度与入口处水的颜色、透明度基本一致时,冲洗可结束

D. 管网冲洗宜设临时专用排水管道,其排放应畅通和安全。排水管道的截面面积不应小于被冲洗管道截面面积的 60%

E. 干式消火栓系统管网冲洗结束,管网内水排除干净后,宜自然风干

5.下列事项属于消防给水及消火栓系统施工前应具备的条件的是(　　)。

A.施工图应经国家相关机构审查审核批准或备案后再施工

B.平面图、系统图、详图等图纸及说明书、设备表、材料表等技术文件应齐全

C.设计单位应向施工、建设、监理单位进行技术交底

D.系统主要设备、组件、管材管件及其他设备、材料,应能保证正常施工

E.施工现场及施工中使用的水、电、暖应满足施工要求

任务2.3　消防给水及消火栓系统的调试

2.3.1　调试准备及调试项目

(1)调试时间节点

消防给水及消火栓系统调试应在系统施工完成后进行。

(2)调试准备

调试应具备以下条件:

①天然水源取水口、地下水井、消防水池、高位消防水池、高位消防水箱等蓄水和供水设施水位、出水量、已储水量等符合设计要求。

②消防水泵、稳压泵和稳压设施等处于准工作状态。

③系统供电正常,若柴油机泵油箱应充满油并能正常工作。

④消防给水系统管网内已经充满水。

⑤湿式消火栓系统管网内已充满水,干式消火栓系统管网内的气压符合设计要求。

⑥系统自动控制处于准工作状态。

⑦减压阀和阀门等处于正常工作位置。

(3)调试项目

系统调试应包括下列项目:水源调试和测试、消防水泵调试、稳压泵调试、干式消火栓系统快速启闭装置调试、消火栓调试和测试、排水设施调试、控制柜调试和测试、联锁控制试验等。

2.3.2　系统调试

(1)水源调试和测试

水源调试和测试应符合下列要求:

①按设计要求核实高位消防水箱、消防水池的容积,高位消防水箱设置高度应符合设计要求;消防储水应有不作他用的技术措施。

②消防水泵直接从市政管网吸水时,应测试市政供水的压力和流量能否满足设计要求的流量。

③应按设计要求核实消防水泵接合器的数量和供水能力,并应通过消防车车载移动泵供水进行试验验证。

④应核实地下水井的常水位和设计抽升流量时的水位。

检查数量:全数检查。

检查方法:直观检查和进行通水试验。

(2)消防水泵调试

消防水泵调试应符合下列要求:

①以自动直接启动或手动直接启动消防水泵时,消防水泵应在 55 s 内投入正常运行,且应无不良噪声和振动。

②以备用电源切换方式或备用泵切换启动消防水泵时,消防水泵应分别在 1 min 或 2 min 内投入正常运行。

③消防水泵安装后应进行现场性能测试,其性能应与生产厂商提供的数据相符,并应满足消防给水设计流量和压力的要求。

④消防水泵零流量时的压力不应超过设计工作压力的 140% ;当出流量为设计工作流量的 150% 时,其出口压力不应低于设计工作压力的 65% 。

检查数量:全数检查。

检查方法:用秒表检查。

(3)稳压泵调试

稳压泵应按设计要求进行调试,并应符合下列规定:

①当达到设计启动压力时,稳压泵应立即启动;当达到系统停泵压力时,稳压泵应自动停止运行;稳压泵启停应达到设计压力要求。

②能满足系统自动启动要求,且当消防主泵启动时,稳压泵应停止运行。

③稳压泵在正常工作时每小时的启停次数应符合设计要求,且不应大于 15 次/h。

④稳压泵启停时系统压力应平稳,且稳压泵不应频繁启停。

检查数量:全数检查。

检查方法:直观检查。

(4)干式消火栓系统快速启闭装置调试

干式消火栓系统快速启闭装置调试应符合下列要求:

①干式消火栓系统调试时,开启系统试验阀或按下消火栓按钮,干式消火栓系统快速启闭装置的启动时间、系统启动压力、水流到试验装置出口所需时间,均应符合设计要求。

②快速启闭装置后的管道容积应符合设计要求,并应满足充水时间的要求。

③干式报警阀在充气压力下降到设定值时应能及时启动。

④干式报警阀充气系统在设定低压点时应启动,在设定高压点时应停止充气,当压力低于设定低压点时应报警。

⑤干式报警阀当设有加速排气器时,应验证其可靠工作。

检查数量:全数检查。

检查方法:使用压力表、秒表、声强计和直观检查。

消防工程常见
压力表认读

(5)消火栓的调试和测试

消火栓的调试和测试应符合下列规定:

①试验消火栓动作时,应检测消防水泵是否在规定的时间内自动启动。

②试验消火栓动作时,应测试其出流量、压力和充实水柱的长度;并应根据消防水泵的性能曲线核实消防水泵供水能力。

③应检查旋转型消火栓的性能能否满足其性能要求。

④应采用专用检测工具,测试减压稳压型消火栓的阀后动静压是否满足设计要求。

检查数量:全数检查。

检查方法:使用压力表、流量计和直观检查。

(6)排水设施调试

调试过程中,系统排出的水应通过排水设施全部排走,并应符合下列规定:

①消防电梯排水设施的自动控制和排水能力应进行测试。

②报警阀排水试验管处和末端试水装置处排水设施的排水能力应进行测试,且在地面不应有积水。

③试验消火栓处的排水能力应满足试验要求。

④消防水泵房排水设施的排水能力应进行测试,并应符合设计要求。

检查数量:全数检查。

检查方法:使用压力表、流量计、专用测试工具和直观检查。

(7)控制柜调试和测试

控制柜调试和测试应符合下列要求:

①应首先空载调试控制柜的控制功能,并应对各个控制程序进行试验验证。

②当空载调试合格后,应加负载调试控制柜的控制功能,并应对各个负载电流的状况进行试验检测和验证。

③应检查显示功能,并应对电压、电流、故障、声光报警等功能进行试验检测和验证。

④应调试自动巡检功能,并应对各泵的巡检动作、时间、周期、频率和转速等进行试验检测和验证。

⑤应试验消防水泵的各种强制启泵功能。

检查数量:全数检查。

检查方法:使用电压表、电流表、秒表等仪表和直观检查。

(8)联锁控制试验

①干式消火栓系统联锁控制试验,当打开1个消火栓或模拟1个消火栓的排气量排气时,干式报警阀应及时启动,压力开关应发出信号或联锁启动消防水泵,水力警铃动作应发出机械报警信号。

②消防给水系统的试验管放水时,管网压力应持续降低,消防水泵出水干管上压力开关应能自动启动消防水泵;消防给水系统的试验管放水或高位消防水箱排水管放水时,高位消防水箱出水管上的流量开关应动作,且应能自动启动消防水泵。

③自动启动时间应符合设计要求并满足消防水泵应确保从接到启泵信号到水泵正常运转的自动启动时间不应大于2 min的要求。

④应按《消防给水及消火栓系统技术规范》(GB 50974—2014)的要求进行记录。

检查数量:全数检查。

检查方法:直观检查。

📖 **任务测试**

一、单项选择题

1.消防水泵调试时,检查数量的要求是(   )检查。

A.半数　　　　B.全数　　　　C.随机　　　　D.抽查30%

2.在对消防给水系统水源调试和测试时,要求应按设计要求核实消防水泵接合器的(　　),并应通过消防车车载移动泵供水进行试验验证。

A.永久性标识　　B.设置高度　　C.设置地点　　D.数量和供水能力

3.在对消防给水系统水源调试和测试时,要求按设计要求核实高位消防水箱、高位消防水池的(　　),并应符合设计要求。

A.阀门启闭状态　　B.材质和防寒措施　　C.容积和设置高度　　D.数量和供水能力

4.消防水泵安装后应进行现场性能测试,其性能应与生产厂商提供的数据相符,并应满足消防给水设计的(　　)要求。

A.流量和压力　　B.坐标和标高　　C.强度和严密性　　D.数量和供水能力

5.消防给水系统试压过程中,当出现泄漏时,下列处理方式正确的是(　　)。

A.第一时间堵漏,边堵漏边继续进行作业

B.及时判断泄漏量,在泄漏量不影响现场作业的情况下,继续进行

C.应停止试压,并应放空管网中的试验介质,消除缺陷后,应重新再试

D.将泄漏管段用盲板隔离,继续后续管段的试压作业

6.稳压泵在正常工作时每小时的启停次数应符合设计要求,且不应大于(　　)。

A.10 次/h　　B.15 次/h　　C.25 次/h　　D.35 次/h

7.以自动直接启动或手动直接启动消防水泵时,消防水泵应在(　　)内投入正常运行,且应无不良噪声和振动。

A.120 s　　B.30 s　　C.55 s　　D.60 s

8.消防水泵零流量时的压力不应超过设计工作压力的_____;当出流量为设计工作流量的150%时,其出口压力不应低于设计工作压力的_____。(　　)

A.140%　65%　　B.150%　65%　　C.140%　75%　　D.140%　85%

9.以备用电源切换方式启动消防水泵时,消防水泵应在(　　)内投入正常运行。

A.120 s　　B.30 s　　C.55 s　　D.60 s

10.以备用泵切换启动消防水泵时,消防水泵应在(　　)内投入正常运行。

A.120 s　　B.30 s　　C.55 s　　D.60 s

二、多项选择题

1.下列关于消防给水系统排水设施调试的表述,符合规定的是(　　)。

A.消防电梯排水设施的自动控制和排水能力应进行测试

B.报警阀排水试验管处和末端试水装置处排水设施的排水能力应进行测试,且在地面积存少量积水不应影响调试正常进行

C.试验消火栓处的排水能力应满足试验要求

D.消防水泵房排水设施的排水能力应进行测试,并应符合设计要求

E.检查方法:使用压力表、流量计、专用测试工具和直观检查

2.下列表述符合消防水泵控制柜调试和测试要求的是(　　)。

A.应首先空载调试控制柜的显示功能

B.当空载调试合格后,应加负载调试控制柜的控制功能,并应对各个负载电流的状况进行试验检测和验证

C. 应检查显示功能,并应对电压、电流、故障、声光报警等功能进行试验检测和验证

D. 应调试人工巡检功能,并应对各泵的巡检动作、时间、周期、频率和转速等进行试验检测和验证

E. 应试验消防水泵的各种强制启泵功能

3. 下列关于消火栓系统联锁试验的表述,正确的是(   )。

A. 干式消火栓系统联锁试验,当打开 1 个消火栓或模拟 1 个消火栓的排气量排气时,干式报警阀应及时启动,压力开关应发出信号或联锁启动消防水泵,水力警铃动作应发出机械报警信号

B. 消防给水系统的试验管放水时,管网压力应持续降低,消防水泵出水干管上压力开关应能自动启动消防水泵

C. 消防给水系统的试验管放水或高位消防水箱排水管放水时,高位消防水箱出水管上的流量开关应动作,且应能自动启动消防水泵

D. 检查数量:全数检查

E. 检查方法:直观检查

4. 下列关于消火栓的调试和测试的表述,正确的是(   )。

A. 试验消火栓动作时,应检测消防水泵是否在规定的时间内自动启动

B. 试验消火栓动作时,应测试其出流量、压力和充实水柱的长度;并应根据消防水泵的性能曲线核实消防水泵供水能力

C. 应检查旋转型消火栓的性能能否满足其性能要求

D. 应采用专用检测工具,测试减压稳压型消火栓的阀后动静压是否满足设计要求

E. 检查数量:按全数的 50% 检查

5. 下列属于消防给水及消火栓系统调试内容的是(   )。

A. 水源调试和测试   B. 消防水泵调试

C. 稳压泵调试   D. 压力开关调试

E 消火栓调试

项目3 自动喷水灭火系统

📖 项目概述

自动喷水灭火系统是由洒水喷头、报警阀组、水流报警装置（水流指示器或压力开关）等组件，以及管道、供水设施等组成，能在发生火灾时喷水的自动灭火系统。自动喷水灭火系统在保护人身和财产安全方面具有安全可靠、经济实用、灭火成功率高等优点，广泛应用于各类工业与民用建筑。

自动喷水灭火系统按照管网上喷头的形式分为闭式系统和开式系统。闭式系统即采用闭式喷头的系统，常见的闭式自动喷水系统包括湿式系统、干式系统、预作用系统等；开式系统即采用开式喷头的系统，开式系统包括雨淋系统、水幕系统等。

自动喷水灭火系统按照其工作原理和应用场景的不同，主要分为湿式系统、干式系统、预作用系统、雨淋系统、水幕系统等系统类型。

📖 知识目标

1. 了解自动喷水灭火系统的适用及设计原则，了解系统安装的基本规定，了解系统调试一般规定。

2. 熟悉系统的分类、组成、喷头布置、管道与供水的设计要求。

3. 掌握湿式系统、干式系统、预作用系统、雨淋系统、水幕系统操作与控制规定。

📖 技能目标

1. 了解供水设施安装与施工要求，了解管网安装要求。

2. 熟悉系统组件安装要求，熟悉系统试压和冲洗技术规定。

3. 掌握系统调试内容和要求。

任务 3.1　自动喷水灭火系统的设计

湿式、干式、预作用自动喷水灭火系统的工作原理

3.1.1　不同系统的组成、适用场所及系统设计原则

1)不同系统的组成和适用场所

(1)湿式自动喷水灭火系统

湿式自动喷水灭火系统是准工作状态时配水管道内充满用于启动系统的有压水的闭式系统。图 3.1 所示为湿式自动喷水灭火系统示意图。

①湿式自动喷水灭火系统由闭式洒水喷头、水流指示器、湿式报警阀组、供水与配水管道和供水设施等组成。表 3.1 为湿式自动喷水灭火系统主要部件表。

②湿式自动喷水灭火系统适用于环境温度不低于 4 ℃且不高于 70 ℃的场所。湿式自动喷水灭火系统必须安装在全年不结冰及不会出现过热危险的场所内,该系统在喷头动作后立即喷水,其灭火成功率高于干式系统。

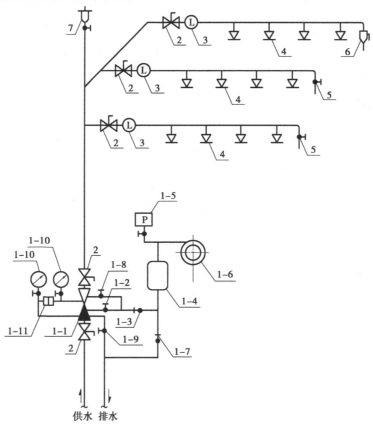

图 3.1　湿式自动喷水灭火系统示意图

表 3.1　湿式自动喷水灭火系统主要部件表

编号	名称	用途	状态	
			伺应	灭火时
1—1	湿式报警阀	开启时,报警管路充水,水力警铃报警	常闭	开
1—2	阀门	检修用	常开	开
1—3	过滤器	过滤水中的杂质	无水	过水
1—4	延迟器	防止因水压波动而引起误报警	无水	充满水
1—5	压力开关	报警阀开启时,输出电信号,启动消防水泵	不动作	输出信号
1—6	水力警铃	报警阀开启时,水力驱动,发出声音报警	不动作	声音报警
1—7	节流孔板	允许小流量排水,泄空报警管路存水	无水	过水
1—8	阀门	试验用,试验压力开关及水力警铃功能	常闭	关
1—9	阀门	泄水阀,系统检修时报警阀后管路放水排空	常闭	关
1—10	压力表	分别显示报警阀上、下腔的水压	显示压力	显示压力
1—11	补偿器	平衡伺应状态时报警阀上、下腔的压力	有水	有水
2	信号阀	控制阀,阀门关闭时输出电信号	常开	开
3	水流指示器	动作时,输出电信号,指示火灾区域	不动作	输出信号
4	闭式喷头	火灾发生时,着火处喷头受热开启,喷水灭火	常闭	—
5	试水阀	试验系统联动功能	常闭	关
6	末端试水装置	检验系统的可靠性,显示系统末端压力	常闭	关
7	自动排气阀	系统管道充水时自动排气	常开	—

(2)干式自动喷水灭火系统

干式自动喷水灭火系统是准工作状态时配水管道内充满用于启动系统的有压气体的闭式系统。图 3.2 所示为干式自动喷水灭火系统示意图。

①干式自动喷水灭火系统由闭式洒水喷头、水流指示器、干式报警阀组、供水与配水管道、充气设备以及供水设施等组成。表 3.2 为干式自动喷水灭火系统主要部件表。

②环境温度低于 4 ℃或高于 70 ℃的场所,应采用干式自动喷水灭火系统。

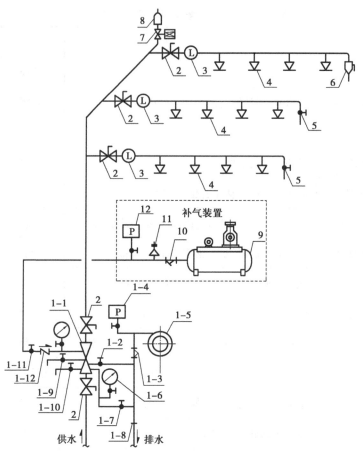

图 3.2　干式自动喷水灭火系统示意图

表 3.2　干式自动喷水灭火系统主要部件表

编号	名称	用途	状态	
			伺应	灭火时
1—1	干式报警阀	开启时,系统管路充水,水力警铃报警	常闭	开
1—2	阀门	检修用	常开	开
1—3	过滤器	过滤水中的杂质	无水	过水
1—4	压力开关	报警阀开启时,输出电信号,启动消防水泵	不动作	输出信号
1—5	水力警铃	报警阀开启时,水力驱动,发出声音报警	不动作	声音报警
1—6	压力表	显示报警阀前供水压力	显示压力	显示压力
1—7	阀门	试验用,试验压力开关及水力警铃功能	常闭	关
1—8	节流孔板	允许小流量排水,泄空报警管路存水	无水	过水

续表

编号	名称	用途	状态	
			伺应	灭火时
1—9	阀门	注水用,干式报警阀注水时闭	常闭	关
1—10	阀门	泄水用,报警阀后系统管路放水排空	常闭	关
1—11	阀门	检修用(供气管路)	常开	开
1—12	止回阀	单向补气,防止水进入补气系统	—	—
2	信号阀	控制阀,阀门关闭时输出电信号	常开	开
3	水流指示器	动作时,输出电信号,指示火灾区域	不动作	输出信号
4	闭式喷头	火灾发生时,着火处喷头受热开启,喷水灭火	常闭	—
5	试水阀	试验系统联动功能	常闭	关
6	末端试水装置	检验系统的可靠性,显示系统末端压力	常闭	关
7	电动阀门	控制排气	常闭	排气时开
8	加速排气阀	系统管道充水前开启,自动排气	—	—
9	空压机	补气,保证伺应状态时系统管路内的气体压力	—	停
10	过滤器	过滤空气中的杂质	—	—
11	安全阀	防止管路气体超压	—	—
12	压力开关	控制空压机启、停	—	—

(3)预作用自动喷水灭火系统

预作用自动喷水灭火系统是准工作状态时配水管道内不充水,发生火灾时由火灾自动报警系统、充气管道上的压力开关联锁控制预作用装置和启动消防水泵,向配水管道供水的闭式系统。

①预作用自动喷水灭火系统由闭式洒水喷头、水流指示器、预作用装置、供水与配水管道、充气设备和供水设施等组成。预作用自动喷水灭火系统的配水管道应设快速排气阀。在准工作状态时,配水管道内不充水,发生火灾时,由火灾自动报警系统、充气管道上的低压压力开关控制预作用装置和启动消防水泵,并转换为湿式系统。图3.3所示为预作用自动喷水灭火系统示意图,表3.3为预作用自动喷水灭火系统主要部件表。

②具有下列要求之一的场所,应采用预作用自动喷水灭火系统:系统处于准工作状态时严禁误喷的场所;系统处于准工作状态时严禁管道充水的场所;用于替代干式系统的场所。

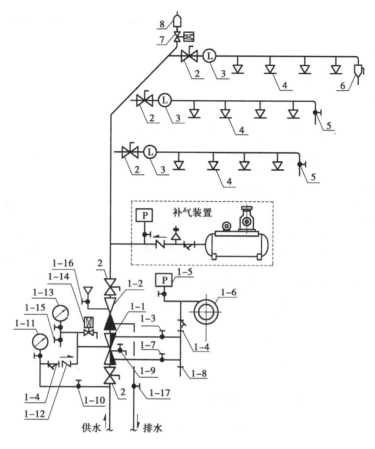

图 3.3　预作用自动喷水灭火系统示意图

表 3.3　预作用自动喷水灭火系统主要部件表

编号	名称	用途	状态	
			伺应	灭火时
1—1	雨淋报警阀	开启时,系统充水,水力警铃报警	常闭	开
1—2	湿式报警阀	平时保证雨淋报警阀的密闭,火灾时开启充水	常闭	开
1—3	阀门	检修用	常开	开
1—4	过滤器	过滤水中的杂质	—	—
1—5	压力开关	雨淋报警阀开启时,输出电信号	不动作	输出信号
1—6	水力警铃	雨淋报警阀开启时,水力驱动,发出声音报警	不动作	声音报警
1—7	阀门	试验用,试验压力开关及水力警铃功能	常闭	关
1—8	节流孔板	允许小流量排水,泄空报警管路存水	无水	过水

编号	名称	用途	状态	
			伺应	灭火时
1—9	阀门	滴水排空用,排空雨淋报警阀内的微量渗水	常开	开
1—10	阀门	检修用	常开	开
1—11	压力表	显示报警阀前供水压力	显示压力	显示压力
1—12	止回阀	控制水流单向流动	有水	有水
1—13	压力表	显示雨淋报警阀内隔膜腔处充水压力	显示压力	显示压力
1—14	电磁阀	电动开启,隔膜腔泄压,开启雨淋报警阀	常闭	开
1—15	阀门	手动开启,隔膜腔泄压,开启雨淋报警阀	常闭	关
1—16	阀门	注水用,注水密封雨淋报警阀	常闭	关
1—17	阀门	泄水用,报警阀后系统管路放水排空	常闭	关
2	信号阀	控制阀,阀门关闭时输出电信号	常开	开
3	水流指示器	动作时,输出电信号,指示火灾区域	不动作	输出信号
4	闭式喷头	火灾发生时,着火处喷头受热开启,喷水灭火	常闭	—
5	试水阀	试验系统联动功能	常闭	关
6	末端试水装置	检验系统的可靠性,显示系统末端压力	常闭	关
7	电动阀门	控制排气	常闭	排气时开
8	加速排气阀	系统管道充水前开启,自动排气	—	—

(4)雨淋系统

雨淋系统是由开式洒水喷头、雨淋报警阀组等组成,发生火灾时由火灾自动报警系统或传动管控制,自动开启雨淋报警阀组和启动消防水泵,用于灭火的开式系统。与前几种系统的不同之处在于,雨淋系统采用开式喷头,由雨淋报警阀控制喷水范围,由配套的火灾自动报警系统或传动管控制,自动启动雨淋报警阀组和启动消防水泵。传动管是利用闭式喷头探测火灾,并利用气压或水压的变化传输信号的管道。雨淋系统有电动、气动和液动控制方式。图3.4和图3.5所示分别为传动管启动和电动启动雨淋系统示意图。

①雨淋系统由开式洒水喷头、水流报警装置、雨淋报警阀组、供水与配水管道以及供水设施等组成。表3.4和表3.5分别为传动管启动和电动启动雨淋系统主要部件表。

②具有下列条件之一的场所,应采用雨淋系统:火灾的水平蔓延速度快、闭式洒水喷头的开放不能及时使喷水有效覆盖着火区域的场所;设置场所的净空高度超过规范有关规定,且

必须迅速扑救初起火灾的场所;火灾危险等级为严重危险级Ⅱ级的场所。

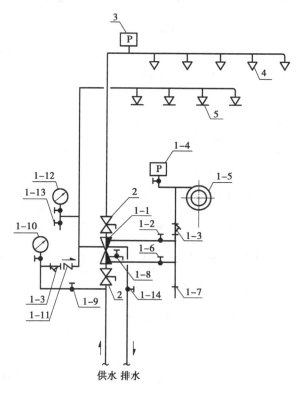

图3.4 传动管启动雨淋系统示意图

表3.4 传动管启动雨淋系统主要部件表

编号	名称	用途	状态	
			伺应	灭火时
1—1	雨淋报警阀	开启时,系统充水,水力警铃报警	常闭	开
1—2	阀门	检修用	常开	开
1—3	过滤器	过滤水中的杂质	—	—
1—4	压力开关	雨淋报警阀开启时,输出电信号	不动作	输出信号
1—5	水力警铃	报警阀开启时,水力驱动,发出声音报警	不动作	声音报警
1—6	阀门	试验用,试验压力开关及水力警铃功能	常闭	关
1—7	节流孔板	允许小流量排水,泄空报警管路存水	无水	过水
1—8	阀门	滴水排空用,排空雨淋报警阀内的微量渗水	常开	开
1—9	阀门	检修用	常开	开
1—10	压力表	显示报警阀前供水压力	显示压力	显示压力
1—11	止回阀	控制水流单向流动	有水	有水
1—12	压力表	显示雨淋报警阀内隔膜腔处充水压力	显示压力	显示压力

编号	名称	用途	状态	
			伺应	灭火时
1—13	阀门	手动开启,隔膜腔泄压,开启雨淋报警阀	常闭	关
1—14	阀门	泄水用,报警阀后系统管路放水排空	常闭	关
2	信号阀	控制阀,阀门关闭时输出电信号	常开	开
3	压力开关	系统充水时,输出电信号,指示火灾区域	不动作	输出信号
4	开式喷头	火灾发生时,系统充水后喷水灭火	常开	开
5	闭式喷头	火灾发生时,着火处受热开启,开启雨淋报警阀	常闭	—

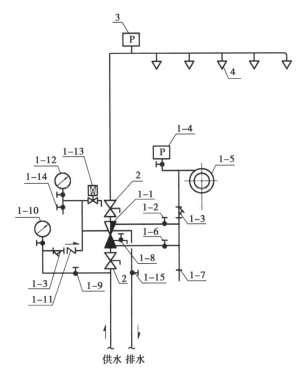

供水 排水

图 3.5 电动启动雨淋系统示意图

表 3.5 电动启动雨淋系统主要部件表

编号	名称	用途	状态	
			伺应	灭火时
1—1	雨淋报警阀	开启时,系统充水,水力警铃报警	常闭	开
1—2	阀门	检修用	常开	开
1—3	过滤器	过滤水中的杂质	—	—
1—4	压力开关	雨淋报警阀开启时,输出电信号	不动作	输出信号
1—5	水力警铃	报警阀开启时,水力驱动,发出声音报警	不动作	声音报警

续表

编号	名称	用途	状态	
			伺应	灭火时
1—6	阀门	试验用,试验压力开关及水力警铃功能	常闭	关
1—7	节流孔板	允许小流量排水,泄空报警管路存水	无水	过水
1—8	阀门	清水排空用,排空雨淋报警阀内的微量渗水	常开	开
1—9	阀门	检修用	常开	开
1—10	压力表	显示报警阀前供水压力	显示压力	显示压力
1—11	止回阀	控制水流单向流动	有水	有水
1—12	压力表	显示雨淋报警阀内隔膜腔处充水压力	显示压力	显示压力
1—13	电磁阀	电动开启,控制腔泄压,开启雨淋报警阀	常闭	关
1—14	阀门	手动开启,隔膜腔泄压,开启雨淋报警阀	常闭	关
1—15	阀门	泄水用,报警阀后系统管路放水排空	常闭	关
2	信号阀	控制阀,阀门关闭时输出电信号	常开	开
3	压力开关	系统充水时,输出电信号,指示火灾区域	不动作	输出信号
4	开式喷头	火灾发生时,系统充水后喷水灭火	常开	开

（5）水幕系统

水幕系统由开式洒水喷头或水幕喷头、雨淋报警阀组或感温雨淋报警阀等组成,用于防火分隔或防护冷却的开式系统。图 3.6 所示为水幕系统示意图。

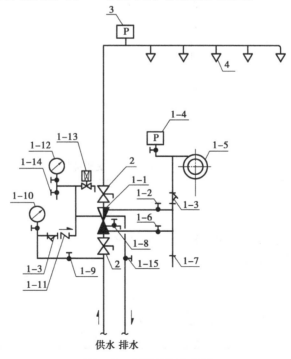

图 3.6 水幕系统示意图

①水幕系统由开式洒水喷头或水幕喷头、水流报警装置、雨淋报警阀组或感温雨淋报警阀、供水与配水管道、控制阀以及供水设施等组成。表 3.6 为水幕系统主要部件表。

②水幕系统不直接用于灭火,而是用于挡烟阻火和冷却分隔物。

表 3.6　水幕系统主要部件表

编号	名称	用途	状态	
			伺应	灭火时
1—1	雨淋报警阀	开启时,系统充水,水力警铃报警	常闭	开
1—2	阀门	检修用	常开	开
1—3	过滤器	过滤水中的杂质	—	—
1—4	压力开关	雨淋报警阀开启时,输出电信号	不动作	输出信号
1—5	水力警铃	报警阀开启时,水力驱动,发出声音报警	不动作	声音报警
1—6	阀门	试验用,试验压力开关及水力警铃功能	常闭	关
1—7	节流孔板	允许小流量排水,泄空报警管路存水	无水	过水
1—8	阀门	清水排空用,排空雨淋报警阀内的微量渗水	常开	开
1—9	阀门	检修用	常开	开
1—10	压力表	显示报警阀前供水压力	显示压力	显示压力
1—11	止回阀	控制水流单向流动	有水	有水
1—12	压力表	显示雨淋报警阀内隔膜腔处充水压力	显示压力	显示压力
1—13	电磁阀	电动开启,控制腔泄压,开启雨淋报警阀	常闭	开
1—14	阀门	手动开启,隔膜腔泄压,开启雨淋报警阀	常闭	关
1—15	阀门	泄水用,报警阀后系统管路放水排空	常闭	关
2	信号阀	控制阀,阀门关闭时输出电信号	常开	开
3	压力开关	系统充水时,输出电信号,指示火灾区域	不动作	输出信号
4	水幕喷头	火灾发生时,系统充水后喷水灭火	常开	开

2)自动喷水灭火系统的设计原则

设置自动喷水灭火系统的目的是有效扑救初期火灾。大量的应用和试验证明,为了保证和提高自动喷水灭火系统的可靠性,离不开以下 4 个方面的因素。

①闭式系统的洒水喷头或与预作用系统、雨淋系统和水幕系统配套使用的火灾自动报警系统,要能有效地探测初期火灾。

②对于湿式、干式系统,要在开放一只喷头后立即启动系统;预作用系统则应根据其类型由火灾探测器、闭式洒水喷头作为探测元件,报警后自动启动;雨淋系统和水幕系统则是通过火灾探测器报警或传动管控制后自动启动。

③整个灭火进程中,要保证喷水范围不超出作用面积,以及按设计确定的喷水强度持续喷水。

④要求开放喷头的出水均匀喷洒、覆盖起火范围,并不受严重阻挡。

以上4个方面的因素缺一不可,系统的设计只有满足了这4个方面的技术要求,才能确保系统的可靠性。

民用建筑和厂房采用湿式系统时的作用面积和喷水强度不应低于表3.7的规定。

表3.7 民用建筑和厂房采用湿式系统时作用面积和喷水强度

火灾危险等级		最大净空高度 h/m	喷水强度/$[L \cdot (min \cdot m^2)^{-1}]$	作用面积/m^2
轻危险级			4	
中危险级	Ⅰ级	≤8	6	160
	Ⅱ级		8	
严重危险级	Ⅰ级		12	260
	Ⅱ级		16	

民用建筑和厂房高大空间场所采用湿式系统时的作用面积和喷水强度不应低于表3.8的规定。

表3.8 民用建筑和厂房高大空间场所采用湿式系统时作用面积和喷水强度

适用场所		最大净空高度 h/m	喷水强度$[L \cdot (min \cdot m^2)^{-1}]$	作用面积/m^2
民用建筑	中庭、体育馆、航站楼等	$8<h≤12$	12	
		$12<h≤18$	15	
	歌剧院、音乐厅、会展中心等	$8<h≤12$	15	160
		$12<h≤18$	20	
厂房	制衣制鞋、玩具、木器、电子生产车间等	$8<h≤12$	15	
	棉纺厂、麻纺厂、泡沫塑料生产车间等		20	

3.1.2 系统主要组件的设置与设计

喷头的分类

1)喷头

(1)喷头的分类

①按结构可分为闭式喷头和开式喷头。闭式喷头具有释放机构,由玻璃球、易熔元件、密封件等零件组成。平时,闭式喷头的出水口由释放机构封闭,达到公称动作温度时,玻璃球破裂或易熔元件熔化,释放机构自动脱落,喷头开启喷水;闭式喷头具有定温探测器和定温阀及布水器的作用。开式喷头没有释放机构,喷口呈常开状态。

②按安装方式可分为下垂型喷头、直立型喷头、边墙型喷头、吊顶型喷头等类型。

③按热敏元件可分为玻璃球喷头、易熔元件喷头。

④按灵敏度(响应时间指数RTI)可分为早期抑制快速响应喷头、快速响应喷头、标准响应喷头和特殊响应喷头。

（2）喷头的选择

①湿式系统的洒水喷头选型基本要求：不做吊顶的场所，当配水支管布置在梁下时，应采用直立型洒水喷头；吊顶下布置的洒水喷头，应采用下垂型洒水喷头或吊顶型洒水喷头；易受碰撞的部位，应采用带保护罩的洒水喷头或吊顶型洒水喷头。

②干式系统、预作用系统应采用直立型洒水喷头或干式下垂型洒水喷头。

③水幕系统的喷头选型应符合下列规定：防火分隔水幕应采用开式洒水喷头或水幕喷头；防护冷却水幕应采用水幕喷头。

④闭式系统的洒水喷头，其公称动作温度宜高于环境最高温度30 ℃。

⑤同一隔间内应采用相同热敏性能的洒水喷头。

⑥雨淋系统的防护区内应采用相同的洒水喷头。

⑦自动喷水灭火系统应有备用洒水喷头，其数量不应少于总数的1%，且每种型号均不得少于10只。

（3）喷头布置应遵循的原则

①喷头应布置在顶板或吊顶下易于接触到火灾热气流并有利于均匀布水的位置。

②当喷头附近有障碍物时，应保持合理的间距或增设补偿喷水强度的喷头，如图3.7所示为成排布置的管道增设补偿喷水强度的喷头示意图。

③各种不同类型喷头布置方式、布置间距及其与障碍物之间间距应符合《自动喷水灭火系统设计规范》（GB 50084—2017）的相关规定。

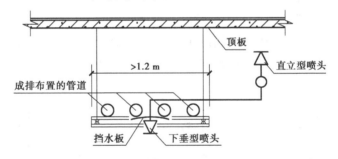

图3.7　成排布置的管道增设补偿喷水强度的喷头示意图

2）报警阀组

（1）分类

报警阀组按设置系统和工作原理的不同可分为湿式报警阀组、干式报警阀组、雨淋报警阀组、预作用装置等。

①湿式报警阀是湿式系统的专用阀门，是只允许水流入系统，并在规定压力、流量下驱动配套部件报警的一种单向阀，与延迟器、水力警铃、压力开关、控制阀等组成湿式报警阀组。湿式报警阀阀瓣上下腔均充满有压水，阀瓣处于关闭状态；当喷头开启喷水时，系统侧水压下降，湿式报警阀阀瓣开启，水流向系统侧喷水灭火，同时水通过报警管路流向延迟器、水力警铃和压力开关。

②干式报警阀组主要由干式报警阀、水力警铃、压力开关、空压机、安全阀、控制阀等组成。干式报警阀的阀瓣将阀门分成两部分，出口侧与系统管路相连，内充压缩空气，进口侧与水源相连，配水管道中的气压抵住阀瓣，干式报警阀将管网中的有压气体与水源隔开，当喷头

开启时,管网中的气体排出,干式报警阀阀瓣开启,水进入管网。

③雨淋报警阀组主要由雨淋报警阀、电磁阀、压力开关、水力警铃等组成。通过火灾自动报警系统或传动管的信号,开启雨淋报警阀,使水进入管网,按照结构可分为隔膜式、推杆式、活塞式、蝶阀式、感温式雨淋报警阀。雨淋报警阀广泛应用于雨淋系统、水幕系统、水喷雾系统等系统中。

雨淋报警阀的阀腔分成上腔、下腔和控制腔三部分。控制腔与供水管道连通,中间设限流传压的孔板。供水管道中的压力水推动控制腔中的膜片,进而推动驱动杆顶紧阀瓣锁定杆,锁定杆产生力矩,把阀瓣锁定在阀座上。阀瓣使下腔内的压力水不能进入上腔。控制腔泄压时,使驱动杆作用在阀瓣锁定杆上的力矩低于供水压力作用在阀瓣上的力矩,于是阀瓣开启,供水进入配水管道。

④预作用装置由预作用报警阀组、控制盘、气压维持装置和空气供给装置等组成,它是通过电动、气动、机械或其他方式控制报警阀组开启,在火灾发生时,通过火灾自动报警系统和充气管道上的压力开关的信号,开启预作用报警阀,使水单向流入系统并同时进行报警的一种单向阀组装置。

(2)报警阀组的设置

自动喷水灭火系统应设报警阀组。湿式与干式报警阀具有接通或关断报警水流、喷头动作后报警水流将驱动水力警铃和压力开关报警、防止水倒流的作用。雨淋报警阀具有接通或关断向配水管道供水的作用。

①当自动喷水灭火系统中设有 2 个及以上报警阀组时,报警阀组前应设环状供水管道。环状供水管道上设置的控制阀应采用信号阀;当不采用信号阀时,应设锁定阀位的锁具。图 3.8 所示为系统中设有 2 个及以上报警阀组时环状供水管道示意图。

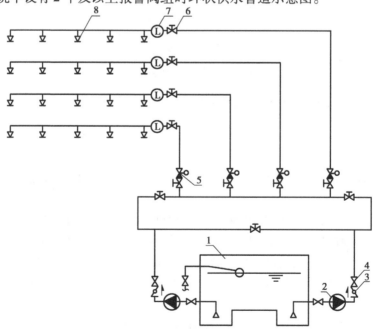

图 3.8 设有 2 个及以上报警阀组时环状供水管道示意图
1—消防水池;2—消防水泵;3—止回阀;4—信号闸阀;5—报警阀组;
6—信号阀;7—水流指示器;8—闭式喷头

②串联接入湿式系统配水干管的其他自动喷水灭火系统,应分别设置独立的报警阀组,以便在共用配水干管的情况下独立报警;其控制的洒水喷头数计入湿式报警阀组控制的洒水喷头总数,如图3.9所示。

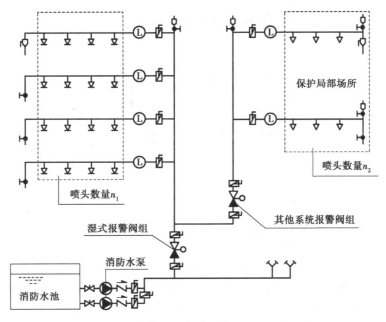

图3.9 湿式报警阀组串联示意图($n_1+n_2 \leqslant 800$)

③一个报警阀组控制的洒水喷头数应符合下列规定:

a.湿式系统、预作用系统不宜超过800只;干式系统不宜超过500只。

b.当配水支管同时设置保护吊顶下方和上方空间的洒水喷头时,应只将数量较多一侧的洒水喷头计入报警阀组控制的洒水喷头总数。

④每个报警阀组供水的最高与最低位置洒水喷头,其高程差不宜大于50 m,如图3.10所示。

⑤报警阀组宜设在安全及易于操作的地点,报警阀距地面的高度宜为1.2 m。设置报警阀组的部位应设有排水设施。

⑥连接报警阀进出口的控制阀应采用信号阀。当不采用信号阀时,控制阀应设锁定阀位的锁具。

⑦水力警铃是一种靠水力驱动的机械警铃,安装在报警阀组的报警管路上,水流进入水力警铃后发出声响报警。

水力警铃的设置应符合下列规定:

a.水力警铃的工作压力不应小于0.05 MPa;

b.水力警铃应设在有人值班的地点附近或公共通道的外墙上;

c.水力警铃与报警阀连接的管道,其管径应为20 mm,总长不宜大于20 m。

⑧水流指示器:在自动喷水灭火系统中,水流指示器是将水流信号转换成电信号的一种水流报警装置,一般用于湿式、干式、预作用等系统中。

a.工作原理:水流指示器的叶片与水流方向垂直,喷头开启后引起管道中的水流动,当浆片或膜片感知水流的作用力时带动传动轴动作,接通延时线路,延时器开始计时。达到延时

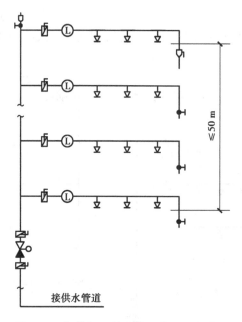

图 3.10 报警阀组供水最大高程差示意图

设定时间后,叶片仍向水流方向偏转无法回位,电触点闭合输出信号。当水流停止时,叶片和动作杆复位,触点断开,信号消除。水流指示器的功能是及时报告发生火灾的部位。图 3.11 所示为某型水流指示器结构示意图。

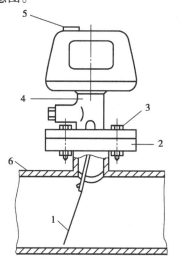

图 3.11 某型水流指示器结构示意图

1—桨片;2—法兰底座;3—螺栓;4—本体;5—接线孔;6—管道

b.水流指示器的设置应符合下列规定:除报警阀组控制的洒水喷头只保护不超过防火分区面积的同层场所外,每个防火分区、每个楼层均应设水流指示器,如图 3.12 所示。仓库内顶板下洒水喷头与货架内置洒水喷头应分别设置水流指示器,如图 3.13 所示。当水流指示器入口前设置控制阀时,应采用信号阀。

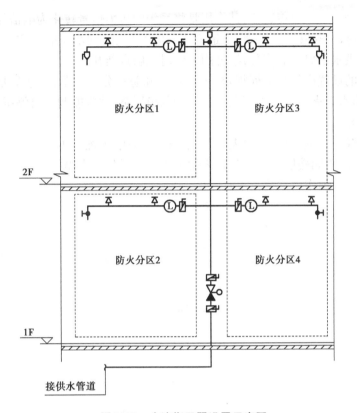

图 3.12　水流指示器设置示意图

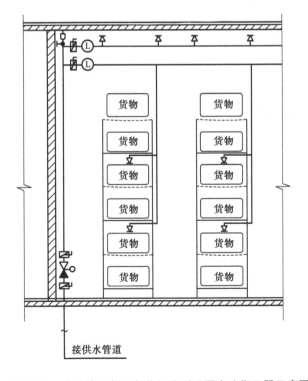

图 3.13　仓库内顶板下与货架分别设置水流指示器示意图

⑨压力开关是一种压力传感器,其作用是将系统的压力信号转化为电信号。

a. 工作原理:报警阀开启后,报警管道充水,压力开关受到水压的作用后接通电触点,输出报警阀开启及供水泵启动的信号,报警阀关闭时电触点断开。

b. 压力开关的设置应符合下列规定:雨淋系统和防火分隔水幕,其水流报警装置应采用压力开关;自动喷水灭火系统应采用压力开关控制稳压泵,并应能调节启停压力。

⑩末端试水装置。

末端试水装置应由试水阀、压力表以及试水接头组成,如图 3.14 所示。试水接头出水口的流量系数,应等同于同楼层或防火分区内的最小流量系数洒水喷头。其作用是检测系统可靠性,测试干式系统、预作用系统充水时间。

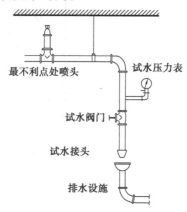

末端试水装置及其测试方法

图 3.14 末端试水装置示意图

末端试水装置的设置应符合下列规定:

a. 每个报警阀组控制的最不利点洒水喷头处应设末端试水装置,其他防火分区、楼层均应设直径为 25 mm 的试水阀;

b. 末端试水装置的出水,应采取孔口出流的方式排入排水管道,排水立管宜设伸顶通气管,且管径不应小于 75 mm;

c. 末端试水装置和试水阀应有标识,距地面的高度宜为 1.5 m,并应采取不被他用的措施。

3)管道

配水管道可采用内外壁热镀锌钢管、涂覆钢管、铜管、不锈钢管和氯化聚氯乙烯(PVC-C)管。系统管道的连接应采用沟槽式连接件(卡箍)、螺纹或法兰连接。

(1)工作压力

配水管道的工作压力不应大于 1.20 MPa,并不应设置其他用水设施。

(2)氯化聚氯乙烯(PVC-C)管材及管件适用范围

自动喷水灭火系统采用氯化聚氯乙烯(PVC-C)管材及管件时,应符合下列规定:

①设置场所的火灾危险等级应为轻危险级或中危险级Ⅰ级,系统应为湿式系统,并采用快速响应洒水喷头。

②应用于公称直径不超过 DN80 的配水管及配水支管,且不应穿越防火分区。

③当设置在有吊顶场所时,吊顶内应无其他可燃物,吊顶材料应为不燃或难燃装修材料。

④当设置在无吊顶场所时,该场所应为轻危险级场所,顶板应为水平、光滑顶板,且喷头

溅水盘与顶板的距离不应大于 100 mm。

（3）消防洒水软管适用范围

消防洒水软管是用于连接喷头与配水支管或短立管之间的管道,具有安装快速、简易以及防震防错位等优点,方便调整喷头的高度和布置间距,当建筑物受到强大振动或冲击时可防止消防系统管道开裂。洒水喷头与配水管道采用消防洒水软管连接时,应符合下列规定:

①消防洒水软管仅适用于轻危险级或中危险级Ⅰ级场所,且系统应为湿式系统。

②消防洒水软管应设置在吊顶内。

③消防洒水软管的长度不应超过 1.8 m。

（4）配水管道的连接方式

配水管道的连接方式应符合下列规定:

①镀锌钢管、涂覆钢管可采用沟槽式连接件(卡箍)、螺纹或法兰连接,当报警阀前采用内壁不防腐钢管时,可焊接连接。

②铜管可采用钎焊、沟槽式连接件(卡箍)、法兰和卡压等连接方式。图 3.15 所示为沟槽式(卡箍)连接示意图。图 3.16 所示为法兰及其连接示意图。钎焊是一种利用熔点低于母材的钎料,通过加热使钎料熔化并填充工件间隙,从而实现金属连接的焊接方法。卡压是指以带有密封圈的承口管件连接管道,并用专用工具压紧管口而起密封和紧固作用的一种连接方法。

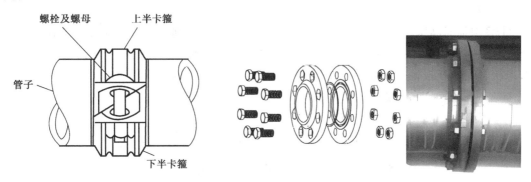

图 3.15　沟槽式(卡箍)连接示意图　　　　图 3.16　法兰及其连接示意图

③不锈钢管可采用沟槽式连接件(卡箍)、法兰、卡压等连接方式,不宜采用焊接。

④氯化聚氯乙烯(PVC-C)管材、管件可采用粘接连接,氯化聚氯乙烯(PVC-C)管材、管件与其他材质管材、管件之间可采用螺纹、法兰或沟槽式连接件(卡箍)连接。

⑤铜管、不锈钢管、氯化聚氯乙烯(PVC-C)管应采用配套的支架、吊架。

（5）大口径管道的连接

系统中直径等于或大于 100 mm 的管道,应分段采用法兰或沟槽式连接件(卡箍)连接。水平管道上法兰间的管道长度不宜大于 20 m;立管上法兰间的距离,不应跨越 3 个及以上楼层。净空高度大于 8 m 的场所内,立管上应有法兰。

（6）配水支管控制洒水喷头数量

配水管两侧每根配水支管控制的标准流量洒水喷头数量,轻危险级、中危险级场所不应超过 8 只,同时在吊顶上下设置喷头的配水支管,上下侧均不应超过 8 只。严重危险级及仓库危险级场所均不应超过 6 只。

图 3.17 所示为配水支管控制洒水喷头示意图。

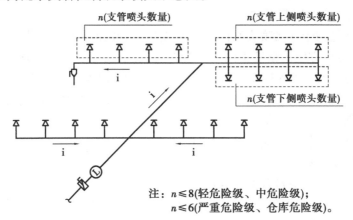

注：$n \leqslant 8$(轻危险级、中危险级)；
$n \leqslant 6$(严重危险级、仓库危险级)。

图 3.17 配水支管控制洒水喷头示意图

(7)管道充水时间

干式系统、由火灾自动报警系统和充气管道上设置的压力开关开启预作用装置的预作用系统,其配水管道充水时间不宜大于 1 min;雨淋系统和仅由火灾自动报警系统联动开启预作用装置的预作用系统,其配水管道充水时间不宜大于 2 min。

4)供水

①采用临时高压给水系统的自动喷水灭火系统,宜设置独立的消防水泵,并应按一用一备或二用一备,及最大一台消防水泵的工作性能设置备用泵。当与消火栓系统合用消防水泵时,系统管道应在报警阀前分开,如图 3.18 所示。

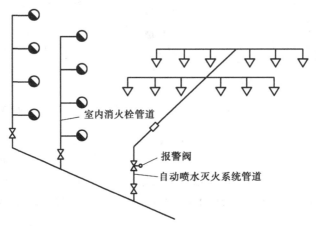

室内消火栓管道

报警阀
自动喷水灭火系统管道

图 3.18 室内消火栓与自动喷水灭火系统合用管道布置示意图

②备用泵设置、泵吸水方式、消防水泵进出口管道及其阀门等附件、高位消防水箱、消防水泵接合器的相关设计及设置要求可参照项目 2 的有关要求。

3.1.3 操作与控制

1)湿式系统、干式系统

湿式系统和干式系统的操作与控制,应符合下列规定。

（1）自动控制方式

应由消防水泵出水干管上设置的压力开关、高位消防水箱出水管上的流量开关和报警阀组压力开关直接自动启动消防水泵，联动控制不应受消防联动控制器处于自动或手动状态影响。

（2）手动控制方式

应将喷淋消防泵控制箱（柜）的启动、停止按钮用专用线路直接连接至设置在消防控制室内的消防联动控制器的手动控制盘，直接手动控制喷淋消防泵的启动、停止。

（3）信号反馈

水流指示器、信号阀、压力开关、喷淋消防泵的启动和停止的动作信号应反馈至消防联动控制器。

2）预作用系统

预作用系统的操作与控制，应符合下列规定。

（1）自动控制过程

①应由同一报警区域内符合联动逻辑关系的报警信号，作为预作用阀组开启的联动触发信号。由消防联动控制器控制预作用阀组的开启，使系统转变为湿式系统；当系统设有快速排气装置时，应联动控制排气阀前的电动阀的开启。

②系统转变为湿式系统后，由消防水泵出水干管上设置的压力开关、高位消防水箱出水管上的流量开关和报警阀组压力开关直接自动启动消防水泵。

（2）自动控制方式

预作用装置的自动控制方式可采用仅有火灾自动报警系统直接控制，或由火灾自动报警系统和充气管道上设置的压力开关控制，并应符合下列要求：

①处于准工作状态时严禁误喷的场所，宜采用由同一报警区域内两只及以上独立的感烟火灾探测器或一只感烟火灾探测器与一只手动火灾报警按钮的报警信号直接控制的预作用系统。

②处于准工作状态时严禁管道充水的场所和用于替代干式系统的场所，宜采用由一只感烟火灾探测器或一只手动火灾报警按钮的报警信号和充气管道上设置的压力开关控制的预作用系统。

（3）手动控制方式

应将喷淋消防泵控制箱（柜）的启动和停止按钮、预作用阀组和快速排气阀入口前的电动阀的启动和停止按钮，用专用线路直接连接至设置在消防控制室内的消防联动控制器的手动控制盘，直接手动控制喷淋消防泵的启动、停止及预作用阀组和电动阀的开启。

（4）信号反馈

水流指示器、信号阀、压力开关、喷淋消防泵的启动和停止的动作信号，有压气体管道气压状态信号和快速排气阀入口前电动阀的动作信号应反馈至消防联动控制器。

3）雨淋系统

雨淋系统的操作与控制，应符合下列规定。

（1）电动控制

①当采用火灾自动报警系统控制雨淋报警阀时，应由同一报警区域内两只及以上独立的

感温火灾探测器或一只感温火灾探测器与一只手动火灾报警按钮的报警信号,作为雨淋阀组开启的联动触发信号。应由消防联动控制器控制雨淋阀组的开启。

②雨淋阀组开启后,由消防水泵出水干管上设置的压力开关、高位消防水箱出水管上的流量开关和报警阀组压力开关直接自动启动消防水泵。

（2）传动管控制

当采用充液（水）传动管控制雨淋报警阀时,消防水泵应由消防水泵出水干管上设置的压力开关、高位消防水箱出水管上的流量开关和报警阀组压力开关直接启动。

（3）手动控制方式

应将雨淋消防泵控制箱（柜）的启动和停止按钮、雨淋阀组的启动和停止按钮,用专用线路直接连接至设置在消防控制室内的消防联动控制器的手动控制盘,直接手动控制雨淋消防泵的启动、停止及雨淋阀组的开启。

（4）信号反馈

水流指示器,压力开关,雨淋阀组、雨淋消防泵的启动和停止的动作信号应反馈至消防联动控制器。

4）水幕系统

自动控制的水幕系统的操作与控制,应符合下列规定。

（1）自动控制方式

①当自动控制的水幕系统用于防火卷帘的保护时,应由防火卷帘下落到楼板面的动作信号与本报警区域内任一火灾探测器或手动火灾报警按钮的报警信号作为水幕阀组启动的联动触发信号,并应由消防联动控制器联动控制水幕系统相关控制阀组的启动;

②仅用水幕系统作为防火分隔时,应由该报警区域内两只独立的感温火灾探测器的火灾报警信号作为水幕阀组启动的联动触发信号,并应由消防联动控制器联动控制水幕系统相关控制阀组的启动;

③阀组启动后,应由消防水泵出水干管上设置的压力开关、高位消防水箱出水管上的流量开关和报警阀组压力开关直接自动启动消防水泵。

（2）手动控制方式

应将水幕系统相关控制阀组和消防泵控制箱（柜）的启动、停止按钮用专用线路直接连接至设置在消防控制室内的消防联动控制器的手动控制盘,并应直接手动控制消防泵的启动、停止及水幕系统相关控制阀组的开启。

（3）信号反馈

压力开关、水幕系统相关控制阀组和消防泵的启动、停止的动作信号,应反馈至消防联动控制器。

📖 任务测试

一、单项选择题

1.环境温度不低于4 ℃且不高于70 ℃的场所,应采用（　　）。

A.干式系统　　　　B.湿式系统　　　　C.预作用系统　　　　D.雨淋系统

2.环境温度低于4 ℃或高于70 ℃的场所,应采用（　　）。

A.干式系统　　　　B.湿式系统　　　　C.预作用系统　　　　D.雨淋系统

3.系统处于准工作状态时严禁管道充水的场所,应采用（　　）。

A. 干式系统　　　　B. 湿式系统　　　　C. 预作用系统　　　　D. 雨淋系统

4. 火灾的水平蔓延速度快、闭式洒水喷头的开放不能及时使喷水有效覆盖着火区域的场所,应采用(　　)。

A. 干式系统　　　　B. 湿式系统　　　　C. 预作用系统　　　　D. 雨淋系统

5. 闭式系统的洒水喷头,其公称动作温度宜高于环境最高温度(　　)。

A. 10 ℃　　　　　B. 20 ℃　　　　　C. 30 ℃　　　　　D. 50 ℃

6. 一个报警阀组控制的洒水喷头数,湿式系统、预作用系统不宜超过_____只;干式系统不宜超过_____只。(　　)

A. 500　800　　　B. 1 000　800　　　C. 800　500　　　D. 800　1 000

7. 下列关于水力警铃的说法,不正确的是(　　)。

A. 水力警铃的工作压力不应小于 0.05 MPa

B. 应设在有人值班的地点附近或公共通道的外墙上

C. 与报警阀连接的管道,其管径应为 20 mm

D. 与报警阀连接的管道,其总长不宜大于 20 cm

8. 下列关于水流指示器的说法,不正确的是(　　)。

A. 除报警阀组控制的洒水喷头只保护不超过防火分区面积的同层场所外,每个防火分区、每个楼层均应设水流指示器

B. 仓库内顶板下洒水喷头与货架内置洒水喷头应分别设置水流指示器

C. 当水流指示器入口前设置控制阀时,应采用单向阀

D. 水流指示器与压力开关同为水流报警装置

9. 下列关于末端试水装置的说法,不正确的是(　　)。

A. 每个报警阀组控制的最不利点洒水喷头处应设末端试水装置,其他防火分区、楼层均应设直径为 25 mm 的试水阀

B. 末端试水装置应由试水阀、压力表以及试水接头组成

C. 试水接头出水口的流量系数,应等同于同楼层或防火分区内的最大流量系数洒水喷头

D. 末端试水装置的出水,应采取孔口出流的方式排入排水管道,排水立管宜设伸顶通气管,且管径不应小于 75 mm

10. 自动喷水灭火系统配水管道的工作压力不应大于(　　),并不应设置其他用水设施。

A. 1.20 MPa　　　B. 1.00 MPa　　　C. 1.10 MPa　　　D. 0.90 MPa

二、多项选择题

1. 下列关于湿式自动喷水灭火系统洒水喷头选型的表述,正确的是(　　)。

A. 不做吊顶的场所,当配水支管布置在梁下时,应采用下垂型洒水喷头

B. 吊顶下布置的洒水喷头,应采用直立型洒水喷头或吊顶型洒水喷头

C. 顶板为水平面的轻危险级、中危险级Ⅰ级住宅建筑、宿舍、旅馆建筑客房、医疗建筑病房和办公室,可采用边墙型洒水喷头

D. 易受碰撞的部位,应采用带保护罩的洒水喷头或吊顶型洒水喷头

E. 顶板为水平面,且无梁、通风管道等障碍物影响喷头洒水的场所,可采用扩大覆盖面积洒水喷头

2. 下列关于自动喷水灭火系统的表述,正确的是(　　)。

A. 闭式系统的洒水喷头要能有效地探测初期火灾

B. 对于湿式、干式系统，要在开放一只喷头后立即启动系统

C. 雨淋系统通过火灾探测器报警或传动管控制后自动启动

D. 整个灭火进程中，要保证喷水范围不超出作用面积，以及按设计确定的喷水强度持续喷水

E. 要求开放喷头的出水均匀喷洒、覆盖起火范围，并不受严重阻挡

3. 下列关于洒水喷头与配水管道采用消防洒水软管连接的说法，符合规定的是（　　　）。

A. 消防洒水软管仅适用于轻危险级或中危险级 I 级场所

B. 消防洒水软管仅适用于湿式系统

C. 消防洒水软管应设置在吊顶内

D. 消防洒水软管的长度不应超过 1.8 m

E. 消防洒水软管仅适用于采用快速响应洒水喷头

4. 下列关于自动喷水灭火系统管道及供水的说法，正确的是（　　　）。

A. 干式系统、由火灾自动报警系统和充气管道上设置的压力开关开启预作用装置的预作用系统，其配水管道充水时间不宜大于 1 min

B. 雨淋系统和仅由火灾自动报警系统联动开启预作用装置的预作用系统，其配水管道充水时间不宜大于 2 min

C. 净空高度大于 8 m 的场所内，立管上应有法兰

D. 当自动喷水灭火系统中设有 2 个及以上报警阀组时，报警阀组前应设环状供水管道

E. 当自动喷水灭火系统与消火栓系统合用消防水泵时，系统管道应在报警阀后分开

5. 湿式自动喷水灭火系统的联动控制中，（　　　）的动作信号应反馈至消防联动控制器。

A. 水流指示器　　　　　　　　B. 信号阀

C. 压力开关　　　　　　　　　D. 喷淋消防泵的启动

E. 喷淋消防泵的停止

任务 3.2　自动喷水灭火系统的安装

3.2.1　基本规定

1）分部分项工程划分

自动喷水灭火系统的分部、分项工程应按《自动喷水灭火系统施工及验收规范》（GB 50261—2017）的规定确定。

2）编写施工方案

系统施工应按设计要求编写施工方案。施工现场应具有必要的施工技术标准、健全的施工质量管理体系和工程质量检验制度，并按要求填写有关记录。

3）施工准备

自动喷水灭火系统施工前应具备以下条件：

①施工图应经审查批准或备案后方可施工。平面图、系统图、施工详图等图纸及说明书、设备表、材料器材表等技术文件应齐全。按照批准的工程设计文件和施工技术标准进行施工。

②设计单位应向施工、建设、监理单位进行技术交底。

③系统组件、管件及其他设备、材料，应能保证正常施工。

④施工现场及施工中使用的水、电、气应满足施工要求，并应保证连续施工。

4)质量控制

(1)设备组件现场检查

自动喷水灭火系统施工前，应对系统组件、管件及其他设备、材料进行现场检查，检查不合格者不得使用。

(2)施工过程质量控制

自动喷水灭火系统工程的施工过程质量控制，应按以下规定进行：

①各工序应按施工技术标准进行质量控制，每道工序完成后，应进行检查，检查合格后方可进行下道工序。

②相关各专业工种之间应进行交接检验，并经监理工程师签证后方可进行下道工序。

③安装工程完工后，施工单位应按相关专业调试规定进行调试。

④调试完工后，施工单位应向建设单位提供质量控制资料和各类施工过程质量检查记录。

⑤施工过程质量检查组织应由监理工程师组织施工单位人员组成。

⑥按《自动喷水灭火系统施工及验收规范》(GB 50261—2017)的要求填写施工过程质量检查记录、自动喷水灭火系统质量控制资料。

5)材料及设备管理

(1)基本要求

①系统组件、管件及其他设备、材料，应符合设计要求和国家现行有关标准的规定，并应具有出厂合格证或质量认证书。

②喷头、报警阀组、压力开关、水流指示器、消防水泵、水泵接合器等系统主要组件，应经国家消防产品质量监督检验中心检测合格；稳压泵、自动排气阀、信号阀、多功能水泵控制阀、止回阀、泄压阀、减压阀、蝶阀、闸阀、压力表等，应经相应国家产品质量监督检验中心检测合格。

(2)管材管件现场检查

①镀锌钢管、不锈钢管、铜管、涂覆钢管、氯化聚氯乙烯(PVC-C)管材、管件应进行现场外观检查；

②各种管材管件产品质量、内外径等均应符合相关现行国家标准的规定；

③各种管材管件外观无机械损伤、无明显瑕疵。

检查数量：全数检查。

检查方法：观察和尺量检查。

(3)喷头现场检验

喷头的现场检验必须符合下列要求：

①喷头的商标、型号、公称动作温度、响应时间指数(RTI)、制造厂及生产日期等标志应齐全。

②喷头的型号、规格等应符合设计要求。

③喷头外观应无加工缺陷和机械损伤。

④喷头螺纹密封面应无伤痕、毛刺、缺丝或断丝现象。

⑤闭式喷头应进行密封性能试验,以无渗漏、无损伤为合格。

检查数量及标准:试验数量应从每批中抽查1%,并不得少于5只,试验压力应为3.0 MPa,保压时间不得少于3 min。当两只及两只以上不合格时,不得使用该批喷头。当仅有一只不合格时,应再抽查2%,并不得少于10只,并重新进行密封性能试验;当仍有不合格时,亦不得使用该批喷头。

检查方法:观察检查及在专用试验装置上测试,主要测试设备有试压泵、压力表、秒表。

(4)阀门及其附件现场检验

阀门及其附件的现场检验应符合下列要求:

①阀门的商标、型号、规格等标志应齐全,阀门的型号、规格应符合设计要求。

②阀门及其附件应配备齐全,不得有加工缺陷和机械损伤。

③报警阀除应有商标、型号、规格等标志外,尚应有水流方向的永久性标志。

④报警阀和控制阀的阀瓣及操作机构应动作灵活、无卡涩现象,阀体内应清洁、无异物堵塞。

⑤水力警铃的铃锤应转动灵活、无阻滞现象;传动轴密封性能好,不得有渗漏水现象。

⑥报警阀应进行渗漏试验。试验压力应为额定工作压力的2倍,保压时间不应小于5 min,阀瓣处应无渗漏。

检查数量:全数检查。

检查方法:观察检查及在专用试验装置上测试,主要测试设备有试压泵、压力表、秒表。

(5)其他组件现场检查

①压力开关、水流指示器、自动排气阀、减压阀、泄压阀、多功能水泵控制阀、止回阀、信号阀、水泵接合器及水位、气压、阀门限位等自动监测装置应有清晰的铭牌、安全操作指示标志和产品说明书;

②水流指示器、水泵接合器、减压阀、止回阀、过滤器、泄压阀、多功能水泵控制阀应有水流方向的永久性标志;

③安装前应进行主要功能检查。

检查数量:全数检查。

检查方法:观察检查及在专用试验装置上测试,主要测试设备有试压泵、压力表、秒表。

3.2.2　供水设施安装与施工

1)一般规定

①消防水泵、消防水箱、消防水池、消防气压给水设备、消防水泵接合器等供水设施及其附属管道的安装,应清除其内部污垢和杂物。安装中断时,其敞口处应封闭。

②消防供水设施应采取安全可靠的防护措施,其安装位置应便于日常操作和维护管理。

③消防供水管直接与市政供水管、生活供水管连接时,连接处应安装倒流防止器。

④供水设施安装时,环境温度不应低于 5 ℃;当环境温度低于 5 ℃时,应采取防冻措施。

2)消防水泵安装

消防水泵的规格、型号应符合设计要求,并应有产品合格证和安装使用说明书。消防水泵的安装,应符合现行国家标准《机械设备安装工程施工及验收通用规范》(GB 50231—2009)、《压缩机、风机、泵安装工程施工及验收规范》(GB 50275—2010)的有关规定。

(1)吸水管及其附件的安装

消防水泵吸水管及其附件的安装应符合下列规定:

①吸水管上宜设过滤器,并应安装在控制阀后,如图3.19 所示为过滤器(y 形)示意图。

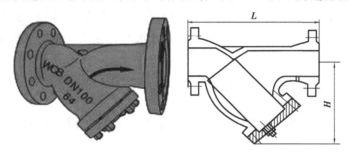

图3.19　过滤器(y 形)示意图

②吸水管上的控制阀应在消防水泵固定于基础上之后再进行安装,其直径不应小于消防水泵吸水口直径。

③当消防水泵和消防水池位于独立的两个基础上且相互为刚性连接时,吸水管上应加设柔性连接管。

④吸水管水平管段上不应有气囊和漏气现象。变径连接时,应采用偏心异径管件并应采用管顶平接,如图3.20 所示为水泵吸水管安装示例。

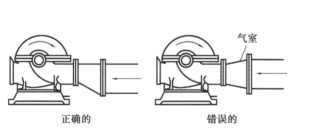

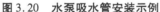

图3.20　水泵吸水管安装示例

图3.21　压力表及缓冲装置和旋塞示意图

检查数量:全数检查。

检查方法:观察检查。

(2)出水管及其附件的安装

消防水泵出水管及其附件的安装应符合下列规定:

①消防水泵的出水管上应安装止回阀、控制阀和压力表。

②系统的总出水管上还应安装压力表。安装压力表时应加设缓冲装置;缓冲装置的前面应安装旋塞,如图3.21 所示。

③压力表量程应为工作压力的 2.0～2.5 倍。止回阀的安装方向应与水流方向一致。

④在水泵出水管上,应安装由控制阀、检测供水压力、流量用的仪表及排水管道组成的系统流量压力检测装置或预留可供连接流量压力检测装置的接口,其通水能力应与系统供水能力一致。

检查数量:全数检查。

检查方法:观察检查。

3)消防水箱安装和消防水池施工

(1)施工和安装依据

①消防水池、高位消防水箱的施工和安装,应符合现行国家标准《给水排水构筑物工程施工及验收规范》(GB 50141—2008)、《建筑给水排水及采暖工程施工质量验收规范》(GB 50242—2002)的有关规定。

②消防水池、高位消防水箱的水位显示装置设置方式及设置位置应符合设计文件要求。

(2)进水管、出水管

①钢筋混凝土消防水池或消防水箱的进水管、出水管应加设防水套管,对有振动的管道应加设柔性接头。

②高位消防水箱、消防水池的进水管、出水管上应设置带有指示启闭装置的阀门。

③高位消防水箱的出水管上应设置防止消防用水倒流进入高位消防水箱的止回阀。

(3)容积、安装位置及安装间距

①高位消防水箱、消防水池的容积、安装位置应符合设计要求。

②安装时,池(箱)外壁与建筑本体结构墙面或其他池壁之间的净距,应满足施工或装配的需要。无管道的侧面,净距不宜小于 0.7 m;安装有管道的侧面,净距不宜小于 1.0 m,且管道外壁与建筑本体墙面之间的通道宽度不宜小于 0.6 m;设有人孔的池顶,顶板面与上面建筑本体板底的净空不应小于 0.8 m,拼装形式的高位消防水箱底与所在地坪的距离不宜小于 0.5 m。

(4)防止污染

①消防水池,高位消防水箱的溢流管、泄水管不得与生产或生活用水的排水系统直接相连,应采用间接排水方式。

②高位消防水箱、消防水池的人孔宜密闭。通气管、溢流管应有防止昆虫及小动物爬入水池(箱)的措施。

(5)合用水池(箱)

当高位消防水箱、消防水池与其他用途的水箱、水池合用时,应复核有效的消防水量,满足设计要求,并应设有防止消防用水被他用的措施。

4)消防气压给水设备和稳压泵安装

(1)消防气压给水设备

①消防气压给水设备的气压罐,其容积、气压、水位及工作压力应符合设计要求。

②消防气压给水设备安装位置、进水管及出水管方向应符合设计要求;出水管上应设止回阀,安装时其四周应设检修通道,其宽度不宜小于 0.7 m,消防气压给水设备顶部至楼板或梁底的距离不宜小于 0.6 m。

③消防气压给水设备上的安全阀、压力表、泄水管、水位指示器、压力控制仪表等的安装应符合产品使用说明书的要求。

检查数量:全数检查。

检查方法:对照图纸,尺量和(或)观察检查。

(2)稳压泵

①稳压泵的规格、型号应符合设计要求,并应有产品合格证和安装使用说明书。

②稳压泵的安装应符合现行国家标准《机械设备安装工程施工及验收通用规范》(GB 50231—2009)和《压缩机、风机、泵安装工程施工及验收规范》(GB 50275—2010)的有关规定。

检查数量:全数检查。

检查方法:对照图纸,尺量和(或)观察检查。

5)消防水泵接合器安装

(1)组装式消防水泵接合器的安装顺序

组装式消防水泵接合器的安装,应按接口、本体、联接管、止回阀、安全阀、放空管、控制阀的顺序进行,止回阀的安装方向应使消防用水能从消防水泵接合器进入系统;整体式消防水泵接合器的安装,按其使用安装说明书进行。

检查数量:全数检查。

检查方法:观察检查。

(2)消防水泵接合器安装规定

消防水泵接合器的安装应符合下列规定:

①应安装在便于消防车接近的人行道或非机动车行驶地段,距室外消火栓或消防水池的距离宜为 15 ~ 40 m。

②自动喷水灭火系统的消防水泵接合器应设置与消火栓系统的消防水泵接合器区别的永久性固定标志,并有分区标志。

③地下消防水泵接合器应采用铸有"消防水泵接合器"标志的铸铁井盖,并应在附近设置指示其位置的永久性固定标志。

④墙壁消防水泵接合器的安装应符合设计要求。设计无要求时,其安装高度距地面宜为 0.7 m;与墙面上的门、窗、孔、洞的净距离不应小于 2.0 m,且不应安装在玻璃幕墙下方,如图 3.22 所示。

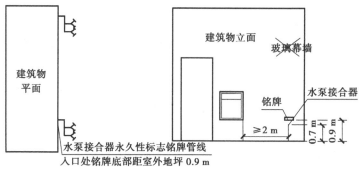

图 3.22 墙壁式消防水泵接合器安装示意图

⑤地下消防水泵接合器的安装,应使进水口与井盖底面的距离不大于 0.4 m,且不应小于井盖的半径。

检查数量:全数检查。

检查方法:观察检查和(或)尺量检查。

3.2.3 管网及系统组件安装

1)管网安装

(1)管道材质

管网采用钢管、不锈钢管、铜管道、涂覆钢管、氯化聚氯乙烯(PVC-C)管道,其材质应符合现行国家相关标准的要求。

检查数量:全数检查。

检查方法:查验材料质量合格证明文件、性能检测报告,尺量、观察检查。

(2)管道连接

①管道连接后不应减小过水横断面面积。热镀锌钢管、涂覆钢管安装应采用螺纹、沟槽式管件或法兰连接。

②薄壁不锈钢管安装、铜管安装、氯化聚氯乙烯(PVC-C)管材、管件的连接,应根据管材及管件特点选择符合要求的连接方式。

检查数量:抽查 20%,且不得少于 5 处。

检查方法:观察检查,强度试验。

(3)校直及防腐净化

管网安装前应校直管道,并清除管道内部的杂物;在具有腐蚀性的场所,安装前应按设计要求对管道、管件等进行防腐处理;安装时应随时清除管道内部的杂物。

检查数量:抽查 20%,且不得少于 5 处。

检查方法:观察检查和用水平尺检查。

(4)沟槽式管件连接

沟槽式管件连接应符合下列规定:

①选用的沟槽式管件应符合现行国家相关标准的要求。

②沟槽式管件连接时,其管道连接沟槽和开孔应用专用滚槽机和开孔机加工,并应做防腐处理;连接前应检查沟槽和孔洞尺寸,加工质量应符合技术要求;沟槽、孔洞处不得有毛刺、破损性裂纹和脏物。

③橡胶密封圈应无破损和变形。

④沟槽式管件的凸边应卡进沟槽后再紧固螺栓,两边应同时紧固,紧固时发现橡胶圈起皱应更换新橡胶圈。

⑤机械三通连接时,应检查机械三通与孔洞的间隙,各部位应均匀,然后再紧固到位;机械三通开孔间距不应小于 500 mm,机械四通开孔间距不应小于 1 000 mm。图 3.23 所示为机械三通和机械四通示意图。机械三通(四通)与普通三通(四通)作用一致;可分为沟槽机械三通(四通)和螺纹机械三通(四通);可用于直接在钢管上接出支管,支管接头的开孔方式必须采用专门的开孔机;在需要分流或合流的时候可以采用机械三通(四通)。

⑥配水干管(立管)与配水管(水平管)连接,应采用沟槽式管件,不应采用机械三通。

检查数量:抽查 20% ,且不得少于 5 处。

检查方法:观察检查/观察检查和尺量检查。

（a）机械三通　　　　（b）机械四通

图 3.23　机械三通和机械四通示意图

⑦埋地管件。

埋地的沟槽式管件的螺栓、螺帽应做防腐处理。

检查数量:全数检查。

检查方法:观察检查或局部解剖检查。

（5）螺纹连接

螺纹连接应符合下列要求:

①管道宜采用机械切割,切割面不得有飞边、毛刺;管道螺纹密封面应符合现行国家标准的有关规定。

②当管道变径时,宜采用异径接头。

检查数量:全数检查。

检查方法:观察检查。

③螺纹连接的密封填料应均匀附着在管道的螺纹部分;拧紧螺纹时,不得将填料挤入管道内;连接后,应将连接处外部清理干净。

检查数量:抽查 20% ,且不得少于 5 处。

检查方法:观察检查。

（6）法兰连接

法兰连接可采用焊接法兰或螺纹法兰。焊接法兰焊接处应做防腐处理,并宜重新镀锌后再连接。螺纹法兰连接应预测对接位置,清除外露密封填料后再紧固、连接。

检查数量:抽查 20% ,且不得少于 5 处。

检查方法:观察检查。

（7）管道的安装位置

管道的安装位置应符合设计要求。当设计无要求时,管道的中心线与梁、柱、楼板等的距离应满足最小距离要求,以便于系统管道安装、维修。

（8）管道的支架、吊架

管道的支架、吊架、防晃支架安装应满足最小间距要求,以确保管网强度,同时其安装位置不得妨碍喷头布水而影响灭火效果,如图 3.24 所示为管道支架、吊架示例。

（9）管道穿过建筑物变形缝墙体或楼板

①管道穿过建筑物的变形缝时,应采取抗变形措施,如图 3.25 所示。

②管道穿过墙体或楼板时应加设套管,套管长度不得小于墙体厚度,穿过楼板的套管其顶部应高出装饰地面 20 mm;穿过卫生间或厨房楼板的套管,其顶部应高出装饰地面 50 mm,且套管底部应与楼板底面相平;套管与管道的间隙应采用不燃材料填塞密实,如图 3.26 所示。

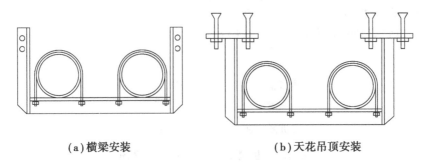

（a）横梁安装　　　　　　　　（b）天花吊顶安装

图 3.24　管道支架、吊架示例

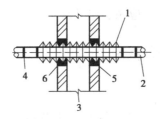

图 3.25　管道穿过变形缝软接头法抗变形措施示意图

1—橡胶软管或伸缩接头；2—管道；3—变形缝；4—法兰或丝扣连接；5—钢套管；6—柔性不燃材料

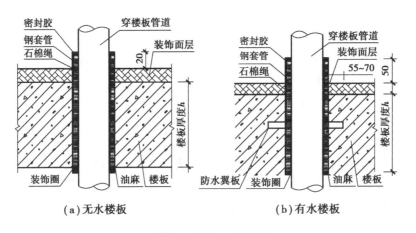

（a）无水楼板　　　　　　　　（b）有水楼板

图 3.26　管道穿过楼板示意图（单位：mm）

2）喷头安装

（1）喷头安装时间节点

喷头安装必须在系统试压、冲洗合格后进行。

（2）喷头安装要求

①喷头安装时，不应对喷头进行拆装、改动，并严禁给喷头、隐蔽式喷头的装饰盖板附加任何装饰性涂层。

检查数量：全数检查。

检查方法：观察检查。

②喷头安装应使用专用扳手，严禁利用喷头的框架施拧；喷头的框架、溅水盘产生变形或释放原件损伤时，应采用规格、型号相同的喷头更换。

检查数量:全数检查。

检查方法:观察检查。

③安装在易受机械损伤处的喷头,应加设喷头防护罩。

检查数量:全数检查。

检查方法:观察检查。

④喷头安装时,溅水盘与吊顶、门、窗、洞口或障碍物的距离应符合设计要求。

检查数量:抽查20%,且不得少于5处。

检查方法:对照图纸,尺量检查。

⑤安装前检查喷头的型号、规格、使用场所应符合设计要求。

检查数量:全数检查。

检查方法:对照图纸,观察检查。

3)报警阀组安装

(1)一般要求

①报警阀组的安装应在供水管网试压、冲洗合格后进行。

②安装时应先安装水源控制阀、报警阀,然后进行报警阀辅助管道的连接。水源控制阀、报警阀与配水干管的连接,应使水流方向一致。

③报警阀组安装的位置应符合设计要求;当设计无要求时,报警阀组应安装在便于操作的明显位置,距室内地面高度宜为1.2 m;两侧与墙的距离不应小于0.5 m;正面与墙的距离不应小于1.2 m;报警阀组凸出部位之间的距离不应小于0.5 m,报警阀室布置如图3.27所示。

④安装报警阀组的室内地面应有排水设施,排水能力应满足报警阀调试、验收和利用试水阀门泄空系统管道的要求。

检查数量:全数检查。

检查方法:检查系统试压、冲洗记录表,观察检查和尺量检查。

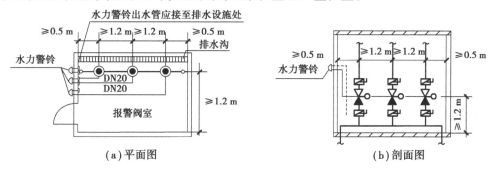

图 3.27　报警阀室布置示意图

(2)报警阀组附件安装

报警阀组附件的安装应符合下列要求:

①压力表应安装在报警阀上便于观测的位置。

②排水管和试验阀应安装在便于操作的位置。

③水源控制阀安装应便于操作,且应有明显开闭标志和可靠的锁定设施。

检查数量:全数检查。

检查方法:观察检查。

(3)湿式报警阀组安装

湿式报警阀组的安装应符合下列要求:

①应使报警阀前后的管道中能顺利充满水;压力波动时,水力警铃不应发生误报警。

检查数量:全数检查。

检查方法:观察检查和开启阀门以小于一个喷头的流量放水。

②报警水流通路上的过滤器应安装在延迟器前,且便于排渣操作的位置。

检查数量:全数检查。

检查方法:观察检查。

(4)干式报警阀组的安装

干式报警阀组的安装应符合下列要求:

①应安装在不发生冰冻的场所。

②安装完成后,应向报警阀气室注入高度为 50～100 mm 的清水。

检查数量:全数检查。

检查方法:观察检查和尺量检查。

③气源设备的安装应符合设计要求和国家现行有关标准的规定,管网充气压力应符合设计要求。

④安全排气阀应安装在气源与报警阀之间,且应靠近报警阀。

⑤加速器应安装在靠近报警阀的位置,且应有防止水进入加速器的措施。

⑥下列部位应安装压力表:

a.报警阀充水一侧和充气一侧;

b.空气压缩机的气泵和储气罐上;

c.加速器上。

检查数量:全数检查。

检查方法:观察检查。

(5)雨淋阀组的安装

雨淋阀组的安装应符合下列要求:

①雨淋阀组可采用电动开启、传动管开启或手动开启,开启控制装置的安装应安全可靠。

②预作用系统雨淋阀组后的管道若需充气,其安装应按干式报警阀组有关要求进行。

③雨淋阀组的观测仪表和操作阀门的安装位置应符合设计要求,并应便于观测和操作。

检查数量:全数检查。

检查方法:观察检查。

④雨淋阀组手动开启装置的安装位置应符合设计要求,且在发生火灾时应能安全开启和便于操作。

检查数量:全数检查。

检查方法:对照图纸观察检查和开启阀门检查。

⑤压力表应安装在雨淋阀的水源一侧。

检查数量:全数检查。

检查方法:观察检查。

4）其他组件安装

（1）水流指示器安装

水流指示器的安装应符合下列要求：

①水流指示器的安装应在管道试压和冲洗合格后进行，水流指示器的规格、型号应符合设计要求。

检查数量：全数检查。

检查方法：对照图纸观察检查和检查管道试压与冲洗记录。

②水流指示器应使电器元件部位竖直安装在水平管道上侧，其动作方向应和水流方向一致；安装后的水流指示器浆片、膜片应动作灵活，不应与管壁发生碰擦。

检查数量：全数检查。

检查方法：观察检查和开启阀门放水检查。

（2）压力开关安装

压力开关应竖直安装在通往水力警铃的管道上，且不应在安装中拆装改动。

检查数量：全数检查。

检查方法：观察检查。

（3）水力警铃安装

①水力警铃应安装在公共通道或值班室附近的外墙上，且应安装检修、测试用的阀门。

②水力警铃和报警阀的连接应采用热镀锌钢管，当镀锌钢管的公称直径为 20 mm 时，其长度不宜大于 20 m。

③安装后的水力警铃启动时，警铃声强度应不小于 70 dB。

检查数量：全数检查。

检查方法：观察检查、尺量检查和开启阀门放水，水力警铃启动后检查压力表的数值。

（4）末端试水装置和试水阀的安装

末端试水装置和试水阀的安装位置应便于检查、试验，并应有相应排水能力的排水设施。

检查数量：全数检查。

检查方法：观察检查。

（5）信号阀安装

信号阀应安装在水流指示器前的管道上，与水流指示器之间的距离不宜小于 300 mm，如图 3.28 所示。

检查数量：全数检查。

检查方法：观察检查和尺量检查。

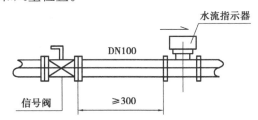

图 3.28 信号阀与水流指示器安装示意图（单位：mm）

（6）排气阀安装

①排气阀的安装应在系统管网试压和冲洗合格后进行。

②排气阀应安装在配水干管顶部、配水管的末端,且应确保无渗漏。

检查数量:全数检查。

检查方法:观察检查和检查管道试压与冲洗记录。

3.2.4　系统试压和冲洗

1）一般规定

（1）试压和冲洗的技术规定

管网安装完毕后,必须对其进行强度试验、严密性试验和冲洗,并应符合下列规定:

①强度试验和严密性试验宜用水进行。

②管网冲洗宜用水进行。

③干式喷水灭火系统、预作用喷水灭火系统应做水压试验和气压试验。

④水压试验和水冲洗宜采取用生活用水进行,不得使用海水或含有腐蚀性化学物质的水。

⑤管网冲洗应在试压合格后分段进行。冲洗顺序应先室外,后室内;先地下,后地上;室内部分的冲洗应按配水干管、配水管、配水支管的顺序进行。

（2）试压准备

系统试压前应具备下列条件:

①埋地管道的位置及管道基础、支墩等经复查应符合设计要求。

②试压用的压力表不应少于 2 只;精度不应低于 1.5 级,量程应为试验压力值的 1.5 ~ 2.0 倍。

③试压冲洗方案已经批准。

④对不能参与试压的设备、仪表、阀门及附件应加以隔离或拆除;加设的临时盲板应具有突出于法兰的边耳,且应做明显标志,并记录临时盲板的数量。

（3）其他规定

①系统试压过程中,当出现泄漏时,应停止试压,并应放空管网中的试验介质,消除缺陷后重新再试。

②管网冲洗前,应对系统的仪表采取保护措施;应对管道支架、吊架进行检查,必要时应采取加固措施。

③对不能经受冲洗的设备和冲洗后可能存留脏物、杂物的管段,应进行清理。

④冲洗直径大于 100 mm 的管道时,应对其死角和底部进行敲打,但不得损伤管道。

（4）记录

①系统试压完成后,应及时拆除所有临时盲板及试验用的管道,并应与记录核对无误,且应按规定填写记录。

②管网冲洗合格后,应按规定要求填写记录。

2）水压试验

（1）水压强度试验

①当系统设计工作压力等于或小于 1.0 MPa 时,水压强度试验压力应为设计工作压力的

1.5 倍,并不应低于 1.4 MPa;当系统设计工作压力大于 1.0 MPa 时,水压强度试验压力应为该工作压力加 0.4 MPa。

检查数量:全数检查。

检查方法:观察检查。

②水压强度试验的测试点应设在系统管网的最低点。对管网注水时应将管网内的空气排净,并应缓慢升压,达到试验压力后稳压 30 min 后,管网应无泄漏、无变形,且压力降不应大于 0.05 MPa。

检查数量:全数检查。

检查方法:观察检查。

(2)水压严密性试验

水压严密性试验应在水压强度试验和管网冲洗合格后进行。试验压力应为设计工作压力,稳压 24 h,应无泄漏。

检查数量:全数检查。

检查方法:观察检查。

(3)试验时环境温度

水压试验时环境温度不宜低于 5 ℃,当低于 5 ℃时,水压试验应采取防冻措施。

检查数量:全数检查。

检查方法:用温度计检查。

3)气压试验

①气压严密性试验压力应为 0.28 MPa,且稳压 24 h,压力降不应大于 0.01 MPa。

检查数量:全数检查。

检查方法:观察检查。

②气压试验的介质宜采用空气或氮气。

检查数量:全数检查。

检查方法:观察检查。

📖 **任务测试**

一、单项选择题

1. 自动喷水灭火系统报警阀组凸出部位之间的距离不应小于(   )m。

A. 0.3　　　　　　B. 0.5　　　　　　C. 0.6　　　　　　D. 0.8

2. 自动喷水灭火系统喷头现场检验的检查数量:试验数量应从每批中抽查_____,并不得少于_____只。(   )

A. 2%　5　　　　B. 1%　10　　　　C. 1%　5　　　　D. 2%　10

3. 自动喷水灭火系统报警阀应进行渗漏试验。试验压力应为额定工作压力的_____,保压时间不应小于_____,阀瓣处应无渗漏。(   )

A. 1.5 倍　10 min　B. 1.5 倍　5 min　C. 2 倍　10 min　D. 2 倍　5 min

4. 消防供水管直接与市政供水管、生活供水管连接时,连接处应安装(   )。

A. 倒流防止器　　B. 水锤消除器　　C. 水流指示器　　D. 液位显示器

5. 消防水泵接合器应安装在便于消防车接近的人行道或非机动车行驶地段,距室外消火栓或消防水池的距离宜为(   )。

A．15～40 m   B．25～40 m   C．15～30 m   D．25～30 m

6．墙壁消防水泵接合器的安装应符合设计要求。设计无要求时,其安装高度距地面宜为_____;与墙面上的门、窗、孔、洞的净距离不应小于_____,且不应安装在玻璃幕墙下方。(　　)

A．0.8 m　2.0 m B．0.7 m　2.0 m C．0.7 m　1.5 m D．0.8 m　1.5 m

7．自动喷水灭火系统信号阀应安装在水流指示器前的管道上,与水流指示器之间的距离不宜小于(　　)。

A．400 mm   B．200 mm   C．300 mm   D．500 mm

8．压力开关应(　　)安装在通往水力警铃的管道上,且不应在安装中拆装改动。

A．竖直   B．水平   C．并联   D．串联

9．干式报警阀组的安装完成后,应向报警阀气室注入高度为(　　)的清水。

A．10～50 mm B．50～100 mm C．20～50 mm D．50～150 mm

10．报警阀组安装的位置应符合设计要求;当设计无要求时,报警阀组应安装在便于操作的明显位置,距室内地面高度宜为(　　)。

A．1.2 m   B．1.1 m   C．1.0 m   D．0.9 m

二、多项选择题

1．下列关于自动喷水灭火系统工程的施工过程质量控制的表述,不正确的是(　　)。

A．各工序应按施工技术标准进行质量控制,每道工序完成后,应进行检查,检查合格后方可进行下道工序

B．相关各专业工种之间应进行平行作业,并经监理工程师签证后方可进行下道工序

C．安装工程完工后,监理单位应按相关专业调试规定进行调试

D．调试完工后,建设单位应向施工单位提供质量控制资料和各类施工过程质量检查记录

E．施工过程质量检查组织应由监理工程师组织施工单位人员组成

2．自动喷水灭火系统施工前,应对(　　)进行现场检查,检查不合格者不得使用。

A．系统组件 B．系统管件 C．其他设备 D．其他材料

E．现场作业环境

3．自动喷水灭火系统喷头的现场检验必须符合下列(　　)要求。

A．喷头的商标、型号、公称动作温度、响应时间指数(RTI)、制造厂及生产日期等标志应齐全

B．喷头的型号、规格等应满足现场作业要求

C．喷头外观应无加工缺陷和机械损伤

D．喷头螺纹密封面应无伤痕、毛刺、缺丝或断丝现象

E．闭式喷头应进行强度试验,以无渗漏、无损伤为合格

4．自动喷水灭火系统中,下列(　　)应有水流方向的永久性标志。

A．压力开关   B．水流指示器

C．水泵接合器   D．真空压力表

E．过滤器

5．下列关于报警阀组安装要求的说法,正确的是(　　)。

A．报警阀组的安装应在供水管网试压、冲洗合格前进行

B.报警阀组的安装应在供水管网试压、冲洗合格后进行

C.安装时应先安装水源控制阀、报警阀,然后进行报警阀辅助管道的连接

D.安装时应先进行报警阀辅助管道的连接,然后安装水源控制阀、报警阀

E.水源控制阀、报警阀与配水干管的连接,应使水流方向一致

任务 3.3　自动喷水灭火系统的调试

3.3.1　一般规定

(1)调试时间节点

系统调试应在系统施工完成后进行。

(2)调试准备

系统调试应具备下列条件:

①消防水池、消防水箱已储存设计要求的水量。

②系统供电正常。

③消防气压给水设备的水位、气压符合设计要求。

④湿式喷水灭火系统管网内已充满水;干式、预作用喷水灭火系统管网内的气压符合设计要求;阀门均无泄漏。

⑤与系统配套的火灾自动报警系统处于工作状态。

3.3.2　调试内容和要求

1)调试内容

系统调试应包括下列内容:水源测试;消防水泵调试;稳压泵调试;报警阀调试;排水设施调试;联动试验。

2)调试要求

(1)水源测试

水源测试应符合下列要求:

①按设计要求核实高位消防水箱、消防水池的容积,高位消防水箱设置高度、消防水池(箱)水位显示等应符合设计要求;合用水池、水箱的消防储水应有不作他用的技术措施。

检查数量:全数检查。

检查方法:对照图纸观察和尺量检查。

②应按设计要求核实消防水泵接合器的数量和供水能力,并应通过移动式消防水泵做供水试验进行验证。

检查数量:全数检查。

检查方法:观察检查和进行通水试验。

(2)消防水泵调试

消防水泵调试应符合下列要求:

①以自动或手动方式启动消防水泵时,消防水泵应在 55 s 内投入正常运行。

检查数量:全数检查。

检查方法:用秒表检查。

②以备用电源切换方式或备用泵切换启动消防水泵时,消防水泵应在 1 min 或 2 min 内投入正常运行。

检查数量:全数检查。

检查方法:用秒表检查。

(3)稳压泵调试

稳压泵应按设计要求进行调试。当达到设计启动条件时,稳压泵应立即启动;当达到系统设计压力时,稳压泵应自动停止运行;当消防主泵启动时,稳压泵应停止运行。

检查数量:全数检查。

检查方法:观察检查。

(4)报警阀调试

报警阀调试应符合下列要求:

①湿式报警阀调试时,在末端装置处放水,当湿式报警阀进口水压大于 0.14 MPa、放水流量大于 1 L/s 时,报警阀应及时启动;带延迟器的水力警铃应在 5~90 s 内发出报警铃声,不带延迟器的水力警铃应在 15 s 内发出报警铃声;压力开关应及时动作,启动消防泵并反馈信号。

检查数量:全数检查。

检查方法:使用压力表、流量计、秒表和观察检查。

②干式报警阀调试时,开启系统试验阀,报警阀的启动时间、启动点压力、水流到试验装置出口所需时间,均应符合设计要求。

检查数量:全数检查。

检查方法:使用压力表、流量计、秒表、声强计和观察检查。

③雨淋阀调试宜利用检测、试验管道进行。自动和手动方式启动的雨淋阀,应在 15 s 之内启动;公称直径大于 200 mm 的雨淋阀调试时,应在 60 s 之内启动。雨淋阀调试时,当报警水压为 0.05 MPa 时,水力警铃应发出报警铃声。

检查数量:全数检查。

检查方法:使用压力表、流量计、秒表、声强计和观察检查。

(5)排水设施调试

调试过程中,系统排出的水应通过排水设施全部排走。

检查数量:全数检查。

检查方法:观察检查。

(6)联动试验

联动试验应符合下列要求,并应按要求进行记录:

①湿式系统的联动试验,启动一只喷头或以 0.94~1.5 L/s 的流量从末端试水装置处放水时,水流指示器、报警阀、压力开关、水力警铃和消防水泵等应及时动作,并发出相应的信号。

检查数量:全数检查。

检查方法:打开阀门放水、使用流量计和观察检查。

②预作用系统、雨淋系统、水幕系统的联动试验,可采用专用测试仪表或其他方式,对火灾自动报警系统的各种探测器输入模拟火灾信号,火灾自动报警控制器应发出声光报警信号,并启动自动喷水灭火系统;采用传动管启动的雨淋系统、水幕系统联动试验时,启动 1 只喷头,雨淋阀打开,压力开关动作,水泵启动。

检查数量:全数检查。

检查方法:观察检查。

③干式系统的联动试验,启动 1 只喷头或模拟 1 只喷头的排气量排气,报警阀应及时启动,压力开关、水力警铃动作并发出相应信号。

检查数量:全数检查。

检查方法:观察检查。

📖 任务测试

一、单项选择题

1. 自动和手动方式启动的雨淋阀,应在_____之内启动;公称直径大于 200 mm 的雨淋阀调试时,应在_____之内启动。(　　)

A. 15 s　120 s　　　　B. 15 s　60 s　　　　C. 30 s　60 s　　　　D. 30 s　120 s

2. 湿式报警阀调试时,在末端装置处放水,当湿式报警阀进口水压大于_____、放水流量大于_____时,报警阀应及时启动。(　　)

A. 0.10 MPa　1 L/s　　　　　　　　　B. 0.14 MPa　1 L/s

C. 0.14 MPa　1.5 L/s　　　　　　　　D. 0.14 MPa　2.0 L/s

3. 自动喷水灭火系统排水设施调试过程中,下列说法不正确的是(　　)。

A. 检查数量:全数检查

B. 检查方法:观察检查

C. 系统排出的水应通过排水设施全部排走

D. 系统排出的水应通过直排方式全部排走

4. 湿式系统的联动试验时,应启动一只喷头或以(　　)的流量从末端试水装置处放水。

A. 0.90 ~ 2.0 L/s　　　　　　　　　　B. 0.90 ~ 1.5 L/s

C. 0.94 ~ 1.5 L/s　　　　　　　　　　D. 0.94 ~ 2.0 L/s

5. 雨淋阀调试时,当报警水压为(　　)时,水力警铃应发出报警铃声。

A. 0.05 MPa　　　　B. 0.04 MPa　　　　C. 0.02 MPa　　　　D. 0.01 MPa

6. 下列关于稳压泵调试的说法,错误的是(　　)。

A. 稳压泵应按设计要求进行调试

B. 当达到设计启动条件时,稳压泵应立即启动

C. 当达到系统设计压力时,稳压泵应手动停止运行

D. 当消防主泵启动时,稳压泵应停止运行

7. 消防水源测试时,要求合用水池、水箱的消防储水应有(　　)的技术措施。

A. 不作他用　　　　B. 自动补水　　　　C. 水质监测　　　　D. 水位控制

8. 关于消防水泵调试的下列说法,不正确的是(　　)。

A. 以自动或手动方式启动消防水泵时,消防水泵应在 55 s 内投入正常运行

B. 以备用电源切换方式或备用泵切换启动消防水泵时,消防水泵应在 2 min 或 1 min 内

投入正常运行

　　C. 检查数量:全数检查

　　D. 检查方法:用秒表检查

　　二、多项选择题

　　1. 自动喷水灭火系统调试时,应具备下列(　　)条件。

　　A. 消防水池、消防水箱已储存设计要求的水量

　　B. 系统供电正常

　　C. 消防气压给水设备的水位、气压符合设计要求

　　D. 湿式喷水灭火系统管网内已充满水;干式、预作用喷水灭火系统管网内的气压符合设计要求;阀门均无泄漏

　　E. 与系统配套的火灾自动报警系统处于工作状态

　　2. 自动喷水灭火系统调试,包括下列(　　)内容。

　　A. 水源测试　　　　　　　　　　　B. 消防水泵和稳压泵调试

　　C. 联动试验　　　　　　　　　　　D. 报警阀调试

　　E. 排水设施调试

　　3. 自动喷水灭火系统稳压泵应按设计要求进行调试,并应符合下列(　　)规定。

　　A. 当达到设计启动条件时,稳压泵应立即启动

　　B. 当达到系统设计压力时,稳压泵应自动停止运行

　　C. 当消防主泵启动时,稳压泵应停止运行

　　D. 检查数量:不小于全数的 50%

　　E. 检查方法:观察检查和进行通水试验

　　4. 下列关于湿式报警阀调试的表述,符合要求的是(　　)。

　　A. 在末端装置处放水,当湿式报警阀进口水压大于 0.14 MPa、放水流量大于 3 L/s 时,报警阀应及时启动

　　B. 带延迟器的水力警铃应在 5～90 s 内发出报警铃声

　　C. 不带延迟器的水力警铃应在 15 s 内发出报警铃声

　　D. 压力开关应及时动作,启动消防泵并反馈信号

　　E. 检查方法:使用压力表、声强计、秒表和观察检查

　　5. 湿式自动喷水灭火系统的联动试验,启动一只喷头或以 0.94～1.5 L/s 的流量从末端试水装置处放水时,(　　)等应及时动作,并发出相应的信号。

　　A. 水流指示器　　　B. 报警阀　　　　C. 压力开关　　　　D. 水力警铃

　　E. 消防水泵

项目 4   气体灭火系统

📖 项目概述

气体灭火系统是指以一种或多种、在常温常压下呈气态的气体物质作为灭火介质，通过这些气体在整个防护区内或保护对象周围的局部区域建立起灭火浓度实现灭火的消防设施。常见的灭火剂包括二氧化碳、七氟丙烷和惰性气体。

气体灭火系统其核心原理是通过降低氧气浓度、吸收热量或中断燃烧链式反应来达到灭火效果，具有灭火效率高、灭火速度快、适用范围广、对被保护对象无二次污损等优点；但也存在着系统的一次投资比较大、不能扑灭固体物质深位火灾、对被保护对象限制条件多等缺点。

气体灭火系统适用于扑救电气火灾、固体表面火灾、液体火灾、灭火前能切断气源的气体火灾。气体灭火系统不适用于扑救下列火灾：硝化纤维、硝酸钠等氧化剂或含氧化剂的化学制品火灾；钾、镁、钠、钛、锆、铀等活泼金属火灾；氢化钾、氢化钠等金属氢化物火灾；过氧化氢、联胺等能自行分解的化学物质火灾；可燃固体物质的深位火灾。

📖 知识目标

1. 了解气体灭火系统设计、安装与调试的一般规定。

2. 熟悉七氟丙烷灭火系统、IG541 混合气体灭火系统的设计要求。

3. 掌握系统设置规定，掌握系统操作与控制规定。

📖 技能目标

1. 了解系统进场检验要求。

2. 熟悉灭火剂储存装置、选择阀及信号反馈装置、灭火剂输送管道、喷嘴及控制组件安装要求。

3. 掌握系统模拟启动试验、模拟喷气试验和模拟切换操作试验内容和要求。

任务 4.1 气体灭火系统的设计

气体灭火系统
的分类及组成

4.1.1 系统分类及组成

1) 系统分类

气体灭火系统可以按照使用的灭火剂、系统的结构特点和防护对象的保护形式进行分类。

（1）按使用的灭火剂分类

气体灭火系统按使用的灭火剂可分为惰性气体灭火系统、七氟丙烷灭火系统和二氧化碳灭火系统等。

①惰性气体灭火系统包括 IG-01（氩气）灭火系统、IG-100（氮气）灭火系统、IG-55（50%氮气、50%氩气）灭火系统、IG-541（52%氮气、40%氩气、8%二氧化碳）灭火系统。由于惰性气体纯粹来自自然，是一种无毒、无色、无味、惰性及不导电的纯"绿色"压缩气体，故又称为"洁净气体灭火系统"。其灭火机理是窒息作用。

②七氟丙烷灭火系统是以七氟丙烷作为灭火介质的气体灭火系统。七氟丙烷灭火剂属于卤代烷灭火剂系列，具有灭火能力强、灭火剂性能稳定的特点。七氟丙烷灭火系统无温室效应，但七氟丙烷灭火剂分解产物对人体有伤害，一旦使用人要立即撤离。其灭火机理主要是气化冷却和化学抑制。

③二氧化碳灭火系统是以二氧化碳作为灭火介质的气体灭火系统。二氧化碳是一种惰性气体，对燃烧具有良好的窒息和冷却作用。二氧化碳灭火系统的缺点是具有温室效应，造成臭氧层破坏。

（2）按系统的结构特点分类

气体灭火系统按系统的结构特点可分为无管网灭火系统和管网灭火系统。

①无管网灭火系统是指按一定的应用条件，将灭火剂储存装置和喷放组件等预先设计、组装成套且具有联动控制功能的灭火系统，又称为预制灭火系统，如图4.1所示。该系统可分为柜式气体灭火装置和悬挂式气体灭火装置两种类型，适用于较小的、无特殊要求的防护区。

②管网灭火系统是指按一定的应用条件进行设计计算，将灭火剂从储存装置经由干管、支管输送至喷放组件实施喷放的灭火系统。管网系统又分为单元独立系统和组合分配系统。

a.单元独立系统是指用一套灭火剂储存装置保护一个防护区或保护对象的灭火系统，如图4.2所示。

b.组合分配系统是指用一套灭火剂储存装置通过管网的选择分配，保护两个或两个以上防护区或保护对象的灭火系统，如图4.3所示。

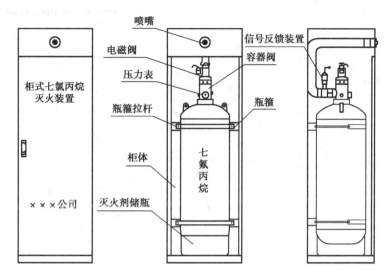

图4.1 无管网灭火系统示意图

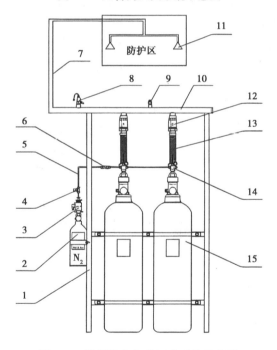

图4.2 单元独立气体灭火系统示意图

1—灭火剂瓶组架;2—启动气体瓶;3—电磁驱动装置;4—低泄高封阀;5—启动气体管路;
6—单向阀(启动气体管路);7—灭火剂输送管道;8—信号反馈装置;9—安全泄放装置;10—集流管;
11—喷嘴;12—单向阀(灭火剂管路);13—高压软管;14—容器阀;15—灭火剂瓶组

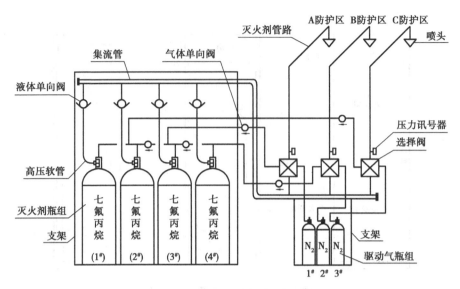

图 4.3　组合分配气体灭火系统示意图

（3）按防护对象的保护形式分类

气体灭火系统按防护对象的保护形式可分为全淹没灭火系统和局部应用灭火系统。

①全淹没灭火系统是指在规定的时间内，向防护区喷放设计规定用量的灭火剂，并使其均匀地充满整个防护区的灭火系统，如图4.4所示。

②局部应用灭火系统是指在规定时间内向保护对象以设计喷射率直接喷射气体，在保护对象周围形成局部高浓度，并持续一定时间的灭火系统，如图4.5所示。

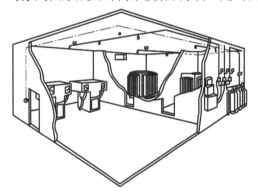

图 4.4　全淹没气体灭火系统示意图

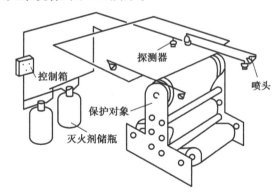

图 4.5　局部应用气体灭火系统示意图

2）系统组成

气体灭火系统一般由瓶组、单向阀、容器、容器阀、选择阀、减压装置、驱动装置、集流管、连接管、喷嘴、信号反馈装置、安全泄放装置、控制器、检漏装置、低泄高封阀、管路管件等部件构成。不同的系统其结构形式和组成部件也不完全相同。

（1）瓶组

瓶组按其所储存介质和功能的不同，可分为灭火剂瓶组、启动气体瓶组，一般由容器、容器阀、安全泄放装置、检漏装置和充装介质等组成，用于储存和控制灭火剂或启动气体的释放。

（2）容器

容器是用来储存灭火剂和启动气体的重要组件,分为钢质无缝容器和钢质焊接容器。

（3）容器阀

容器阀又称瓶头阀,安装在容器上,具有封存、释放、充装、监控压力、超压泄放等功能。容器阀按用途可分为灭火剂瓶组上容器阀和启动气体瓶组上容器阀两类。

（4）选择阀

选择阀是在组合分配系统中,用于控制灭火剂经管网释放到预定防护区或保护对象的阀门,选择阀和防护区一一对应。

（5）喷嘴

喷嘴也称喷头,是用于控制灭火剂的流速和喷射方向的组件,是气体灭火系统的一个关键部件。喷嘴可分为全淹没灭火方式用喷嘴和局部应用灭火方式用喷嘴。

（6）单向阀

单向阀按安装在管路中的位置可分为灭火剂流通管路单向阀和启动气体控制管路单向阀。灭火剂流通管路单向阀安装于连接管与集流管之间,防止灭火剂从集流管向灭火剂瓶组反流。启动气体控制管路单向阀安装于启动气体管路上,用来控制启动气体流动方向,启动特定的阀门。

（7）集流管

集流管是将多个灭火剂瓶组的灭火剂汇集在一起,再分配到各防护区的汇流管路。

（8）连接管

连接管是用于容器阀与集流管之间的连接管路,按材料分为高压不锈钢连接管和高压橡胶连接管。

（9）安全泄放装置

安全泄放装置装于瓶组和集流管上,以防止瓶组和灭火剂管道非正常受压时爆裂。瓶组上的安全泄放装置可装在容器上或容器阀上。安全泄放装置可分为灭火剂瓶组安全泄放装置、启动气体瓶组安全泄放装置和集流管安全泄放装置。

（10）驱动装置

驱动装置用于驱动容器阀、选择阀使其动作。它可分为气动型驱动器、引爆型驱动器、电磁型驱动装置、机械型驱动器和燃气型驱动器等类型。

（11）检漏装置

检漏装置用于监测瓶组内介质的压力或质量损失。一般包括压力显示器、称重装置和液位测量装置等。

（12）信号反馈装置

信号反馈装置也称压力信号器,是安装在灭火剂释放管路或选择阀上,将灭火剂释放的压力或流量信号转换为电信号,并反馈到控制中心的装置。常见的是把压力信号转换为电信号的信号反馈装置,一般也称为压力开关。

（13）低泄高封阀

低泄高封阀是为了防止系统因启动气体泄漏的累积引起系统的误动作而在管路中设置的阀门。安装在系统启动管路上,正常情况下处于开启状态,只有进口压力达到设定压力时才关闭,其主要作用是排除由于气源泄漏积聚在启动管路内的气体,以防止系统误启动。

4.1.2 系统设计基本参数和典型系统设计

1)系统设计基本参数

（1）防护区

防护区是满足全淹没灭火系统要求的有限封闭空间。

①防护区划分应符合下列规定：

a. 防护区宜以单个封闭空间划分；同一区间的吊顶层和地板下需同时保护时，可合为一个防护区；

b. 采用管网灭火系统时，一个防护区的面积不宜大于 $800\ m^2$，且容积不宜大于 $3\ 600\ m^3$；

c. 采用预制灭火系统时，一个防护区的面积不宜大于 $500\ m^2$，且容积不宜大于 $1\ 600\ m^3$。

②防护区围护结构及门窗的耐火极限均不宜低于 $0.5\ h$；吊顶的耐火极限不宜低于 $0.25\ h$；防护区围护结构承受内压的允许压强，不宜低于 $1\ 200\ Pa$。

③两个或两个以上的防护区采用组合分配系统时，一个组合分配系统所保护的防护区不应超过 8 个。

④一个防护区设置的预制灭火系统，其装置数量不宜超过 10 台；同一防护区内的预制灭火系统装置多于 1 台时，必须能同时启动，其动作响应时差不得大于 2 s。

⑤同一防护区，当设计两套或三套管网时，集流管可分别设置，系统启动装置必须共用。各管网上喷头流量均应按同一灭火设计浓度、同一喷放时间进行设计。同一集流管上的储存容器，其规格、充压压力和充装量应相同。

⑥泄压口是指灭火剂喷放时，防止防护区内压超过允许压强，泄放压力的开口。

a. 防护区应设置泄压口，对于灭火剂相对密度大于空气的七氟丙烷等灭火系统的泄压口应位于防护区净高的 2/3 以上，以减少灭火剂从泄压口流失；

b. 防护区设置的泄压口，宜设在外墙上；

c. 泄压口面积应经计算确定；

d. 喷放灭火剂前，防护区内除泄压口外的开口应能自行关闭。

⑦灭火系统的设计温度，应采用 20 ℃；防护区的最低环境温度不应低于−10 ℃。

（2）气体灭火剂的设计浓度

气体灭火剂的设计浓度按照防护区有无爆炸危险火灾分为惰化设计浓度和灭火设计浓度两种类别。

①惰化浓度是在有火源引入时，在 101 kPa 大气压和规定的温度条件下，能抑制空气中任意浓度的可燃气体或可燃液体蒸气的燃烧发生所需的气体灭火剂在空气中的最小体积百分比；有爆炸危险的气体、液体类火灾的防护区，应采用惰化设计浓度。

②灭火浓度是在 101 kPa 大气压和规定的温度条件下，扑灭某种火灾所需气体灭火剂在空气中的最小体积百分比；无爆炸危险的气体、液体类火灾和固体类火灾的防护区，应采用灭火设计浓度。

③惰化设计浓度和灭火设计浓度通常要高于相对应的惰化浓度和灭火浓度。

（3）灭火设计用量或惰化设计用量确定

系统采用灭火设计浓度时的灭火剂用量，称为灭火设计用量；采用惰化设计浓度时的灭火剂用量，称为惰化设计用量。

①采用气体灭火系统保护的防护区,其灭火设计用量或惰化设计用量,应根据防护区内可燃物相应的灭火设计浓度或惰化设计浓度经计算确定。

②几种可燃物共存或混合时,灭火设计浓度或惰化设计浓度,应按其中最大的灭火设计浓度或惰化设计浓度确定。

(4)灭火剂储存量及备用量

气体灭火系统一次灭火任务完成后,由于系统自身的驱动特点导致灭火剂储存容器内和系统管网内会因驱动压力不足而有一定的灭火剂剩余量,故灭火剂实际储存量应考虑这两个部位的灭火剂剩余量。

①气体灭火系统的灭火剂储存量,应为防护区的灭火设计用量、储存容器内的灭火剂剩余量和管网内的灭火剂剩余量之和。

②组合分配系统的灭火剂储存量,应按储存量最大的防护区确定。

③灭火系统的储存装置72 h内不能重新充装恢复工作的,应按系统原储存量的100%设置备用量。

(5)设计喷放时间和灭火浸渍时间

气体灭火系统灭火剂的设计喷放时间应满足不同可燃物灭火或惰化所需的灭火剂喷放强度要求。浸渍时间是指防护区内维持设计规定的灭火剂浓度,使火灾完全熄灭所需的时间。

2)典型系统设计

(1)七氟丙烷灭火系统

①七氟丙烷灭火系统的灭火设计浓度不应小于灭火浓度的1.3倍,惰化设计浓度不应小于惰化浓度的1.1倍。

②七氟丙烷灭火系统固体表面火灾的灭火浓度为5.8%,其他灭火浓度、惰化浓度可依据《气体灭火系统设计规范》(GB 50370—2005)的相关规定取值或经试验确定。

③七氟丙烷灭火系统灭火设计浓度应符合下列规定:

a.图书、档案、票据和文物资料库等防护区,灭火设计浓度宜采用10%;

b.油浸变压器室、带油开关的配电室和自备发电机房等防护区,灭火设计浓度宜采用9%;

c.通信机房和电子计算机房等防护区,灭火设计浓度宜采用8%。

④七氟丙烷灭火系统防护区实际应用的浓度不应大于灭火设计浓度的1.1倍。此规定的目的是限制随意增加灭火使用浓度,同时也为了保证应用时的人身安全和设备安全。

⑤在通信机房和电子计算机房等防护区,七氟丙烷灭火系统设计喷放时间不应大于8 s;在其他防护区,设计喷放时间不应大于10 s。

⑥七氟丙烷灭火系统灭火浸渍时间应符合下列规定:

a.木材、纸张、织物等固体表面火灾,宜采用20 min;

b.通信机房、电子计算机房内的电气设备火灾,应采用5 min;

c.其他固体表面火灾,宜采用10 min;

d.气体和液体火灾,不应小于1 min。

⑦其他事项应符合《气体灭火系统设计规范》(GB 50370—2005)的有关规定。

（2）IG541 混合气体灭火系统

①IG541 混合气体灭火系统的灭火设计浓度不应小于灭火浓度的 1.3 倍,惰化设计浓度不应小于惰化浓度的 1.1 倍。

②IG541 混合气体灭火系统固体表面火灾的灭火浓度为 28.1%,其他灭火浓度、惰化浓度可依据《气体灭火系统设计规范》(GB 50370—2005)的相关规定取值或经试验确定。

③当 IG541 混合气体灭火剂喷放至设计用量的 95% 时,其喷放时间不应大于 60 s,且不应小于 48 s。

④IG541 混合气体灭火系统灭火浸渍时间应符合下列规定:

a.木材、纸张、织物等固体表面火灾,宜采用 20 min;

b.通信机房、电子计算机房内的电气设备火灾,宜采用 10 min;

c.其他固体表面火灾,宜采用 10 min。

⑤其他事项应符合《气体灭火系统设计规范》(GB 50370—2005)的有关规定。

4.1.3　操作与控制

气体灭火系统由专用的气体灭火控制器控制。管网灭火系统应设自动控制、手动控制和机械应急操作三种启动方式。预制灭火系统应设自动控制和手动控制两种启动方式。对于平时有人的防护区采用自动控制启动方式时,根据人员安全撤离防护区的需要,应有不大于30 s的可控延迟喷射;对于平时无人的防护区可设置为无延迟的喷射。组合分配系统启动时,选择阀应在容器阀开启前或同时打开。

1）自动控制

（1）气体灭火控制器直接连接火灾探测器时的自动控制

①联动触发信号:应由同一防护区域内两只独立的火灾探测器的报警信号、一只火灾探测器与一只手动火灾报警按钮的报警信号或防护区外的紧急启动信号,作为系统的联动触发信号,探测器的组合宜采用感烟火灾探测器和感温火灾探测器。

②联动控制:气体灭火控制器在接收到满足联动逻辑关系的首个联动触发信号后,应启动设置在该防护区内的火灾声光警报器,且联动触发信号应为任一防护区域内设置的感烟火灾探测器、其他类型火灾探测器或手动火灾报警按钮的首次报警信号;在接收到第二个联动触发信号后,应发出联动控制信号,且联动触发信号应为同一防护区域内与首次报警的火灾探测器或手动火灾报警按钮相邻的感温火灾探测器、火焰探测器或手动火灾报警按钮的报警信号。

③联动控制信号应包括下列内容:

a.关闭防护区域的送(排)风机及送(排)风阀门;

b.停止通风和空气调节系统及关闭设置在该防护区域的电动防火阀;

c.联动控制防护区域开口封闭装置的启动,包括关闭防护区域的门、窗;

d.启动气体灭火装置,气体灭火控制器可设定不大于 30 s 的延迟喷射时间。

④平时无人工作的防护区,可设置为无延迟的喷射,应在接收到满足联动逻辑关系的首个联动触发信号后按前述③规定执行除启动气体灭火装置外的联动控制;在接收到第二个联动触发信号后,应启动气体灭火装置。

⑤防护区出口外火灾声光警报器启动:气体灭火防护区出口外上方应设置表示气体喷洒

的火灾声光警报器,指示气体释放的声信号应与该保护对象中设置的火灾声警报器的声信号有明显区别。启动气体灭火装置的同时,应启动设置在防护区入口处表示气体喷洒的火灾声光警报器。

(2)气体灭火控制器不直接连接火灾探测器时的自动控制

气体灭火系统的联动触发信号应由火灾报警控制器或消防联动控制器发出。气体灭火系统的联动触发信号和联动控制均应符合前述(1)的规定。

2)手动控制方式

气体灭火系统的手动控制方式应符合下列规定:

①在防护区疏散出口的门外应设置气体灭火装置的手动启动和停止按钮,手动启动按钮按下时,气体灭火控制器应执行符合前述1)中③和⑤规定的联动操作;在可控延迟时间内手动停止按钮按下时,气体灭火控制器应停止正在执行的联动操作。

②气体灭火控制器上应设置对应于不同防护区的手动启动和停止按钮,手动启动按钮按下时,气体灭火控制器应执行符合前述1)中③和⑤规定的联动操作;在可控延迟时间内手动停止按钮按下时,气体灭火控制器应停止正在执行的联动操作。

3)信号反馈

系统的联动反馈信号应包括下列内容:气体灭火控制器直接连接的火灾探测器的报警信号;选择阀的动作信号;压力开关的动作信号。

4)机械应急操作

在气体灭火控制器失效且经人工判断确认发生火灾时,应立即通知现场所有人员撤离并确认无人员滞留后,实施机械应急启动:首先手动关闭联动设备并切断电源,然后依次打开对应防护区选择阀、成组或逐个打开对应防护区灭火剂瓶组上的容器阀,即刻实施灭火。

📖 **任务测试**

一、单项选择题

1.有爆炸危险的气体、液体类火灾的防护区,应采用(   )。

A.灭火设计浓度   B.惰化设计浓度

C.设计喷放浓度   D.灭火浸渍浓度

2.灭火系统的储存装置_____内不能重新充装恢复工作的,应按系统原储存量的_____设置备用量。(   )

A.72 h 100%   B.48 h 100%   C.48 h 120%   D.72 h 120%

3.气体灭火系统的设计温度,应采用_____;气体灭火系统防护区的最低环境温度不应低于_____。(   )

A.20 ℃ –10 ℃   B.–10 ℃ 20 ℃   C.25 ℃ –15 ℃   D.–15 ℃ 25 ℃

4.下列关于气体灭火系统防护区划分的说法,不正确的是(   )。

A.防护区宜以单个封闭空间划分

B.同一区间的吊顶层和地板下需同时保护时,应分别划分防护区

C.采用管网灭火系统时,一个防护区的面积不宜大于 800 m²,且容积不宜大于 3 600 m³

D.采用预制灭火系统时,一个防护区的面积不宜大于 500 m²,且容积不宜大于 1 600 m³

5.防护区围护结构及门窗的耐火极限均不宜低于_____,吊顶的耐火极限不宜低于

_____。(   )

A.1.0 h 0.5 h   B.0.5 h 1.0 h   C.0.25 h 0.5 h   D.0.5 h 0.25 h

6.气体灭火系统防护区围护结构承受内压的允许压强,不宜低于(   )。

A.600 Pa   B.800 Pa   C.1 200 Pa   D.1 000 Pa

7.下列关于气体灭火系统启动的说法,正确的是(   )。

A.预制灭火系统应设自动控制、手动控制和机械应急操作三种启动方式

B.管网灭火系统应设自动控制和手动控制两种启动方式

C.气体灭火系统由专用的气体灭火控制器控制

D.以上说法均正确

8.组合分配气体灭火系统启动时,选择阀应在容器阀开启(   )打开。

A.前或同时   B.前   C.同时   D.后

9.IG541混合气体灭火系统的灭火设计浓度不应小于灭火浓度的_____,惰化设计浓度不应小于惰化浓度的_____。(   )

A.1.2 倍 1.1 倍   B.1.3 倍 1.1 倍   C.1.3 倍 1.2 倍   D.1.2 倍 1.3 倍

10.采用自动控制启动方式时,根据人员安全撤离防护区的需要,应有不大于(   )的可控延迟喷射。

A.30 s   B.40 s   C.50 s   D.60 s

二、多项选择题

1.下列关于气体灭火系统防护区的说法,正确的是(   )。

A.两个或两个以上的防护区采用组合分配系统时,一个组合分配系统所保护的防护区不应超过10 个

B.一个防护区设置的预制灭火系统,其装置数量不宜超过8 台

C.同一防护区内的预制灭火系统装置多于1 台时,必须能同时启动,其动作响应时差不得大于2 s

D.同一防护区,当设计两套或三套管网时,集流管可分别设置,系统启动装置必须共用

E.同一集流管上的储存容器,其规格、充压压力和充装量应相同

2.气体灭火系统适用于扑救下列(   )火灾。

A.电气火灾   B.固体表面火灾

C.液体火灾   D.氢化钾、氢化钠等金属氢化物火灾

E.可燃固体物质的深位火灾

3.下列关于气体灭火系统防护区泄压口的说法,正确的是(   )。

A.防护区应设置泄压口

B.防护区设置的泄压口,宜设在防火墙上

C.喷放灭火剂前,防护区内除泄压口外的开口应能自行关闭

D.泄压口面积应经计算确定

E.七氟丙烷灭火系统的泄压口应位于防护区层高的2/3 以上

4.气体灭火控制器在接收到第二个联动触发信号后,应发出联动控制信号。联动控制信号应包括下列内容(   )。

A.关闭防护区域的送(排)风机及送(排)风阀门

B. 停止通风和空气调节系统

C. 联动控制防护区域开口封闭装置的启动,包括关闭防护区域的门、窗

D. 启动气体灭火装置,对于平时有人工作的防护区气体灭火控制器可设定不大于 30 s 的延迟喷射时间

E. 关闭设置在该防护区域的电动防火阀

5. 下列关于七氟丙烷气体灭火系统灭火浸渍时间的说法,符合规定的是(　　)。

A. 木材、纸张、织物等固体深位火灾,宜采用 20 min

B. 通信机房、电子计算机房内的电气设备火灾,应采用 5 min

C. 其他固体表面火灾,宜采用 10 min

D. 气体火灾,不应小于 1 min

E. 液体火灾,不应小于 1 min

任务 4.2　气体灭火系统的安装

4.2.1　进场检验

1)管材、管道连接件

(1)质量证明文件

管材、管道连接件的品种、规格、性能等应符合相应产品标准和设计要求。

检查数量:全数检查。

检查方法:核查出厂合格证与质量检验报告。

(2)外观质量

管材、管道连接件的外观质量除应符合设计规定外,尚应符合下列规定:

①镀锌层不得有脱落、破损等缺陷。

②螺纹连接管道连接件不得有缺纹、断纹等现象。

③法兰盘密封面不得有缺损、裂痕。

④密封垫片应完好无划痕。

检查数量:全数检查。

检查方法:观察检查。

2)系统组件

系统组件包括灭火剂储存容器及容器阀、单向阀、连接管、集流管、安全泄放装置、选择阀、阀驱动装置、喷嘴、信号反馈装置、检漏装置、减压装置等。

(1)系统组件外观质量

系统组件的外观质量应符合下列规定:

①系统组件无碰撞变形及其他机械性损伤。

②组件外露非机械加工表面保护涂层完好。

③组件所有外露接口均设有防护堵、盖,且封闭良好,接口螺纹和法兰密封面无损伤。

④铭牌清晰、牢固、方向正确。

⑤同一规格的灭火剂储存容器,其高度差不宜超过 20 mm。

⑥同一规格的驱动气体储存容器,其高度差不宜超过 10 mm。

检查数量:全数检查。

检查方法:观察检查或用尺测量。

(2)核查有效证明文件

通过核查有效证明文件,确保系统组件还应符合下列规定:

①品种、规格、性能等应符合国家现行产品标准和设计要求。

检查数量:全数检查。

检查方法:核查产品出厂合格证和符合市场准入制度要求的法定检测机构出具的有效证明文件。

②设计有复验要求或对质量有疑义时,应抽样复验,复验结果应符合国家现行产品标准和设计要求。

检查数量:按送检需要量。

检查方法:核查复验报告。

(3)灭火剂储存容器充装

灭火剂储存容器内的充装量、充装压力及充装系数、装量系数,应符合下列规定:

①灭火剂储存容器的充装量、充装压力应符合设计要求,充装系数或装量系数应符合设计规范规定。

②不同温度下灭火剂的储存压力应按相应标准确定。

检查数量:全数检查。

检查方法:称重、液位计或压力计测量。

(4)阀驱动装置

阀驱动装置包括电磁驱动、气动驱动和机械驱动等形式,应符合下列规定:

①电磁驱动器的电源电压应符合系统设计要求。通电检查电磁铁芯,其行程应能满足系统启动要求,且动作灵活,无卡阻现象。

②气动驱动装置储存容器内气体压力不应低于设计压力,且不得超过设计压力的 5%,气体驱动管道上的单向阀应启闭灵活,无卡阻现象。

③机械驱动装置应传动灵活,无卡阻现象。

检查数量:全数检查。

检查方法:观察检查和用压力计测量。

3)不合格判定与记录填写

(1)不合格判定

进场检验抽样检查有 1 处不合格时,应加倍抽样;加倍抽样仍有 1 处不合格,判定该批为不合格。

(2)记录填写

进场检验应按《气体灭火系统施工及验收规范》(GB 50263—2007)的相关规定实施,并填写施工过程检查记录。

4.2.2　系统安装

1）灭火剂储存装置的安装

灭火剂储存装置的安装位置应符合设计文件,并应符合以下规定:

①灭火剂储存装置安装后,泄压装置的泄压方向不应朝向操作面。

②储存装置上压力计、液位计、称重显示装置的安装位置应便于人员观察和操作。

③储存容器的支、框架应固定牢靠,并应做防腐处理。

④储存容器宜涂红色油漆,正面应标明设计规定的灭火剂名称和储存容器的编号。

⑤安装集流管前应检查内腔,确保清洁。

⑥集流管上的泄压装置的泄压方向不应朝向操作面。

⑦连接储存容器与集流管间的单向阀的流向指示箭头应指向介质流动方向。

⑧集流管应固定在支架、框架上。支、框架应固定牢靠,并做防腐处理。

⑨集流管外表面宜涂红色油漆。

检查数量:全数检查。

检查方法:观察检查。

2）选择阀及信号反馈装置的安装

（1）选择阀

①选择阀操作手柄应安装在操作面一侧,当安装高度超过1.7 m时应采取便于操作的措施。

②采用螺纹连接的选择阀,其与管网连接处宜采用活接头。

③选择阀的流向指示箭头应指向介质流动方向。

④选择阀上应设置标明防护区域或保护对象名称或编号的永久性标志牌,并应便于观察。

检查数量:全数检查。

检查方法:观察检查。

（2）信号反馈装置

信号反馈装置的安装应符合设计要求。

检查数量:全数检查。

检查方法:观察检查。

3）灭火剂输送管道的安装

灭火剂输送管道安装,通常采用螺纹连接、法兰连接和焊接等连接方式。

（1）管道连接

灭火剂输送管道连接应符合下列规定:

①采用螺纹连接时,管材宜采用机械切割;螺纹不得有缺纹、断纹等现象;螺纹连接的密封材料应均匀附着在管道的螺纹部分,拧紧螺纹时,不得将填料挤入管道内;安装后的螺纹根部应有2~3条外露螺纹;连接后,应将连接处外部清理干净并做好防腐处理。

②采用法兰连接时,衬垫不得凸入管内,其外边缘宜接近螺栓,不得放双垫或偏垫。连接法兰的螺栓,直径和长度应符合标准,拧紧后,凸出螺母的长度不应大于螺杆直径的1/2且保证有不少于2条外露螺纹。

③已经防腐处理的无缝钢管不宜采用焊接连接,与选择阀等个别连接部位需采用法兰焊接连接时,应对被焊接损坏的防腐层进行二次防腐处理。

检查数量:外观全数检查,隐蔽处抽查。

检查方法:观察检查。

(2)安装套管

①管道穿过墙壁、楼板处应安装套管。

②套管公称直径比管道公称直径至少应大2级,穿墙套管长度应与墙厚相等,穿楼板套管长度应高出地板50 mm。

③管道与套管间的空隙应采用防火封堵材料填塞密实。

④当管道穿越建筑物的变形缝时,应设置柔性管段。

检查数量:全数检查。

检查方法:观察检查和用尺测量。

(3)管道支、吊架的安装

管道支、吊架的安装应符合下列规定:

①管道应固定牢靠,管道支、吊架应满足最大间距安装规定。

②在管道适当位置采用防晃支架固定。

检查数量:全数检查。

检查方法:观察检查和用尺测量。

(4)强度试验

灭火剂输送管道安装完毕后,应进行强度试验,并合格。

检查数量:全数检查。

检查方法:进行水压强度试验时,以不大于0.5 MPa/s的升压速率缓慢升压至试验压力,保压5 min,检查管道各处无渗漏,无变形为合格。

当水压强度试验条件不具备时,可采用气压强度试验代替。气压强度试验应遵守下列规定:试验前,必须用加压介质进行预试验,预试验压力宜为0.2 MPa。试验时,应逐步缓慢增加压力,当压力升至试验压力的50%时,如未发现异状或泄漏,继续按试验压力的10%逐级升压,每级稳压3 min,直至试验压力。保压检查管道各处无变形,无泄漏为合格。

试验压力依据《气体灭火系统施工及验收规范》(GB 50263—2007)的相关规定执行。

(5)气压严密性试验

灭火剂输送管道安装完毕后,应进行气压严密性试验,并合格。

检查数量:全数检查。

检查方法:灭火剂输送管道经水压强度试验合格后还应进行气密性试验,经气压强度试验合格且在试验后未拆卸过的管道可不进行气密性试验。灭火剂输送管道在水压强度试验合格后,或气密性试验前,应进行吹扫。吹扫管道可采用压缩空气或氮气,吹扫时,管道末端的气体流速不应小于20 m/s,采用白布检查,直至无铁锈、尘土、水渍及其他异物出现。

进行气密性试验时,应以不大于0.5 MPa/s的升压速率缓慢升压至试验压力,关断试验气源3 min内压力降不超过试验压力的10%为合格。气压强度试验和气密性试验必须采取有效的安全措施。加压介质可采用空气或氮气。

试验压力依据《气体灭火系统施工及验收规范》(GB 50263—2007)的相关规定执行。

（6）管道色环规定

①灭火剂输送管道的外表面宜涂红色油漆，以区别于其他管道。

②在吊顶内、活动地板下等隐蔽场所内的管道，可涂红色油漆色环，色环宽度不应小于50 mm。每个防护区或保护对象的色环宽度应一致，间距应均匀。

检查数量：全数检查。

检查方法：观察检查。

4）喷嘴及控制组件的安装

（1）喷嘴

①安装喷嘴时，应按设计要求逐个核对其型号、规格及喷孔方向。

②安装在吊顶下的不带装饰罩的喷嘴，其连接管管端螺纹不应露出吊顶。

③安装在吊顶下的带装饰罩的喷嘴，其装饰罩应紧贴吊顶。

检查数量：全数检查。

检查方法：观察检查。

（2）控制组件

①设置在防护区处的手动、自动转换开关应安装在防护区入口便于操作的部位，安装高度为中心点距地（楼）面1.5 m。

②手动启动、停止按钮应安装在防护区入口便于操作的部位，安装高度为中心点距地（楼）面1.5 m；防护区的声光报警装置安装应符合设计要求，并应安装牢固，不得倾斜。

③气体喷放指示灯宜安装在防护区入口的正上方。

检查数量：全数检查。

检查方法：观察检查。

5）记录填写

（1）施工过程检查记录

气体灭火系统的安装应按《气体灭火系统施工及验收规范》（GB 50263—2007）的规定填写施工过程检查记录。

（2）隐蔽工程验收记录

防护区地板下、吊顶上或其他隐蔽区域内管网应按规定填写隐蔽工程验收记录。

📖 任务测试

一、单项选择题

1.气体灭火系统同一规格的灭火剂储存容器，其高度差不宜超过（　　　）。

A. 20 mm　　　　　　B. 30 mm　　　　　　C. 40 mm　　　　　　D. 50 mm

2.气体灭火系统同一规格的驱动气体储存容器，其高度差不宜超过（　　　）。

A. 20 mm　　　　　　B. 30 mm　　　　　　C. 40 mm　　　　　　D. 10 mm

3.气体灭火系统进场检验由（　　　）检查记录，并由施工单位项目负责人、监理工程师签章。

A. 施工单位　　　　　　　　　　　　B. 监理单位

C. 设计单位　　　　　　　　　　　　D. 施工单位及监理单位分别

4.对气体灭火系统灭火剂储存容器充装开展进场检验时，下列指标不属于进场检验项目的是( )。

　　A. 充装量　　　　　B. 充装压力　　　　C. 充装系数　　　　D. 充装方式

　　5. 气体灭火系统气动驱动装置储存容器内气体压力不应低于设计压力,且不得超过设计压力的( ),气体驱动管道上的单向阀应启闭灵活,无卡阻现象。

　　A.10%　　　　　　B.3%　　　　　　C.5%　　　　　　D.8%

　　6. 气体灭火系统选择阀操作手柄应安装在操作面一侧,当安装高度超过( )时应采取便于操作的措施。

　　A.2.2 m　　　　　B.1.7 m　　　　　C.1.8 m　　　　　D.2.0 m

　　7. 气体灭火系统灭火剂输送管道穿过墙壁、楼板处应安装套管。套管公称直径比管道公称直径至少应大_____,穿墙套管长度应与墙厚相等,穿楼板套管长度应高出地板_____。( )

　　A.1 级　50 mm　　B.2 级　50 mm　　C.1 级　30 mm　　D.2 级　30 mm

　　8. 气体灭火系统气体喷放指示灯宜安装在( )。

　　A. 防护区入口的正上方　　　　　　　　B. 防护区出口的正上方

　　C. 防护区入口贴邻疏散标志灯处　　　　D. 防护区出口贴邻疏散标志灯处

　　9. 气体灭火系统手动启动、停止按钮应安装在防护区入口便于操作的部位,安装高度为中心点距地(楼)面( )。

　　A.1.5 m　　　　　B.1.6 m　　　　　C.1.8 m　　　　　D.2.2 m

　　10. 气体灭火系统灭火剂输送管道安装完毕后,应进行( ),并合格。

　　A. 强度试验和水压严密性试验　　　　　B. 流量试验和水压严密性试验

　　C. 强度试验和气压严密性试验　　　　　D. 流量试验和气压严密性试验

二、多项选择题

　　1. 气体灭火系统管材、管道连接件的( )等应符合相应产品标准和设计要求。

　　A. 数量　　　　　B. 品种　　　　　C. 规格　　　　　D. 性能

　　E. 强度

　　2. 下列关于气体灭火系统进场检验的表述,正确的是( )。

　　A. 进场检验抽样检查有 1 处不合格时,应放弃使用不合格样品

　　B. 进场检验由施工单位及监理单位分别检查记录,并由施工单位项目负责人、监理工程师签章

　　C. 进场检验应填写施工过程检查记录

　　D. 进场检验抽样检查有 2 处不合格时,应加倍抽样

　　E. 加倍抽样仍有 1 处不合格,判定该批为不合格

　　3. 气体灭火系统管材、管道连接件的外观质量进场检验,应符合下列( )规定。

　　A. 镀锌层轻微脱落、破损等缺陷率不得高于 20%

　　B. 单批次螺纹连接管道连接件缺纹、断纹等现象不得超过 3 处

　　C. 法兰盘密封面不得有缺损、裂痕

　　D. 密封垫片应完好无划痕

　　E. 应符合设计规定

　　4. 下列关于气体灭火系统进场检验抽样复验的说法,正确的是( )。

A.对设计有复验要求的灭火剂、管材及管道连接件,应抽样复验

B.对质量有疑义的灭火剂、管材及管道连接件,应抽样复验,其复验结果应符合国家现行产品标准和设计要求

C.复验结果应符合国家现行产品标准和设计要求

D.检查数量:按送检需要量

E.检查方法:核查复验报告

5.对气体灭火系统灭火剂储存容器充装开展进场检验,采取的检查方法包括(　　)。

A.称重　　　　　　B.体积测量　　　　　C.液位计测量　　　　D 压力计测量

E.密度测量

任务4.3　气体灭火系统的调试

4.3.1　一般规定

1)调试时间节点

气体灭火系统的调试应在系统安装完毕,并宜在相关的火灾报警系统和开口自动关闭装置、通风机械和防火阀等联动设备的调试完成后进行。

2)调试准备及调试项目

(1)调试准备

①气体灭火系统调试前应具备完整的技术资料。

②调试前应检查系统组件和材料的型号、规格、数量以及系统安装质量,并应及时处理所发现的问题。

③进行调试试验时,应采取可靠措施,确保人员和财产安全。

(2)调试项目

调试项目包括模拟启动试验、模拟喷气试验和模拟切换操作试验。

3)系统恢复

调试完成后应将系统各部件及联动设备恢复到正常状态。

4.3.2　调试

1)手动、自动模拟启动

(1)调试对象

调试时,应对所有防护区或保护对象进行系统手动、自动模拟启动试验,并应合格。

(2)手动模拟启动试验

手动模拟启动试验按下述方法进行:

①按下手动启动按钮,观察相关动作信号及联动设备动作是否正常(如发出声、光报警,启动输出的负载响应,关闭通风空调、防火阀等)。

②人工使压力信号反馈装置动作,观察相关防护区门外的气体喷放指示灯是否正常。

（3）自动模拟启动试验

自动模拟启动试验按下述方法进行：

①将灭火控制器的启动输出端与灭火系统相应防护区驱动装置连接。驱动装置应与阀门的动作机构脱离。也可以用一个启动电压、电流与驱动装置的启动电压、电流相同的负载代替。

②人工模拟火警使防护区内任意一个火灾探测器动作，观察单一火警信号输出后，相关报警设备动作是否正常（如警铃、蜂鸣器发出报警声等）。

③人工模拟火警使该防护区内另一个火灾探测器动作，观察复合火警信号输出后，相关动作信号及联动设备动作是否正常（如发出声、光报警，启动输出端的负载，关闭通风空调、防火阀等）。

（4）模拟启动试验结果

模拟启动试验结果应符合下列规定：

①延迟时间与设定时间相符，响应时间满足要求。

②有关声、光报警信号正确。

③联动设备动作正确。

④驱动装置动作可靠。

2）模拟喷气试验

（1）调试对象

调试时，应对所有防护区或保护对象进行模拟喷气试验，并应合格。

（2）模拟喷气试验条件

模拟喷气试验的条件应符合下列规定：

①IG541 混合气体灭火系统及高压二氧化碳灭火系统应采用其充装的灭火剂进行模拟喷气试验。试验采用的储存容器数应为选定试验的防护区或保护对象设计用量所需容器总数的 5%，且不得少于 1 个。

②低压二氧化碳灭火系统应采用二氧化碳灭火剂进行模拟喷气试验。

试验应选定输送管道最长的防护区或保护对象进行，喷放量不应小于设计用量的 10%。

③卤代烷灭火系统模拟喷气试验不应采用卤代烷灭火剂，宜采用氮气，也可采用压缩空气。氮气或压缩空气储存容器与被试验的防护区或保护对象用的灭火剂储存容器的结构、型号、规格应相同，连接与控制方式应一致，氮气或压缩空气的充装压力按设计要求执行。氮气或压缩空气储存容器数不应少于灭火剂储存容器数的 20%，且不得少于 1 个。

④模拟喷气试验宜采用自动启动方式。

（3）模拟喷气试验结果

模拟喷气试验结果应符合下列规定：

①延迟时间与设定时间相符，响应时间满足要求。

②有关声、光报警信号正确。

③有关控制阀门工作正常。

④信号反馈装置动作后，气体防护区外的气体喷放指示灯应工作正常。

⑤储存容器间内的设备和对应防护区或保护对象的灭火剂输送管道无明显晃动和机械性损坏。

⑥试验气体能喷入被试防护区内或保护对象上,且应能从每个喷嘴喷出。

3)模拟切换操作试验

(1)模拟切换操作试验对象

设有灭火剂备用量且储存容器连接在同一集流管上的系统应进行模拟切换操作试验,并应合格。

(2)操作方法

①按使用说明书的操作方法,将系统使用状态从主用量灭火剂储存容器切换为备用量灭火剂储存容器的使用状态。

②进行模拟喷气试验。

③模拟喷气试验结果应符合规定。

📖 任务测试

一、单项选择题

1.气体灭火系统模拟喷气试验时,试验气体能喷入被试防护区内或保护对象上,且应能从(　　)喷出。

　　A.60%喷嘴　　　　　B.80%喷嘴　　　　　C.50%喷嘴　　　　　D.每个喷嘴

2.气体灭火系统调试时,应对(　　)防护区或保护对象进行系统手动、自动模拟启动试验,并应合格。

　　A.所有　　　　　　B.80%　　　　　　C.50%　　　　　　D.60%

3.IG541气体灭火系统模拟喷气试验时,试验采用的储存容器数应为选定试验的防护区或保护对象设计用量所需容器总数的(　　),且不得少于1个。

　　A.5%　　　　　　B.10%　　　　　　C.20%　　　　　　D.100%

4.低压二氧化碳灭火系统应采用(　　)进行模拟喷气试验。

　　A.空气　　　　　　B.氮气　　　　　　C.二氧化碳　　　　　D.压缩空气

5.低压二氧化碳灭火系统模拟喷气试验应选定输送管道_____的防护区或保护对象进行,喷放量不应小于设计用量的_____。(　　)

　　A.最短　10%　　　B.最长　10%　　　C.最长　20%　　　D.最短　20%

二、多项选择题

1.气体灭火系统调试前应按《气体灭火系统施工及验收规范》(GB 50263—2007)的相关规定检查系统组件和材料的(　　),并应及时处理所发现的问题。

　　A.数量　　　　　　B.型号　　　　　　C.规格　　　　　　D.性能

　　E.系统安装质量

2.气体灭火系统调试项目应包括(　　),并应按《气体灭火系统施工及验收规范》(GB 50263—2007)相关规定填写施工过程检查记录。

　　A.模拟切换操作试验　　　　　　　　B.模拟报警试验

　　C.模拟灭火试验　　　　　　　　　　D.模拟喷气试验

　　E.模拟启动试验

3.气体灭火系统模拟启动试验结果,应符合下列(　　)规定。

　　A.延迟时间与设定时间相符

　　B.有关声、光报警信号正确

C. 联动设备动作正确

D. 驱动装置动作可靠

E. 响应时间满足要求

4. 下列关于卤代烷灭火系统模拟喷气试验的说法,正确的是( )。

A. 卤代烷灭火系统模拟喷气试验不应采用卤代烷灭火剂,宜采用氮气

B. 试验气体储存容器与被试验的防护区或保护对象用的灭火剂储存容器的结构、型号、规格应相同,连接与控制方式应一致

C. 试验气体的充装压力按设计要求执行

D. 试验气体储存容器数不应少于灭火剂储存容器数的50%,且不得少于1个

E. 卤代烷灭火系统模拟喷气试验不应采用卤代烷灭火剂,可采用清洁空气

项目 5 防排烟系统

📖 项目概述

防排烟系统是防烟系统和排烟系统的总称，是建筑消防设施的重要组成部分。

当建筑物发生火灾时，疏散楼梯间是建筑物内部人员疏散的通道，同时，前室、合用前室是消防救援人员进行火灾扑救的起始场所，避难层（间）是建筑内用于人员暂时躲避火灾及其烟气危害的楼层（房间）。因此，在火灾时最首要的任务就是控制火灾烟气进入上述安全区域。防烟系统就是指通过采用自然通风方式，防止火灾烟气在楼梯间、前室、避难层（间）等空间内积聚，或通过采用机械加压送风方式阻止火灾烟气侵入楼梯间、前室、避难层（间）等空间的系统，防烟系统分为自然通风系统和机械加压送风系统。

排烟系统是指采用自然排烟或机械排烟的方式，将发生火灾的房间、走道等部位的火灾烟气排至建筑物室外的系统。自然排烟就是利用建筑内气体流动的特性，采用靠外墙上的可开启外窗或高侧窗、天窗、敞开阳台与凹廊或专用排烟口、竖井等将烟气排除。机械排烟是通过排烟风机抽吸，使排烟口附近压力下降，形成负压，进而将烟气通过排烟口、排烟管道、排烟风机等排至室外。

防排烟系统对于确保建筑物内人员的顺利疏散和安全避难，并为消防救援创造有利条件具有重要意义。

📖 知识目标

1. 了解防排烟系统的分类、组成及工作原理。

2. 熟悉防排烟系统的设计及系统组件的设置，熟悉防排烟系统安装与调试的一般规定。

3. 掌握防排烟系统联动控制要求。

📖 技能目标

1. 了解防排烟系统进场检验要求。

2. 熟悉风管安装、部件及风机安装规定。

3. 掌握系统单机调试、联动调试内容和要求。

任务 5.1　防排烟系统的设计

5.1.1　防排烟系统的分类、组成及工作原理

1) 防烟系统

防烟系统可分为自然通风系统和机械加压送风系统。

（1）自然通风系统

①自然通风是以热压和风压作用的、不消耗机械动力的、经济的通风方式；自然通风系统主要通过可开启外窗来实现防烟。

②自然通风的原理：如果室内外空气存在温度差或者窗户开口之间存在高度差，则会产生热压作用下的自然通风。当室外气流遇到建筑物时，会产生绕流流动，在气流的冲击下，将在建筑迎风面形成正压区，在建筑屋顶上部和建筑背风面形成负压区，这种建筑物表面所形成的空气静压变化即为风压。当建筑物受到热压、风压同时作用时，外围护结构上的各窗孔就会产生因内外压差引起的自然通风。

（2）机械加压送风系统

①机械加压送风系统主要由送风口（阀）、送风井（管）道、送风机等组成，如图 5.1 所示。

②机械加压送风系统的工作原理：机械加压送风系统通过送风机所产生的气体流动和压力差来控制烟气流动，在建筑内发生火灾时，对着火区以外的有关区域进行送风加压，使其保持一定正压，以防止烟气侵入。

2) 排烟系统

排烟系统可分为自然排烟系统和机械排烟系统。

（1）自然排烟系统

①自然排烟是简单、不消耗动力的排烟方式，系统无复杂的控制方法及控制过程，因此，对于满足自然排烟条件的建筑，首先应考虑采取自然排烟方式。自然排烟系统主要通过设置在房间顶部或外墙的自然排烟窗或开口实现排烟。

②自然排烟的原理：自然排烟是充分利用建筑物的构造，在自然力的作用下，即利用火灾产生的热烟气流的浮力和外部风力作用，通过建筑物房间或走廊的开口把烟气排至室外的排烟方式。这种排烟方式的实质是通过室内外空气对流进行排烟。在自然排烟中，必须有空气的进口和热烟气的排出口。一般采用可开启外窗以及专门设置的排烟口进行自然排烟。

（2）机械排烟系统

①机械排烟系统主要由排烟阀（口）、排烟防火阀、排烟管道、排烟风机等组成，如图 5.2 所示。

a.排烟阀是安装在机械排烟系统各支管端部（烟气吸入口）处，平时呈关闭状态并满足漏风量要求，发生火灾排烟时以手动或电动方式打开，起排烟作用的阀门。带有装饰口或进行过装饰处理的阀门称为排烟口。排烟阀一般由阀体、叶片、执行机构等部件组成。

b.排烟防火阀是安装在机械排烟系统的管道上，平时呈开启状态，火灾时当排烟管道内烟气温度达到 280 ℃时关闭，并在一定时间内能满足漏烟量和耐火完整性要求，起隔烟阻火

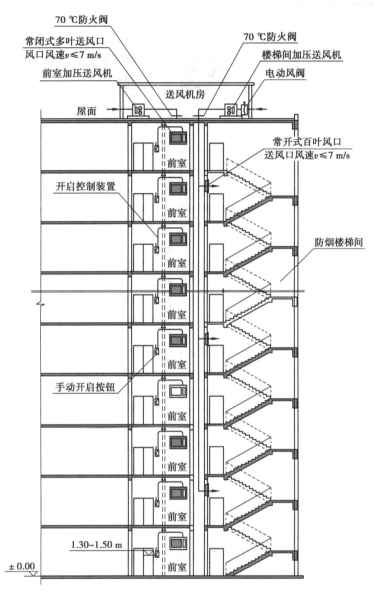

图5.1 机械加压送风系统示意图

作用的阀门。排烟防火阀一般由阀体、叶片、执行机构和温感器等部件组成。

c.排烟风机是排烟系统的核心部件,排烟风机排出的是高温烟气,除具有一般风机的性能外,还需要具有耐高温性能。

②机械排烟系统的工作原理:当建筑物内发生火灾时,通常由现场人员手动控制或由火灾探测器将火灾信号传递给火灾报警控制器,开启活动的挡烟垂壁将烟气控制在发生火灾的防烟分区内,并打开排烟口,同时关闭空调系统和送风管道内的相关阀门,防止烟气从空调和通风系统蔓延到其他非着火房间,最后由排烟风机将烟气通过排烟管道排至室外。

(3)补风系统

根据空气流动的原理,在排出某一区域空气的同时,需要有另一部分空气补充。当排烟系统排烟时,补风的主要目的是形成理想的气流组织,迅速排除烟气,有利于人员的安全疏散

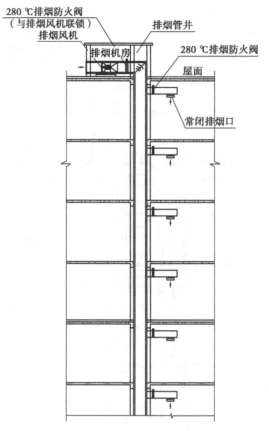

图5.2　机械排烟系统示意图

和消防救援。

　　补风系统应直接从室外引入空气,可采用疏散外门、手动或自动可开启外窗等自然进风方式,也可采用机械补风方式。机械补风系统主要由补风口、补风管道和补风机组成,发生火灾时,和机械排烟系统联动启动,通过风机向室内补充新鲜空气。

5.1.2　防排烟系统的设计及系统组件的设置

1)防烟系统

（1）防烟方式的选择

　　建筑防烟系统应根据建筑高度、使用性质等因素,采用自然通风系统或机械加压送风系统。

　　①建筑高度小于或等于 50 m 的公共建筑、工业建筑和建筑高度小于或等于 100 m 的住宅建筑,其防烟楼梯间、独立前室、共用前室、合用前室（除共用前室与消防电梯前室合用外）及消防电梯前室应采用自然通风系统。当不能设置自然通风系统时,应采用机械加压送风系统。

　　②对于建筑高度小于或等于 50 m 的公共建筑、工业建筑和建筑高度小于或等于 100 m 的住宅建筑,当采用全敞开的凹廊、阳台作为防烟楼梯间的前室、合用前室及消防电梯前室,或者防烟楼梯间独立前室、合用前室及消防电梯前室具有两个不同朝向的可开启外窗且可开启窗面积符合规定时,可以认为前室或合用前室自然通风,能及时排出从房间、走道侵入前室

或合用前室的烟气,并可防止烟气进入防烟楼梯间,此时,楼梯间可不设置防烟系统。

③建筑高度小于或等于 50 m 的公共建筑、工业建筑和建筑高度小于或等于 100 m 的住宅建筑,当独立前室、共用前室或合用前室采用机械加压送风系统,且其加压送风口设置在前室的顶部或正对前室入口的墙面上时,楼梯间可采用自然通风方式。当前室的加压送风口的设置不符合上述规定时,防烟楼梯间应采用机械加压送风系统。将前室的机械加压送风口设置在前室的顶部,其目的是形成有效阻隔烟气的风幕,而将送风口设在正对前室入口的墙面上,是为了达到正面阻挡烟气侵入前室的效果。

④带裙房的高层建筑的防烟楼梯间及其前室、消防电梯前室或合用前室,当裙房高度以上部分利用可开启外窗进行自然通风、裙房高度范围内不具备自然通风条件时,该高层建筑不具备自然通风条件的独立前室、共用前室或合用前室应设置机械加压送风系统,其送风口也应设置在前室的顶部或正对前室入口的墙面上。

⑤建筑高度大于 50 m 的公共建筑、工业建筑和建筑高度大于 100 m 的住宅建筑其防烟楼梯间、独立前室、共用前室、合用前室及消防电梯前室应采用机械加压送风方式的防烟系统。

⑥当防烟楼梯间采用机械加压送风方式的防烟系统时,楼梯间应设置机械加压送风设施。当独立前室仅有一个门和走道或房间相通时,独立前室可不设机械加压送风设施。防烟楼梯间与合用前室的机械加压送风系统应分别独立设置。

⑦不能满足自然通风条件的封闭楼梯间和防烟楼梯间,应设置机械加压送风系统。

⑧避难层的防烟系统可根据建筑构造、设备布置等因素选择自然通风系统或机械加压送风系统。

(2)自然通风系统及其组件的设置

自然通风系统及其组件的设置应符合以下规定:

①采用自然通风方式的封闭楼梯间、防烟楼梯间,应在最高部位设置面积不小于 1.0 m² 的可开启外窗或开口;当建筑高度大于 10 m 时,尚应在楼梯间的外墙上每 5 层内设置总面积不小于 2.0 m² 的可开启外窗或开口,且布置间隔不大于 3 层。一旦有烟气进入上述楼梯间如不能及时排出,将会给上部人员疏散和消防救援带来很大的危险,在顶层楼梯间设置一定面积的可开启外窗可防止烟气的积聚,以保证楼梯间有较好的疏散和救援条件。

②前室采用自然通风方式时,独立前室、消防电梯前室可开启外窗或开口的面积不应小于 2.0 m²,共用前室、合用前室不应小于 3.0 m²。

③采用自然通风方式的避难层(间)应设有不同朝向的可开启外窗,其有效面积不应小于该避难层(间)地面面积的 2%,且每个朝向的面积不应小于 2.0 m²。

④可开启外窗应方便直接开启,设置在高处不便于直接开启的可开启外窗应在距地面高度为 1.3~1.5 m 的位置设置手动开启装置。

(3)机械加压送风系统及其组件的设置

①机械加压送风系统的设置应符合以下规定:

a. 建筑高度大于 100 m 的建筑,其机械加压送风系统应竖向分段独立设置,且每段高度不应超过 100 m。建筑高度超过 100 m 的建筑,其加压送风的防烟系统对人员疏散至关重要,如果不分段可能造成局部压力过高,给人员疏散造成障碍;或局部压力过低,不能起到防烟作用,因此要求对系统分段设置,并独立设置送风口(阀)、送风井(管)道、送风机等。

b. 建筑高度小于或等于 50 m 的建筑,当楼梯间设置加压送风井(管)道确有困难时,楼梯间可采用直灌式加压送风系统。直灌式送风是采用安装在建筑顶部或底部的风机,不通过风道(管),直接向楼梯间送风的一种防烟形式。建筑高度大于32 m的高层建筑采用直灌式加压送风系统时,应采用楼梯间两点部位送风的方式,送风口之间距离不宜小于建筑高度的1/2。采用楼梯间两点送风的方式是为了有利于压力均衡。直灌式送风加压送风口不宜设在影响人员疏散的位置。

c.当地下室、半地下室楼梯间与地上部分楼梯间均需设置机械加压送风系统时,应分别独立设置。当受建筑条件限制且地下部分为汽车库或设备用房时,地下部分可与地上部分的楼梯间共用机械加压送风系统,但应分别计算地上、地下的加压送风量,相加后作为共用加压送风系统风量,且应采取有效措施以满足地上、地下的送风量的要求。

②机械加压送风风机宜采用轴流风机或中、低压离心风机。加压送风机的进风必须是室外不受火灾和烟气污染的空气,风机的设置应符合下列规定:

a.送风机的进风口应直通室外,且应采取防止烟气被吸入的措施。

b.送风机的进风口宜设在机械加压送风系统的下部。

c.送风机的进风口与排烟风机的出风口不应设在同一面上,如图5.3所示。当确有困难时,送风机的进风口与排烟风机的出风口应分开布置,且竖向布置时,送风机的进风口应设置在排烟出口的下方,其两者边缘最小垂直距离不应小于6.0 m,如图5.4所示;水平布置时,两者边缘最小水平距离不应小于20.0 m,如图5.5所示。

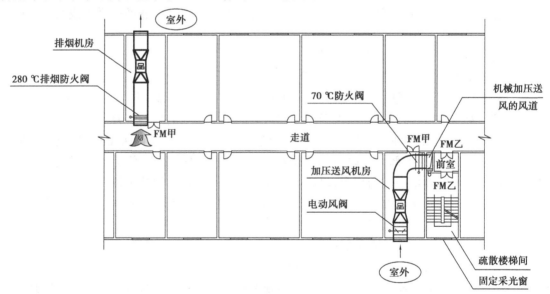

图5.3 送风机的进风口与排烟风机的出风口不应设在同一面上示意图

d.送风机宜设置在系统的下部,且应采取保证各层送风量均匀性的措施。

e.送风机应设置在专用机房内,可保证加压送风机不因受风、雨、异物等侵蚀损坏,在火灾时能可靠运行。

③采用机械加压送风的场所不应设置百叶窗,不宜设置可开启外窗。加压送风口分常开和常闭两种形式,加压送风口的设置应符合下列规定:

a.除直灌式加压送风方式外,楼梯间宜每隔2~3层设一个常开式百叶送风口,通过多点送风保持楼梯间的全高度内风压风量的均衡一致。

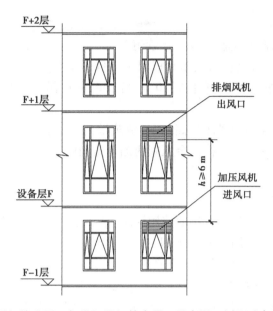

图 5.4 送风机的进风口与排烟风机的出风口设在同一侧面垂直布置示意图

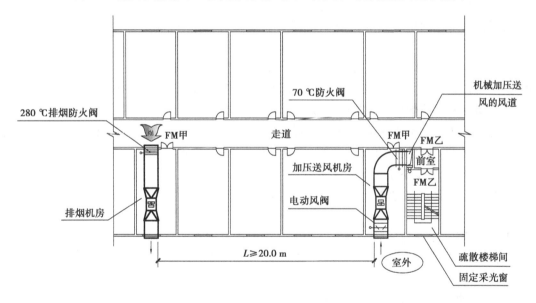

图 5.5 送风机的进风口与排烟风机的出风口设在同一侧面水平布置示意图

b. 前室应每层设一个常闭式加压送风口,并应设手动开启装置。

c. 送风口的风速不宜大于 7 m/s。

d. 送风口不宜设置在被门挡住的部位。

④机械加压送风系统的管道井应采用耐火极限不低于 1.00 h 的隔墙与相邻部位分隔,当墙上必须设置检修门时应采用乙级防火门,并应符合下列规定:

a. 机械加压送风系统应采用管道送风,且不应采用土建风道。土建风道多由混凝土制作,风量延程损耗较大易导致机械防烟系统失效。

b. 送风管道应采用不燃材料制作且内壁应光滑。

c. 当送风管道内壁为金属时,设计风速不应大于 20 m/s;当送风管道内壁为非金属时,设计风速不应大于 15 m/s。

d. 竖向设置的送风管道应独立设置在管道井内,当确有困难时,未设置在管道井内或与其他管道合用管道井的送风管道,其耐火极限不应低于 1.00 h。水平设置的送风管道,当设置在吊顶内时,其耐火极限不应低于 0.50 h;当未设置在吊顶内时,其耐火极限不应低于 1.00 h。

⑤为防止因加压送风出现风压过高,而导致疏散门难以推开,应在防烟楼梯间与前室之间、前室与走道之间设置余压阀,控制余压阀两侧正压间的压力差不超过设计值。

2)排烟系统

(1)排烟方式的选择

建筑排烟系统的设计应根据建筑的使用性质、平面布局等因素,优先采用自然排烟系统。

①同一个防烟分区应采用同一种排烟方式。在同一个防烟分区内不应同时采用自然排烟方式和机械排烟方式,主要是考虑到两种方式相互之间对气流的干扰,影响排烟效果;尤其是在排烟时,自然排烟口还可能会在机械排烟系统动作后变成进风口,使其失去排烟作用。

②不具备自然排烟条件的房间、走道及中庭等,应采用机械排烟方式。

(2)防烟分区

设置排烟系统的场所或部位应采用挡烟垂壁、结构梁及隔墙等挡烟分隔设施划分防烟分区。

①防烟分区不应跨越防火分区。防烟分区不能跨越防火分区主要是为了确保防火分区的完整性和独立性,防止火灾时烟气扩散,保障人员安全和消防救援的有效性。

②挡烟垂壁等挡烟分隔设施的深度不应小于储烟仓厚度。对于有吊顶的空间,当吊顶开孔不均匀或开孔率小于或等于 25% 时,吊顶内空间高度不得计入储烟仓厚度。挡烟垂壁是指用不燃材料制成,垂直安装在建筑顶棚、梁或吊顶下,能在火灾时形成一定的蓄烟空间的挡烟分隔设施,其有效高度不小于 500 mm。

③设置排烟设施的建筑内,敞开楼梯和自动扶梯穿越楼板的开口部应设置挡烟垂壁等设施。

④公共建筑、工业建筑防烟分区的最大允许面积及其长边最大允许长度应符合表 5.1 的规定,当工业建筑采用自然排烟系统时,其防烟分区的长边长度尚不应大于建筑内空间净高的 8 倍。

表 5.1 公共建筑、工业建筑防烟分区的最大允许面积及其长边最大允许长度

空间净高 H/m	最大允许面积/m²	长边最大允许长度/m
≤3.0	500	24
3.0<H≤6.0	1 000	36
>6.0	2 000	60 m,具有自然对流条件时,不应大于 75 m

注:a. 公共建筑、工业建筑中的走道宽度不大于 2.5 m 时,其防烟分区的长边长度不应大于 60 m。

b. 当空间净高大于 9 m 时,防烟分区之间可不设置挡烟设施。

c. 汽车库防烟分区的划分及其排烟量应符合现行国家规范《汽车库、修车库、停车场设计防火规范》(GB 50067—2014)的相关规定。

防烟分区的设置目的是将烟气控制在着火区域所在的空间范围内,并限制烟气从储烟仓内向其他区域蔓延。防烟分区过大或长边过长时,烟气水平射流的扩散中,会卷吸大量冷空气而沉降,不利于烟气的及时排出;而防烟分区的面积过小,又会使储烟能力减弱,使烟气过早沉降或蔓延到相邻的防烟分区。

(3)自然排烟系统及其组件的设置

采用自然排烟系统的场所应设置自然排烟窗(口)。自然排烟窗(口)应设置在排烟区域的顶部或外墙上,并应符合下列规定:

①当设置在外墙上时,自然排烟窗(口)应在储烟仓以内,但走道、室内空间净高不大于 3 m 的区域的自然排烟窗(口)可设置在室内净高度的 1/2 以上,如图 5.6 所示。储烟仓是指由挡烟垂壁、梁或隔墙等形成的用于蓄积火灾烟气的空间,位于建筑空间顶部,如图 5.7 所示。

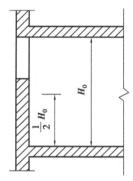

图 5.6　房间排烟口位置示意图($H_0 \leqslant 3$ m)

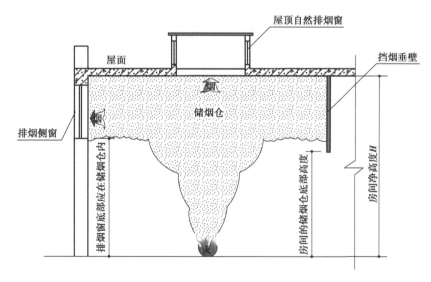

图 5.7　储烟仓设置示意图

②排烟窗(口)开启形式应有利于烟气的排出。当房间面积不大于 200 m^2 时,开启方向可不限。

③自然排烟窗(口)宜分散均匀布置,且每组的长度不宜大于 3.0 m。

④设置在防火墙两侧的自然排烟窗(口)之间最近边缘的水平距离不应小于 2.0m。

⑤自然排烟窗（口）应设置手动开启装置，设置在高位不便于直接开启的自然排烟窗（口），应设置距地面高度 1.3～1.5 m 的手动开启装置，如图 5.8 所示。

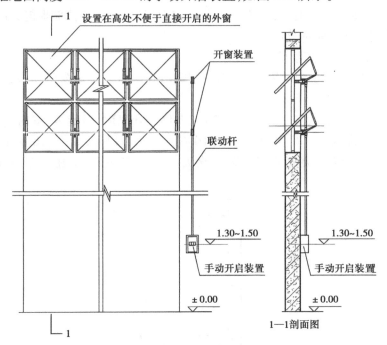

图 5.8　自然排烟窗（口）手动开启装置示意图（单位：m）

⑥防烟分区内自然排烟窗（口）的面积、数量、位置应按规定经计算确定，且防烟分区内任一点与最近的自然排烟窗（口）之间的水平距离不应大于 30 m，如图 5.9 所示。根据烟流扩散特点，排烟口距离如果过远，烟流在防烟分区内迅速沉降，而不能被及时排出，将严重影响人员安全疏散。

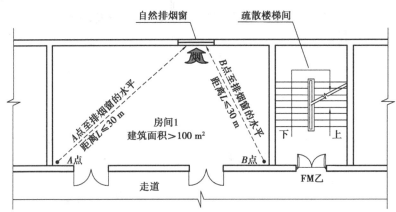

图 5.9　防烟分区内任一点与最近的自然排烟窗（口）之间水平距离示意图

（4）机械排烟系统及其组件的设置

①机械排烟系统的设置应符合以下规定：

a. 当建筑的机械排烟系统沿水平方向布置时，每个防火分区的机械排烟系统应独立设置。每个防火分区设置独立系统，是指风机、风口、风管都独立设置。这样做是为了防止火灾在不同防火分区蔓延,且有利于不同防火分区烟气的排出。

b.建筑高度超过50 m的公共建筑和建筑高度超过100 m的住宅,其排烟系统应竖向分段独立设置,且公共建筑每段高度不应超过50 m,住宅建筑每段高度不应超过100 m。上述建筑性质重要,一旦系统出现故障,容易造成大面积的失控,对建筑整体安全构成威胁;竖向分段设置可提高系统的可靠性及时排出烟气,防止排烟系统因担负楼层数太多或竖向高度过高而失效。

c.排烟系统与通风、空气调节系统应分开设置;当确有困难时可以合用,但应符合排烟系统的要求,且当排烟口打开时,每个排烟合用系统的管道上需联动关闭的通风和空气调节系统的控制阀门不应超过10个。通风空调系统的风口一般都是常开风口,为了确保排烟量,当按防烟分区进行排烟时,只有着火处防烟分区的排烟口才开启排烟,其他都要关闭,这就要求通风空调系统每个风口上都要安装自动控制阀才能满足排烟要求。另外,通风空调系统与消防排烟系统合用,系统的漏风量大、风阀的控制复杂。因此排烟系统与通风空气调节系统宜分开设置。当排烟系统与通风、空调系统合用同一系统时,在控制方面应采取必要的措施,避免系统的误动作。

图5.10所示为排烟与通风、空调合用系统管道上需联动关闭的控制阀门设置示意图。

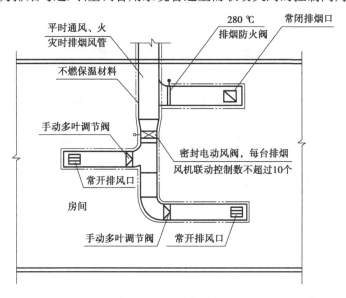

图5.10　排烟与通风空调合用系统管道上控制阀门设置示意图

②排烟风机的设置应符合以下规定:

a.排烟风机宜设置在排烟系统的顶部,烟气出口宜朝上,并应高于加压送风机和补风机的进风口。竖向布置时,送风机的进风口应设置在排烟机出风口的下方,其两者边缘最小垂直距离不应小于6 m;水平布置时,两者边缘最小水平距离不应小于20 m。

b.排烟风机应设置在专用机房内,该房间应采用耐火极限不低于2.00 h的隔墙和耐火极限不低于1.50 h的楼板及甲级防火门与其他部位隔开,且风机两侧应有600 mm以上的空间,如图5.11所示。

c.排烟风机应满足280 ℃时连续工作30 min的要求,排烟风机应与风机入口处的排烟防火阀连锁,当该阀关闭时,排烟风机应能停止运转。

d. 对于排烟系统与通风空气调节系统共用的系统,其排烟风机与排风风机的合用机房应符合下列规定:机房内应设置自动喷水灭火系统;机房内不得设置用于机械加压送风的风机与管道;排烟风机与排烟管道的连接部件应能在 280 ℃时连续 30 min 保证其结构完整性。

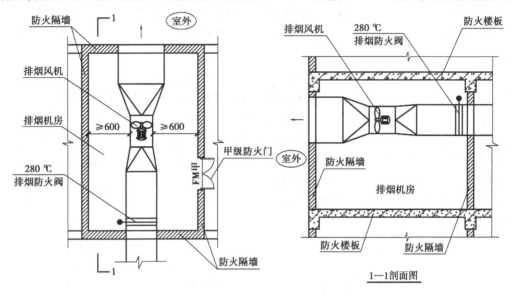

图 5.11 排烟风机设置在专用机房内示意图(单位:mm)

③排烟防火阀的设置应符合以下规定:

排烟防火阀安装在机械排烟系统的管道上,平时呈开启状态,火灾时当排烟管道内烟气温度达到 280 ℃时关闭,并在一定时间内能满足漏烟量和耐火完整性要求,起隔烟阻火作用。排烟管道上需要设置排烟防火阀部位主要有:垂直风管与每层水平风管交接处的水平管段上;一个排烟系统负担多个防烟分区的排烟支管上;排烟风机入口处及排烟管道穿越防火分区处。

排烟防火阀设
置位置

④排烟阀(口)的设置应符合以下规定:

a. 排烟口应设在防烟分区所形成的储烟仓内,宜设置在顶棚或靠近顶棚的墙面上,当用隔墙或挡烟垂壁划分防烟分区时,每个防烟分区应分别设置排烟口,排烟口的设置应经计算确定,且防烟分区内任一点与最近的排烟口的水平距离不应大于 30 m。

b. 走道、室内空间净高不大于 3 m 的场所内,排烟口应设置在其净空高度的 1/2 以上,当设置在侧墙时,其最近的边缘与吊顶的距离不应大于 0.5 m。

c. 对于需要设置机械排烟系统的房间,当其建筑面积小于 50 m² 时,可通过走道排烟,排烟口可设置在疏散走道。

d. 火灾时由火灾自动报警系统联动开启排烟区域的排烟阀或排烟口,应在现场设置手动开启装置。

e. 排烟口的设置宜使烟流方向与人员疏散方向相反,排烟口与附近安全出口相邻边缘之间的水平距离不应小于 1.5 m。

f. 每个排烟口的排烟量不应大于最大允许排烟量,排烟口的风速不宜大于 10 m/s。

⑤排烟管道及其连接部件应能在 280 ℃时连续 30 min 保证其结构完整性,并应符合下列规定:

　　a. 排烟管道必须采用不燃材料制作,且不应采用土建风道。当采用金属风道时,管道设计风速不应大于 20 m/s;当采用非金属材料风道时,管道设计风速不应大于 15 m/s。

　　b. 竖向设置的排烟管道应设置在独立的管道井内,排烟管道的耐火极限不应低于 0.50 h;水平设置的排烟管道应设置在吊顶内,其耐火极限不应低于 0.50 h;当确有困难时,可直接设置在室内,但管道的耐火极限不应小于 1.00 h;设置在走道部位吊顶内的排烟管道,以及穿越防火分区的排烟管道,其管道的耐火极限不应小于 1.00 h,但设备用房和汽车库的排烟管道耐火极限可不低于 0.50 h。

　　c. 排烟管道井应采用耐火极限不低于 1.00 h 的隔墙与相邻区域分隔;当墙上必须设置检修门时,应采用乙级防火门。

　　d. 当吊顶内有可燃物时,吊顶内的排烟管道应采用不燃材料进行隔热,并应与可燃物保持不小于 150 mm 的距离。

5.1.3　防排烟系统的控制

1) 联动控制方式

(1) 防烟系统

防烟系统的联动控制方式应符合下列规定:

①应由加压送风口所在防火分区内的两只独立的火灾探测器或一只火灾探测器与一只手动火灾报警按钮的报警信号,作为送风口开启和加压送风机启动的联动触发信号,并应由消防联动控制器联动控制相关层前室等需要加压送风场所的加压送风口开启和加压送风机启动。

②应由同一防烟分区内且位于电动挡烟垂壁附近的两只独立的感烟火灾探测器的报警信号,作为电动挡烟垂壁降落的联动触发信号,并应由消防联动控制器联动控制电动挡烟垂壁的降落。

③当防火分区内火灾确认后,应能在 15 s 内联动开启常闭加压送风口和加压送风机。并应符合下列规定:应开启该防火分区楼梯间的全部加压送风机;应开启该防火分区内着火层及其相邻上下层前室及合用前室的常闭送风口,同时开启加压送风机。

(2) 排烟系统

排烟系统的联动控制方式应符合下列规定:

①应由同一防烟分区内的两只独立的火灾探测器的报警信号,作为排烟口、排烟窗或排烟阀开启的联动触发信号,并应由消防联动控制器联动控制排烟口、排烟窗或排烟阀的开启,同时停止该防烟分区的空气调节系统。

②应由排烟口、排烟窗或排烟阀开启的动作信号,作为排烟风机启动的联动触发信号,并应由消防联动控制器联动控制排烟风机的启动。

③机械排烟系统中的常闭排烟阀或排烟口应具有火灾自动报警系统自动开启、消防控制室手动开启和现场手动开启功能,其开启信号应与排烟风机联动。当火灾确认后,火灾自动报警系统应在 15 s 内联动开启相应防烟分区的全部排烟阀、排烟口、排烟风机和补风设施,并应在 30 s 内自动关闭与排烟无关的通风、空调系统。

④当火灾确认后,担负两个及以上防烟分区的排烟系统,应仅打开着火防烟分区的排烟阀或排烟口,其他防烟分区的排烟阀或排烟口应呈关闭状态。

⑤活动挡烟垂壁应具有火灾自动报警系统自动启动和现场手动启动功能,当火灾确认后,火灾自动报警系统应在15 s内联动相应防烟分区的全部活动挡烟垂壁,60 s以内挡烟垂壁应开启到位。

⑥自动排烟窗可采用与火灾自动报警系统联动和温度释放装置联动的控制方式。当采用与火灾自动报警系统自动启动时,自动排烟窗应在60 s内或小于烟气充满储烟仓时间内开启完毕。带有温控功能自动排烟窗,其温控释放温度应大于环境温度30 ℃且小于100 ℃。

2)手动控制方式

防烟系统、排烟系统的手动控制方式,应能在消防控制室内的消防联动控制器上手动控制送风口、电动挡烟垂壁、排烟口、排烟窗、排烟阀的开启或关闭及防烟风机、排烟风机等设备的启动或停止,防烟、排烟风机的启动、停止按钮应采用专用线路直接连接至设置在消防控制室内的消防联动控制器的手动控制盘,并应直接手动控制防烟、排烟风机的启动、停止。

3)信号反馈

送风口、排烟口、排烟窗或排烟阀开启和关闭的动作信号,防烟、排烟风机启动和停止及电动防火阀关闭的动作信号,均应反馈至消防联动控制器。

📖 **任务测试**

一、单项选择题

1.建筑高度大于_____的公共建筑、工业建筑和建筑高度大于_____的住宅建筑应采用机械加压送风系统。(   )

A.24 m   54 m   B.50 m   100 m   C.24 m   50 m   D.24 m   27 m

2.采用自然通风方式的封闭楼梯间、防烟楼梯间,应在最高部位设置面积不小于(   )的可开启外窗或开口。

A.1.0 m²   B.2.0 m²   C.3.0 m²   D.4.0 m²

3.建筑高度大于100 m的建筑,其机械加压送风系统应竖向分段独立设置,且每段高度不应超过(   )。

A.24 m   B.36 m   C.50 m   D.100 m

4.机械加压送风系统的设计风量不应小于计算风量的(   )。

A.1.2 倍   B.1.3 倍   C.1.5 倍   D.2.0 倍

5.前室、封闭避难层(间)与走道之间的压差应为_____,楼梯间与走道之间的压差应为_____。(   )

A.20～25 Pa   30～40 Pa   B.40～50 Pa   25～30 Pa

C.25～30 Pa   40～50 Pa   D.30～40 Pa   20～25 Pa

6.对于有吊顶的空间,当吊顶开孔不均匀或开孔率小于或等于(   )时,吊顶内空间高度不得计入储烟仓厚度。

A.5%   B.15%   C.35%   D.25%

7.排烟风机应满足_____时连续工作_____的要求,排烟风机应与风机入口处的排烟防火阀连锁,当该阀关闭时,排烟风机应能停止运转。(   )

A.280 ℃   30 min   B.280 ℃   25 min   C.250 ℃   30 min   D.250 ℃   25 min

8.当吊顶内有可燃物时,吊顶内的排烟管道应采用不燃材料进行隔热,并应与可燃物保持不小于(　　)的距离。

A.100 mm B.150 mm C.200 mm D.250 mm

9.当防火分区内火灾确认后,应能在(　　)内联动开启常闭加压送风口和加压送风机。

A.10 s B.15 s C.20 s D.25 s

10.排烟口的风速不宜大于(　　)。

A.20 m/s B.15 m/s C.10 m/s D.7 m/s

二、多项选择题

1.建筑高度大于 50 m 的公共建筑、工业建筑和建筑高度大于 100 m 的住宅建筑,其(　　)应采用机械加压送风系统。

A.合用前室 B.防烟楼梯间 C.独立前室 D.共用前室

E.消防电梯前室

2.下列情况符合楼梯间可不设置防烟系统的条件是(　　)。

A.当独立前室或合用前室采用全敞开的阳台

B.当独立前室或合用前室采用凹廊

C.当独立前室有两个及以上不同朝向的可开启外窗,且独立前室两个外窗面积分别不小于 2.0 m²

D.当合用前室设有两个及以上不同朝向的可开启外窗,且合用前室两个外窗面积分别不小于 3.0 m²

E.根据模拟试验结果确定

3.采用机械加压送风系统的防烟楼梯间及其前室应分别设置(　　)。

A.控制装置 B.送风井(管)道

C.报警装置 D.送风口(阀)

E.送风机

4.下列关于排烟管道设置的说法,正确的是(　　)。

A.排烟管道必须采用不燃材料制作,且不应采用土建风道

B.当采用金属风道时,管道设计风速不应大于 20 m/s

C.当采用非金属材料风道时,管道设计风速不应大于 15 m/s

D.水平设置的排烟管道应设置在吊顶内,其耐火极限不应低于 0.50 h

E.排烟管道井应采用耐火极限不低于 1.00 h 的隔墙与相邻区域分隔

5.加压送风口的设置应符合下列(　　)规定。

A.除直灌式加压送风方式外,楼梯间宜每隔 2~3 层设一个常闭式送风口

B.前室应每层设一个常开百叶式加压送风口

C.送风口的风速不宜大于 10 m/s

D.送风口不宜设置在被门挡住的部位

E.前室加压送风口应设手动开启装置

任务 5.2 防排烟系统的安装

5.2.1 一般规定及进场检验

1）一般规定

（1）分部分项工程划分

防排烟系统的分部、分项工程划分可按《建筑防烟排烟系统技术标准》（GB 51251—2017）相关规定执行。

（2）施工准备

防排烟系统施工前应具备下列条件：

①经批准的施工图、设计说明书等设计文件应齐全。

②设计单位应向施工、建设、监理单位进行技术交底。

③系统主要材料、部件，设备的品种、型号、规格符合设计要求，并能保证正常施工。

④施工现场及施工中的给水、供电、供气等条件满足连续施工作业要求。

⑤系统所需的预埋件、预留孔洞等施工前期条件符合设计要求。

（3）施工现场质量管理

防排烟系统的施工现场应进行质量管理，并按规定作好记录，记录由施工单位项目负责人、监理工程师、建设单位项目负责人签章。

（4）施工过程质量控制

防排烟系统应按下列规定进行施工过程质量控制：

①施工前，应对设备、材料及配件进行现场检查，检验合格后经监理工程师签证方可安装使用。

②施工应按批准的施工图、设计说明书及其设计变更通知单等文件的要求进行。

③各工序应按施工技术标准进行质量控制，每道工序完成后，应进行检查，检查合格后方可进入下道工序。

④相关各专业工种之间交接时，应进行检验，并经监理工程师签证后方可进入下道工序。

⑤施工过程质量检查应由监理工程师组织施工单位人员完成。

⑥系统安装完成后，施工单位应按相关专业调试规定进行调试。

⑦系统调试完成后，施工单位应向建设单位提交质量控制资料和各类施工过程质量检查记录。

（5）设置标识

防排烟系统中的送风口、排风口、排烟防火阀、送风风机、排烟风机、固定窗等应设置明显永久标识。

2）进场检验

①风管、各类阀（口）、风机、活动挡烟垂壁、自动排烟窗等材料及设备，应符合设计要求和现行国家标准的规定；

②其型号、规格、数量应符合设计要求;

③各类阀(口)手动开启灵活、关闭可靠严密;电动驱动装置和控制装置动作可靠。

检查数量:针对不同材料及设备,检查数量需满足最低抽查比例及最低数量要求。

检查方法:针对不同材料及设备,采取核对、测试、直观检查,查验产品的质量合格证明文件、符合国家市场准入要求的文件等方法。

3)填写记录

防排烟系统工程进场检验应按《建筑防烟排烟系统技术标准》(GB 51251—2017)相关规定填写记录。

5.2.2 安装

1)风管的制作、连接与安装

(1)风管的制作和连接

风管的制作和连接应确保材料的选用符合设计和现行国家产品标准的规定。

(2)强度和严密性检验

风管应按系统类别进行强度和严密性检验,其强度和严密性应符合设计要求。

(3)风管的安装

风管的安装应符合下列规定:

①风管的规格、安装位置、标高、走向应符合设计要求。

②风管接口的连接应严密、牢固,垫片厚度不应小于 3 mm,不应凸入管内和法兰外;排烟风管法兰垫片应为不燃材料,薄钢板法兰风管应采用螺栓连接。

③风管与风机的连接宜采用法兰连接,或采用不燃材料的柔性短管连接。当风机仅用于防烟、排烟时,不宜采用柔性连接。

④风管与风机连接若有转弯处宜加装导流叶片,保证气流顺畅。导流叶片是一种防止空气在急转弯处产生涡流导致气流不畅,损失能量,产生噪音等弊病的零件,如图 5.12 所示。

⑤当风管穿越隔墙或楼板时,风管与隔墙之间的空隙应采用水泥砂浆等不燃材料严密填塞。

⑥吊顶内的排烟管道应采用不燃材料隔热,并应与可燃物保持不小于 150 mm 的距离。

检查数量:各系统按不小于 30% 检查。

检查方法:核对材料,尺量检查、直观检查。

图 5.13 所示为顶板下吊架安装风管示意图。

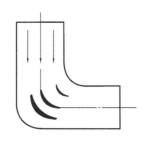

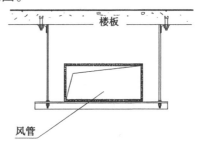

图 5.12 风管导流叶片示意图　　图 5.13 顶板下吊架安装风管示意图

（4）风管（道）系统严密性检验

风管（道）系统安装完毕后,应按系统类别进行严密性检验,检验应以主、干管道为主,漏风量应满足设计和《建筑防烟排烟系统技术标准》（GB 51251—2017）相关规定要求。

2）部件及风机安装

（1）排烟防火阀

排烟防火阀的安装应符合下列规定:

①型号、规格及安装的方向、位置应符合设计要求。

②阀门应顺气流方向关闭,防火分区隔墙两侧的排烟防火阀距墙端面不应大于 200 mm。

③手动和电动装置应灵活、可靠,阀门关闭严密。

④应设独立的支、吊架,当风管采用不燃材料防火隔热时,阀门安装处应有明显标识。

图 5.14　排烟防火阀安装示意图

图 5.14 所示为排烟防火阀安装示意图。

检查数量:各系统按不小于 30% 检查。

检查方法:尺量检查、直观检查及动作检查。

（2）送风口、排烟阀或排烟口

送风口、排烟阀或排烟口的安装应符合下列规定:

①送风口、排烟阀或排烟口的安装位置应符合标准和设计要求,并应固定牢靠,表面平整、不变形,调节灵活。

②排烟口距可燃物或可燃构件的距离不应小于 1.5 m。

检查数量:各系统按不小于 30% 检查。

检查方法:尺量检查、直观检查。

（3）常闭送风口、排烟阀或排烟口的手动驱动装置

常闭送风口、排烟阀或排烟口的手动驱动装置应固定安装在明显可见、距楼地面 1.3 ～ 1.5 m 便于操作的位置,预埋套管不得有死弯及瘪陷,手动驱动装置操作应灵活。

检查数量:各系统按不小于 30% 检查。

检查方法:尺量检查、直观检查及操作检查。

（4）挡烟垂壁

挡烟垂壁的安装应符合下列规定:

①型号、规格、下垂的长度和安装位置应符合设计要求。

②活动挡烟垂壁与建筑结构（柱或墙）面的缝隙不应大于 60 mm,由两块或两块以上的挡烟垂帘组成的连续性挡烟垂壁,各块之间不应有缝隙,搭接宽度不应小于 100 mm。

③活动挡烟垂壁的手动操作按钮应固定安装在距楼地面 1.3 ～ 1.5 m 便于操作、明显可见处。

检查数量:全数检查。

检查方法:依据设计图核对,尺量检查、动作检查。

图 5.15 所示为挡烟垂壁安装示意图。

（5）排烟窗

排烟窗的安装应符合下列规定:

①型号、规格和安装位置应符合设计要求。

②安装应牢固、可靠,并应开启、关闭灵活。

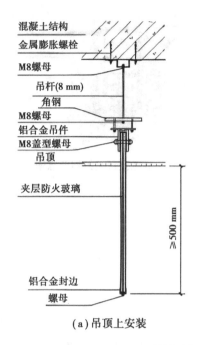

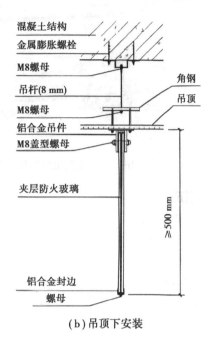

（a）吊顶上安装　　　　　　　　　（b）吊顶下安装

图 5.15　挡烟垂壁安装示意图

③手动开启机构或按钮应固定安装在距楼地面 1.3～1.5 m,并应便于操作、明显可见。

④自动排烟窗驱动装置的安装应符合设计和产品技术文件要求,并应灵活、可靠。

检查数量:全数检查。

检查方法:依据设计图核对,操作检查、动作检查。

（6）风机

风机的安装应符合下列规定:

①风机的型号、规格应符合设计规定,其出口方向应正确,排烟风机的出口与加压送风机的进口之间的距离应符合规定。

②风机外壳至墙壁或其他设备的距离不应小于 600 mm。

③风机应设在混凝土或钢架基础上,且不应设置减振装置;若排烟系统与通风空调系统共用且需要设置减振装置时,应采用金属减振器,不应使用橡胶减振装置。

④吊装风机的支、吊架应焊接牢固、安装可靠,其结构形式和外形尺寸应符合设计或设备技术文件要求。

⑤风机驱动装置的外露部位应装设防护罩;直通大气的进、出风口应装设防护网或采取其他安全设施,并应设防雨措施。

图 5.16 所示为风机落地式安装示意图。图 5.17 所示为某款金属减振器示意图。

检查数量:全数检查。

检查方法:依据设计图核对、直观检查。

图 5.16 落地式风机安装示意图　　图 5.17 某款金属减振器示意图

📖 任务测试

一、单项选择题

1. 排烟口距可燃物或可燃构件的距离不应小于(　　)。

A.0.5 m　　　B.1.0 m　　　C.1.5 m　　　D.2.0 m

2. 风管与风机连接若有转弯处宜加装(　　),保证气流顺畅。

A. 支架　　　B. 导流叶片　　　C. 吊杆　　　D. 法兰

3. 风管(道)系统安装完毕后,应按系统类别进行(　　)检验,检验应以主、干管道为主,漏风量应满足设计和《建筑防烟排烟系统技术标准》(GB 51251—2017)相关规定要求。

A. 严密性　　　B. 强度　　　C. 承载力　　　D. 通风量

4. 风管接口的连接应严密、牢固,垫片厚度不应小于(　　),不应凸入管内和法兰外。

A.4 mm　　　B.5 mm　　　C.2 mm　　　D.3 mm

5. 吊顶内的排烟管道应采用不燃材料隔热,并应与可燃物保持不小于(　　)的距离。

A.150 mm　　　B.180 mm　　　C.200 mm　　　D.220 mm

6. 下列关于排烟防火阀的安装事项的表述,不符合规定的是(　　)。

A. 型号、规格及安装的方向、位置应符合设计要求

B. 阀门应逆气流方向关闭,防火分区隔墙两侧的排烟防火阀距墙端面不应大于 200 mm

C. 手动和电动装置应灵活、可靠,阀门关闭严密

D. 应设独立的支、吊架,当风管采用不燃材料防火隔热时,阀门安装处应有明显标识

7. 下列关于排烟窗的安装事项的表述,不符合规定的是(　　)。

A. 型号、规格和安装位置应符合设计要求

B. 安装应牢固、可靠,并应开启、关闭灵活

C. 手动开启机构或按钮应固定安装在距楼地面 1.1～1.3 m,并应便于操作、明显可见

D. 自动排烟窗驱动装置的安装应符合设计和产品技术文件要求,并应灵活、可靠

8. 防排烟系统风机安装时,风机外壳至墙壁或其他设备的距离不应小于(　　)。

A.600 mm　　　B.500 mm　　　C.300 mm　　　D.200 mm

9. 防排烟系统施工前经批准的(　　)等设计文件应齐全。

A. 施工方案、设计说明书　　　B. 施工图、设计说明书

C. 施工图、材料明细表　　　D. 施工方案、材料明细表

10. 防排烟系统施工前施工现场及施工中的(　　)等条件满足连续施工作业要求。

A. 给水、道路、供气　　　B. 防尘、供电、供气

C. 给水、供电、供气　　　D. 给水、供电、道路

二、多项选择题

1.防排烟系统施工前应具备以下(　　)条件。

A.经批准的施工图、设计说明书等设计文件应齐全

B.建设单位应向施工、建设、监理单位进行技术交底

C.系统主要材料、部件,设备的品种、型号、规格符合施工要求,并能保证正常施工

D.施工现场及施工中的给水、供电、供气等条件满足连续施工作业要求

E.系统所需的预埋件、预留孔洞等施工前期条件符合设计要求

2.下列关于防烟、排烟系统进行施工过程质量控制的表述,正确的是(　　)。

A.施工前,应对设备、材料及配件进行现场检查,检验合格后经项目经理签证方可安装使用

B.各工序应按施工技术标准进行质量控制,每道工序完成后,应进行检查,检查合格后方可进入下道工序

C.施工过程质量检查应由设计单位组织施工单位人员完成

D.系统安装完成后,施工单位应按相关专业调试规定进行调试

E.系统调试完成后,施工单位应向建设单位提交质量控制资料和各类施工过程质量检查记录

3.防排烟系统风管的(　　)应符合设计要求。

A.规格　　　　　　B.安装位置　　　　　　C.数量　　　　　　D.标高

E.走向

4.挡烟垂壁的安装应符合下列(　　)规定。

A.型号、规格、下垂的长度和安装位置应符合设计要求

B.活动挡烟垂壁与建筑结构(柱或墙)面的缝隙不应大于60 mm

C.由两块或两块以上的挡烟垂帘组成的连续性挡烟垂壁,各块之间不应有缝隙,搭接宽度不应小于100 mm

D.活动挡烟垂壁的手动操作按钮应固定安装在距楼地面1.3～1.5 m便于操作、明显可见处

E.检查数量:抽查比例不低于50%

5.防排烟系统安装前,进场检验应针对不同设备及材料,采取(　　)等方法。

A.核对　　　　　　　　　　　　B.直观检查

C.查验产品的质量合格证明文件　　　　　D.测试

E.查验产品符合国家市场准入要求的文件

任务 5.3　防排烟系统的调试

5.3.1　一般规定

(1)调试时间节点

系统调试应在系统施工完成及与工程有关的火灾自动报警系统及联动控制设备调试合格后进行。

（2）测试仪器和仪表

系统调试所使用的测试仪器和仪表,性能应稳定可靠,其精度等级及最小分度值应能满足测定的要求,并应符合国家有关计量法规及检定规程的规定。

（3）调试组织

系统调试应由施工单位负责、监理单位监督,设计单位与建设单位参与和配合。

（4）编制调试方案与提供报告

系统调试前,施工单位应编制调试方案,报送专业监理工程师审核批准;调试结束后,必须提供完整的调试资料和报告。

（5）调试事项

系统调试应包括设备单机调试和系统联动调试。

5.3.2 调试

1）单机调试

（1）排烟防火阀

排烟防火阀的调试方法及要求应符合下列规定:

①进行手动关闭、复位试验,阀门动作应灵敏、可靠,关闭应严密。

②模拟火灾,相应区域火灾报警后,同一防火分区内排烟管道上的其他阀门应联动关闭。

③阀门关闭后的状态信号应能反馈到消防控制室。

④阀门关闭后应能联动相应的风机停止。

调试数量:全数调试。

（2）常闭送风口、排烟阀或排烟口

常闭送风口、排烟阀或排烟口的调试方法及要求应符合下列规定:

①进行手动开启、复位试验,阀门动作应灵敏、可靠,远距离控制机构的脱扣钢丝连接不应松弛、脱落。

②模拟火灾,相应区域火灾报警后,同一防火分区的常闭送风口和同一防烟分区内的排烟阀或排烟口应联动开启。

③阀门开启后的状态信号应能反馈到消防控制室。

④阀门开启后应能联动相应的风机启动。

调试数量:全数调试。

（3）活动挡烟垂壁

活动挡烟垂壁的调试方法及要求应符合下列规定:

①手动操作挡烟垂壁按钮进行开启、复位试验,挡烟垂壁应灵敏、可靠地启动与到位后停止,下降高度应符合设计要求。

②模拟火灾,相应区域火灾报警后,同一防烟分区内挡烟垂壁应在 60 s 以内联动下降到设计高度。

③挡烟垂壁下降到设计高度后应能将状态信号反馈到消防控制室。

调试数量:全数调试。

（4）自动排烟窗

自动排烟窗的调试方法及要求应符合下列规定:

①手动操作排烟窗开关进行开启、关闭试验,排烟窗动作应灵敏、可靠。

②模拟火灾,相应区域火灾报警后,同一防烟分区内排烟窗应能联动开启;完全开启时间应符合规定。

③与消防控制室联动的排烟窗完全开启后,状态信号应反馈到消防控制室。

调试数量:全数调试。

(5)送风机、排烟风机

送风机、排烟风机调试方法及要求应符合下列规定:

①手动开启风机,风机应正常运转 2.0 h,叶轮旋转方向应正确、运转平稳、无异常振动与声响。

②应核对风机的铭牌值,并应测定风机的风量、风压、电流和电压,其结果应与设计相符。

③应能在消防控制室手动控制风机的启动、停止,风机的启动、停止状态信号应能反馈到消防控制室。

④当风机进、出风管上安装单向风阀或电动风阀时,风阀的开启与关闭应与风机的启动、停止同步。

调试数量:全数调试。

(6)机械加压送风系统风速及余压

机械加压送风系统风速及余压的调试方法及要求应符合下列规定:

①应选取送风系统末端所对应的送风最不利的三个连续楼层模拟起火层及其上下层,封闭避难层(间)仅需选取本层,调试送风系统使上述楼层的楼梯间、前室及封闭避难层(间)的风压值及疏散门的门洞断面风速值与设计值的偏差不大于10%。

②对楼梯间和前室的调试应单独分别进行,且互不影响。

③调试楼梯间和前室疏散门的门洞断面风速时,设计疏散门开启的楼层数量应符合规定。

调试数量:全数调试。

(7)机械排烟系统风速和风量

机械排烟系统风速和风量的调试方法及要求应符合下列规定:

①应根据设计模式,开启排烟风机和相应的排烟阀或排烟口,调试排烟系统使排烟阀或排烟口处的风速值及排烟量值达到设计要求。

②开启排烟系统的同时,还应开启补风机和相应的补风口,调试补风系统使补风口处的风速值及补风量值达到设计要求。

③应测试每个风口风速,核算每个风口的风量及其防烟分区总风量。

调试数量:全数调试。

2)联动调试

(1)机械加压送风系统

机械加压送风系统的联动调试方法及要求应符合下列规定:

①当任何一个常闭送风口开启时,相应的送风机均应能联动启动。

②与火灾自动报警系统联动调试时,当火灾自动报警探测器发出火警信号后,应在 15 s 内启动与设计要求一致的送风口、送风机,且其联动启动方式应符合现行国家标准《火灾自动报警系统设计规范》(GB 50116—2013)的规定,其状态信号应反馈到消防控制室。

调试数量:全数调试。

（2）机械排烟系统

机械排烟系统的联动调试方法及要求应符合下列规定:

①当任何一个常闭排烟阀或排烟口开启时,排烟风机均应能联动启动。

②应与火灾自动报警系统联动调试。当火灾自动报警系统发出火警信号后,机械排烟系统应启动有关部位的排烟阀或排烟口、排烟风机;启动的排烟阀或排烟口、排烟风机应与设计和标准要求一致,其状态信号应反馈到消防控制室。

③有补风要求的机械排烟场所,当火灾确认后,补风系统应启动。

④排烟系统与通风、空调系统合用,当火灾自动报警系统发出火警信号后,由通风、空调系统转换为排烟系统的时间应符合规定。

调试数量:全数调试。

（3）自动排烟窗

自动排烟窗的联动调试方法及要求应符合下列规定:

①自动排烟窗应在火灾自动报警系统发出火警信号后联动开启到符合要求的位置。

②动作状态信号应反馈到消防控制室。

调试数量:全数调试。

（4）活动挡烟垂壁

活动挡烟垂壁的联动调试方法及要求应符合下列规定:

①活动挡烟垂壁应在火灾报警后联动下降到设计高度。

②动作状态信号应反馈到消防控制室。

调试数量:全数调试。

📖 任务测试

一、单项选择题

1. 下列关于防排烟系统调试所使用的测试仪器和仪表的表述,不满足要求的是(　　　)。

A. 性能应稳定可靠

B. 其精度等级应能满足测定的要求

C. 其最大分度值应能满足测定的要求

D. 符合国家有关计量法规及检定规程的规定

2. 防排烟系统调试应由(　　　)负责、监理单位监督。

A. 施工单位　　　　　B. 设计单位　　　　　C. 建设单位　　　　　D. 第三方检测机构

3. 模拟火灾,相应区域火灾报警后,同一防烟分区内挡烟垂壁应在(　　　)以内联动下降到设计高度。

A. 90 s　　　　　B. 30 s　　　　　C. 60 s　　　　　D. 120 s

4. 下列关于机械加压送风系统、机械排烟系统联动调试的说法,正确的是(　　　)。

A. 当任何一个常闭送风口开启时,相应的送风机均应能联动启动

B. 当任何一个常闭排烟阀或排烟口开启时,排烟风机均应能联动启动

C. 有补风要求的机械排烟场所,当火灾确认后,补风系统应启动

D. 以上均正确

5. 手动开启风机,风机应正常运转(　　　),叶轮旋转方向应正确、运转平稳、无异常振动

与声响。

  A.1.0 h　　　　　B.2.0 h　　　　　C.1.5 h　　　　　D.0.5 h

二、多项选择题

1.排烟防火阀的调试方法及要求应符合下列(　　)规定。

A.进行手动关闭、复位试验,阀门动作应灵敏、可靠,关闭应严密

B.模拟火灾,相应区域火灾报警后,同一防火分区内排烟管道上的其他阀门应联动关闭

C.阀门关闭后的状态信号应能反馈到消防控制室

D.阀门关闭后应能联动相应的风机启动

E.调试数量:全数调试

2.常闭送风口、排烟阀或排烟口的调试方法及要求应符合下列(　　)规定。

A.进行手动开启、复位试验,阀门动作应灵敏、可靠,远距离控制机构的脱扣钢丝连接不应松弛、脱落

B.模拟火灾,相应区域火灾报警后,相邻防火分区的常闭送风口和同一防烟分区内的排烟阀或排烟口应联动开启

C.阀门开启后的状态信号应能反馈到消防控制室

D.阀门开启后应能联动相应的风机关闭

E.调试数量:全数调试。

3.活动挡烟垂壁的调试方法及要求应符合下列(　　)规定。

A.手动操作挡烟垂壁按钮进行开启试验,挡烟垂壁应灵敏、可靠地启动与到位后停止,下降高度应符合设计要求

B.手动操作挡烟垂壁按钮进行复位试验,挡烟垂壁应灵敏、可靠地启动与到位后停止,下降高度应符合设计要求

C.模拟火灾,相应区域火灾报警后,同一防烟分区内挡烟垂壁在第 70 s 时联动下降到设计高度

D.挡烟垂壁下降到设计高度后应能将状态信号反馈到消防控制室

E.调试数量:全数调试

4.送风机、排烟风机调试方法及要求应符合下列(　　)规定。

A.手动开启风机,风机应正常运转 2.0 h,叶轮旋转方向应正确、运转平稳、无异常振动与声响

B.应核对风机的铭牌值,并应测定风机的风量、风压、电流和电压,其结果应与设计相符

C.应能在消防控制室手动控制风机的启动、停止,风机的启动、停止状态信号应能反馈到消防控制室

D.当风机进、出风管上安装单向风阀或电动风阀时,风阀的开启与关闭应与风机的启动、停止同步

E.调试数量:抽查全数的 50%

5.送风机、排烟风机调试时,应核对风机的铭牌值,并应测定风机的(　　),其结果应与设计相符。

  A.风量　　　　　B.风压　　　　　C.电流　　　　　D.功率

E.电压

项目6　应急照明及疏散指示系统

📖 **项目概述**

　　消防应急照明和疏散指示系统是一种辅助人员安全疏散和消防作业的消防系统,其主要功能是在火灾等紧急情况下,为人员安全疏散和灭火救援行动提供必要的照度条件和正确的疏散指示信息。

　　消防应急照明和疏散指示系统由消防应急照明灯具、消防应急标志灯具、应急电源、控制系统等相关装置构成,可分为以下四种类型:集中电源集中控制型系统、自带电源集中控制型系统、集中电源非集中控制型系统、自带电源非集中控制型系统。

　　集中控制型系统设置应急照明控制器,应急照明控制器采用通信总线与其配接的集中电源或应急照明配电箱连接,并进行数据通信;集中电源或应急照明配电箱通过配电回路和通信回路与其配接的灯具连接,为灯具供配电,并与灯具进行数据通信;应急照明控制器通过集中电源或应急照明配电箱控制灯具的工作状态。

　　非集中控制型系统未设置应急照明控制器,应急照明集中电源或应急照明配电箱通过配电回路与其配接的灯具连接,为灯具供配电。非集中控制型系统中,应急照明集中电源或应急照明配电箱直接控制其配接灯具的工作状态。

📖 **知识目标**

　　1. 了解应急照明及疏散指示系统设计、安装与调试的一般规定。

　　2. 熟悉系统配电的设计,熟悉应急照明控制器及集中控制型系统通信线路的设计规定,熟悉系统线路的选择规定,熟悉备用照明设计规定。

　　3. 掌握灯具的选择及布置要求。

📖 **技能目标**

　　1. 了解系统布线要求,了解应急照明控制器、集中电源、应急照明配电箱安装规定,了解材料、设备进场检查规定,了解系统调试准备的内容及要求。

　　2. 熟悉集中控制型系统的系统功能调试,熟悉非集中控制型系统的系统功能调试,熟悉备用照明功能调试。

　　3. 掌握灯具安装要求。

任务 6.1 应急照明及疏散指示系统的设计

消防应急照明
及疏散指示系
统的分类

6.1.1 一般规定

1) 系统分类及组成

（1）系统分类

消防应急照明和疏散指示系统（以下简称"系统"）按消防应急灯具（以下简称"灯具"）的控制方式可分为集中控制型系统和非集中控制型系统。

（2）系统组成

①集中控制型系统设置应急照明控制器，由应急照明控制器集中控制并显示应急照明集中电源或应急照明配电箱及其配接的消防应急灯具工作状态的消防应急照明和疏散指示系统。由应急照明控制器、集中控制型灯具、应急照明集中电源或应急照明配电箱等系统部件组成，如图6.1所示为集中控制型（集中电源）系统示意图。

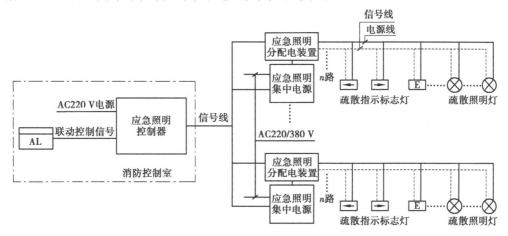

图6.1 集中控制型系统（集中电源）示意图

②非集中控制型系统未设置应急照明控制器，由应急照明集中电源或应急照明配电箱分别控制其配接消防应急灯具工作状态的消防应急照明和疏散指示系统。由非集中控制型灯具、应急照明集中电源或应急照明配电箱等系统部件组成，如图6.2所示为非集中控制型（自带电源）系统示意图。

2) 系统类型的选择原则

（1）系统类型选择应考虑的因素

系统类型的选择应根据建（构）筑物的规模、使用性质及日常管理及维护难易程度等因素确定。

（2）系统类型选择规定

系统类型的选择应符合下列规定：

①设置消防控制室的场所应选择集中控制型系统。

②设置火灾自动报警系统,但未设置消防控制室的场所宜选择集中控制型系统。

③其他场所可选择非集中控制型系统。

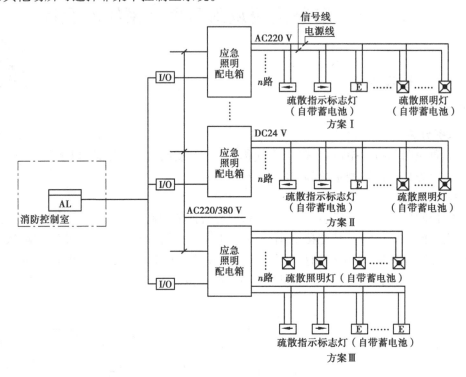

图6.2 非集中控制型(自带电源)系统示意图

6.1.2 灯具

1)一般规定

(1)灯具选择

灯具的选择应符合下列规定:

①应选择采用节能光源的灯具。

②不应采用蓄光型指示标志替代消防应急标志灯具。

③灯具的蓄电池电源宜优先选择安全性高、不含重金属等对环境有害物质的蓄电池。

④设置在距地面8 m及以下的灯具的电压等级及供电方式应符合下列规定:应选择A型灯具;地面上设置的标志灯应选择集中电源A型灯具;未设置消防控制室的住宅建筑,疏散走道、楼梯间等场所可选择自带电源B型灯具。

⑤灯具面板或灯罩的材质应符合下列规定:除地面上设置的标志灯的面板可以采用厚度4 mm及以上的钢化玻璃外,设置在距地面1 m及以下的标志灯的面板或灯罩不应采用易碎材料或玻璃材质;在顶棚、疏散路径上方设置的灯具的面板或灯罩不应采用玻璃材质。

⑥标志灯的规格应符合下列规定:室内高度大于4.5 m的场所,应选择特大型或大型标志灯;室内高度为3.5～4.5 m的场所,应选择大型或中型标志灯;室内高度小于3.5 m的场所,应选择中型或小型标志灯。

⑦灯具及其连接附件的防护等级应符合下列规定:在室外或地面上设置时,防护等级不应低于IP67;在隧道场所、潮湿场所内设置时,防护等级不应低于IP65;B型灯具的防护等级

不应低于 IP34。

⑧标志灯应选择持续型灯具。

（2）灯具布置原则

灯具的布置应根据疏散指示方案进行设计,且灯具的布置原则应符合下列规定:

①照明灯的设置应保证为人员在疏散路径及相关区域的疏散提供基本照度。

②标志灯的设置应保证人员能够清晰地辨识疏散路径、疏散方向、安全出口的位置、所处的楼层位置。

（3）灯具光源应急点亮、熄灭的响应时间

火灾状态下,灯具光源应急点亮、熄灭的响应时间应符合下列规定:

①高危险场所灯具光源应急点亮的响应时间不应大于 0.25 s。

②其他场所灯具光源应急点亮的响应时间不应大于 5 s。

③具有两种及以上疏散指示方案的场所,标志灯光源点亮、熄灭的响应时间不应大于 5 s。

（4）蓄电池电源供电持续工作时间

系统应急启动后,在蓄电池电源供电时的持续工作时间应满足下列要求:

①建筑高度大于 100 m 的民用建筑,不应小于 1.5 h。

②医疗建筑、老年人照料设施、总建筑面积大于 100 000 m² 的公共建筑和总建筑面积大于 20 000 m² 的地下、半地下建筑,不应少于 1.0 h。

③其他建筑,不应少于 0.5 h。

2）照明灯

照明灯应采用多点、均匀布置方式,设置照明灯的部位或场所疏散路径地面水平最低照度应符合规定。

3）标志灯

（1）设置原则

标志灯应设在醒目位置,应保证人员在疏散路径的任何位置、在人员密集场所的任何位置都能看到标志灯。

（2）出口标志灯的设置

出口标志灯的设置应符合下列要求:

①应设置在疏散门的上方。

②应设置在敞开楼梯间、封闭楼梯间、防烟楼梯间、防烟楼梯间前室入口的上方。

③应设置在室外疏散楼梯出口的上方。

④需要借用相邻防火分区疏散的防火分区中,应设置在通向被借用防火分区甲级防火门的上方。

（3）有维护结构的疏散走道、楼梯方向标志灯的设置

有维护结构的疏散走道、楼梯方向标志灯的设置应符合下列规定:

①应设置在走道、楼梯两侧距地面、梯面高度 1 m 以下的墙面、柱面上。

②当安全出口或疏散门在疏散走道侧边时,应在疏散走道上方增设指向安全出口或疏散门的方向标志灯。

③方向标志灯的标志面与疏散方向垂直时,灯具的设置间距不应大于20 m。方向标志灯的标志面与疏散方向平行时,灯具的设置间距不应大于10 m。

(4)开敞空间场所疏散通道方向标志灯的设置

展览厅、商店、候车(船)室、民航候机厅、营业厅等开敞空间场所的疏散通道应符合下列规定:

①当疏散通道两侧设置了墙、柱等结构时,方向标志灯应设置在距地面高度1 m以下的墙面、柱面上;当疏散通道两侧无墙、柱等结构时,方向标志灯应设置在疏散通道的上方。

②方向标志灯的标志面与疏散方向垂直时,特大型或大型方向标志灯的设置间距不应大于30 m,中型或小型方向标志灯的设置间距不应大于20 m;方向标志灯的标志面与疏散方向平行时,特大型或大型方向标志灯的设置间距不应大于15 m,中型或小型方向标志灯的设置间距不应大于10 m。

(5)保持视觉连续的方向标志灯的设置

保持视觉连续的方向标志灯应设置在疏散走道、疏散通道地面的中心位置;

灯具的设置间距不应大于3 m。

6.1.3 系统其他设计要求

1)系统配电的设计

(1)灯具供配电设计基本规定

灯具的电源由主电源和蓄电池电源组成。根据灯具蓄电池电源供电方式的不同,分为集中电源供电方式和灯具自带蓄电池供电方式:

①采用集中电源供电方式时,灯具的主电源和蓄电池电源均由集中电源供电,灯具的主电源和蓄电池电源在集中电源内部实现输出转换后直接经由同一配电回路为灯具供电。

②采用自带蓄电池供电方式时,灯具的主电源由应急照明配电箱的配电回路供电,应急照明配电箱的主电源断电后,灯具自动转入自带蓄电池供电。

(2)系统运行稳定性和应急启动可靠性的基本保障要求

①为保障系统运行的稳定性,应急照明配电箱或集中电源的输入及输出回路中不应装设剩余电流动作保护器。

②为保障系统应急启动的可靠性,输出回路严禁接入系统以外的开关装置、插座及其他负载。

(3)灯具配电回路概念及运行保障措施

①配电回路概念:

a.采用集中电源型灯具的系统中,配电回路是指集中电源直接为灯具提供主电源和蓄电池电源供电的输出回路;

b.采用自带电源型灯具的系统中,配电回路是指经应急照明配电箱分配电后为灯具提供主电源供电的输出回路。

②灯具配电回路应按水平疏散区域和竖向疏散区域进行设计,并应采取以下确保系统运行稳定性和可靠性的保障措施:任一配电回路配接灯具的数量不宜超过60只;配接灯具的额定功率总和不应大于配电回路额定功率的80%;A型灯具配电回路的额定电流不应大于6 A;B型灯具配电回路的额定电流不应大于10 A。

2）应急照明控制器及集中控制型系统通信线路的设计

（1）应急照明控制器容量

①任一台应急照明控制器直接控制灯具的总数量不应大于3 200。

②设置灯具数量超过3 200的系统，需要设置多台应急照明控制器，此时应设置一台具有最高管理权限的应急照明控制器作为起集中控制功能的应急照明控制器，由该控制器实现对其他控制器及其配接系统部件的集中监管。

③系统设置多台应急照明控制器时，起集中控制功能的应急照明控制器的控制、显示功能尚应符合下列规定：应能按预设逻辑自动、手动控制其他应急照明控制器配接系统设备的应急启动；应能接收、显示、保持其他应急照明控制器及其配接的灯具、集中电源或应急照明配电箱的工作状态信息。

（2）应急照明控制器的设置

应急照明控制器的设置应符合下列规定：

①应设置在消防控制室内或有人值班的场所。

②系统设置多台应急照明控制器时，起集中控制功能的应急照明控制器应设置在消防控制室内，其他应急照明控制器可设置在电气竖井、配电间等无人值班的场所。

③在消防控制室地面上设置时，应符合《火灾自动报警系统设计规范》（GB 50116—2013）关于消防控制室内设备布置的规定；在消防控制室墙面上设置时，有关要求同火灾报警控制器和消防联动控制器设置在墙面上的规定。

（3）应急照明控制器在火灾等紧急情况下供电可靠性措施

①为保障应急照明控制器在火灾等紧急情况下供电的可靠性，要求应急照明控制器的主电源应由消防电源供电。

②为了保障应急照明控制器在火灾状态下能满足相应的持续工作时间要求，应急照明控制器应自带蓄电池电源，且在主电源断电的情况下，蓄电池电源的容量满足控制器持续、稳定工作3 h的需求。

（4）集中控制型系统通信线路的设计

集中电源或应急照明配电箱应按灯具配电回路设置灯具通信回路，且灯具配电回路和灯具通信回路配接的灯具应一致。

3）系统线路的选择

（1）线路选择的一般规定

①系统线路应选择铜芯导线或铜芯电缆。

②系统线路电压等级的选择应确保系统供电安全可靠。

（2）地面上线路耐腐蚀要求

①地面上设置的标志灯的配电线路和通信线路应选择耐腐蚀橡胶线缆。

②灯具设置在地面上时，地面上产生的积水尤其是卫生清扫时产生的污水极易侵蚀连接灯具的通信及供电线路，因此对该类线路增加了耐腐蚀的性能要求。

（3）线路的阻燃耐火性能规定

①集中控制型系统中，除地面上设置的灯具外，系统的配电线路应选择耐火线缆，系统的通信线路应选择耐火线缆或耐火光纤。

②非集中控制型系统中,除地面上设置的灯具外,系统配电线路的选择应符合下列规定:灯具采用自带蓄电池供电时,系统的配电线路应选择阻燃或耐火线缆;灯具采用集中电源供电时,系统的配电线路应选择耐火线缆。

4)备用照明设计

(1)设置备用照明的场所

避难间(层)及配电室、消防控制室、消防水泵房、自备发电机房等发生火灾时仍需工作、值守的区域应同时设置备用照明、疏散照明和疏散指示标志。

(2)备用照明设计规定

系统备用照明的设计应符合下列规定:

①备用照明灯具可采用正常照明灯具,在发生火灾时应保持正常的照度;

②备用照明灯具应由正常照明电源和消防电源专用应急回路互投后供电,在正常照明电源切断后转入消防电源专用应急回路供电。

📖 任务测试

一、单项选择题

1. 应急照明及疏散指示系统灯具应选择采用(　　　)的灯具。

A. 高亮光源　　　　　B. 清洁能源　　　　　C. 节能光源　　　　　D. 自带电源

2. 地面上设置的消防应急标志灯应选择(　　　)灯具。

A. 自带电源 A 型　　B. 集中电源 A 型　　C. 集中电源 B 型　　D. 自带电源 B 型

3. 消防应急灯具及其连接附件在室外或地面上设置时,其防护等级不应低于(　　　)。

A. IP67　　　　　　B. IP65　　　　　　C. IP34　　　　　　D. IP55

4. 室内高度为 3.5~4.5 m 的场所,应选择(　　　)。

A. 特大型或大型标志灯　　　　　　B. 大型或中型标志灯

C. 中型或小型标志灯　　　　　　　D. 大型或小型标志灯

5. 火灾状态下,高危险场所灯具光源应急点亮的响应时间不应大于(　　　)。

A. 5 s　　　　　　　B. 10 s　　　　　　C. 0.50 s　　　　　D. 0.25 s

6. 方向标志灯的标志面与疏散方向垂直时,灯具的设置间距不应大于_____;方向标志灯的标志面与疏散方向平行时,灯具的设置间距不应大于_____。(　　　)

A. 20 m　10 m　　B. 30 m　20 m　　C. 25 m　15 m　　D. 30 m　10 m

7. 任一台应急照明控制器直接控制灯具的总数量不应大于(　　　)。

A. 1 600　　　　　B. 2 600　　　　　C. 2 200　　　　　D. 3 200

8. 地面上设置的标志灯的配电线路和通信线路应选择(　　　)。

A. 耐火线缆　　　B. 耐腐蚀橡胶线缆　C. 阻燃线缆　　　　D. 绝缘护套线缆

二、多项选择题

1. 标志灯的设置应保证人员能够清晰地辨识(　　　)。

A. 疏散路径　　　　　　　　　　　B. 所处的房间位置

C. 疏散方向　　　　　　　　　　　D. 安全出口的位置

E. 所处的楼层位置

2. 灯具的选择应符合下列(　　　)规定。

A. 应选择采用节能光源的灯具

B.不应采用蓄光型指示标志替代消防应急标志灯具

C.灯具的蓄电池电源宜优先选择安全性高、不含重金属等对环境有害物质的蓄电池

D.设置在距地面 8 m 及以下的灯具应选择 A 型灯具

E.在顶棚、疏散路径上方设置的灯具的面板或灯罩应采用玻璃材质

3.下列方向标志灯的布置正确的是(　　　)。

A.方向标志灯的标志面与疏散方向垂直时,特大型或大型方向标志灯的设置间距不应大于 30 m

B.方向标志灯的标志面与疏散方向垂直时,中型或小型方向标志灯的设置间距不应大于 20 m

C.方向标志灯的标志面与疏散方向平行时,特大型或大型方向标志灯的设置间距不应大于 15 m

D.方向标志灯的标志面与疏散方向平行时,中型或小型方向标志灯的设置间距不应大于 10 m

E.保持视觉连续的方向标志灯应设置在疏散走道、疏散通道地面的中心位置,灯具的设置间距不应大于 2 m

4.(　　　)等发生火灾时仍需工作、值守的区域应同时设置备用照明、疏散照明和疏散指示标志。

A.避难间(层)　　　　　　　　　　B.配电室

C.消防控制室　　　　　　　　　　D.洗衣房

E.自备发电机房

任务 6.2　应急照明及疏散指示系统的安装

6.2.1　一般规定

1)分部分项工程划分

系统的分部、分项工程应按《消防应急照明和疏散指示系统技术标准》(GB 51309—2018)的相关规定划分。

2)施工准备及施工过程的质量控制

(1)施工准备

应急照明及疏散指示系统施工前应具备下列条件:

①应具备下列经批准的消防设计文件:系统图;各防火分区、楼层的疏散指示方案;设备布置平面图、接线图,安装图;系统控制逻辑设计文件。

②系统设备的现行国家标准、系统设备的使用说明书等技术资料齐全。

③设计单位向建设、施工、监理单位进行技术交底,明确相应技术要求。

④材料、系统部件及配件齐全,规格、型号符合设计要求,能够保证正常施工。

⑤经检查,与系统施工相关的预埋件、预留孔洞等符合设计要求。

⑥施工现场及施工中使用的水、电、气能够满足连续施工的要求。

（2）施工过程质量控制

系统施工过程的质量控制应符合下列规定：

①监理单位应组织施工单位对材料、系统部件及配件进行进场检查，并按规定填写记录，检查不合格者不得使用。

②系统施工过程中，施工单位应做好施工、设计变更等相关记录。

③各工序应按照施工技术标准进行质量控制，每道工序完成后应进行检查；相关各专业工种之间交接时，应经监理工程师检验认可；不合格应进行整改，检查合格后方可进入下一道工序。

④监理工程师应组织施工单位人员对系统的安装质量进行全数检查，并按规定填写记录。隐蔽工程的质量检查宜保留现场照片或视频记录。

⑤系统施工结束后，施工单位应完成竣工图及竣工报告。

3）系统施工依据

系统的施工，应按照批准的工程设计文件和施工技术标准进行。

4）施工方案编写

系统的施工应按设计文件要求编写施工方案，施工现场应具有必要的施工技术标准、健全的施工质量管理体系和工程质量检验制度，建设单位应组织监理单位进行检查，并应按相关规定填写记录。

6.2.2　材料、设备进场检查

（1）文件查验

材料、系统部件及配件进入施工现场应有清单、使用说明书、质量合格证明文件、国家法定质检机构的检验报告、认证证书和认证标识等文件。

（2）产品与认证证书和检验报告一致性检查

①系统中的应急照明控制器、集中电源、应急照明配电箱、灯具应是通过国家认证的产品，产品名称、型号、规格应与认证证书和检验报告一致。

②系统部件及配件的规格、型号应符合设计文件的规定。

（3）系统部件及配件外观检查

系统部件及配件表面应无明显划痕、毛刺等机械损伤，紧固部位应无松动。

6.2.3　布线及系统组件安装

1）布线

（1）系统线路防护方式

系统线路的防护方式应符合下列规定：

①系统线路暗敷设时，应采用金属管、可弯曲金属电气导管或 B_1 级及以上的刚性塑料管保护。

②各类管路暗敷时，应敷设在不燃性结构内，且保护层厚度不应小于 30 mm。

③系统线路明敷设时，应采用金属管、可弯曲金属电气导管或槽盒保护。

④矿物绝缘类不燃性电缆可直接明敷。

（2）支吊点设置

①各类管路明敷时，应在下列部位设置吊点或支点，吊杆直径不应小于6 mm：管路始端、终端及接头处；距接线盒0.2 m处；管路转角或分支处；直线段不大于3 m处。

②槽盒敷设时，应在下列部位设置吊点或支点，吊杆直径不应小于6 mm：槽盒始端、终端及接头处；槽盒转角或分支处；直线段不大于3 m处。

（3）接线盒装设

符合下列条件时，管路应在便于接线处装设接线盒：

①管子长度每超过30 m，无弯曲时。

②管子长度每超过20 m，有1个弯曲时。

③管子长度每超过10 m，有2个弯曲时。

④管子长度每超过8 m，有3个弯曲时。

（4）系统布线的其他要求

①系统应单独布线。除设计要求以外，不同回路、不同电压等级、交流与直流的线路，不应布在同一管内或槽盒的同一槽孔内。

②在管内或槽盒内的布线，应在建筑抹灰及地面工程结束后进行，管内或槽盒内不应有积水及杂物。

③槽盒接口应平直、严密，槽盖应齐全、平整、无翘角。

④线缆在管内或槽盒内，不应有接头或扭结；导线应在接线盒内采用焊接、压接、接线端子可靠连接。

⑤在地面上、多尘或潮湿场所，接线盒和导线的接头应做防腐蚀和防潮处理；具有IP防护等级要求的系统部件，其线路中接线盒应达到与系统部件相同的IP防护等级要求。

⑥系统导线敷设结束后，应用500 V兆欧表测量每个回路导线对地的绝缘电阻，且绝缘电阻值不应小于20 MΩ。

2）系统组件安装

（1）应急照明控制器、集中电源、应急照明配电箱的安装

①应急照明控制器、集中电源、应急照明配电箱的安装应符合下列规定：应安装牢固，不得倾斜；在轻质墙上采用壁挂方式安装时，应采取加固措施；落地安装时，其底边宜高出地（楼）面100～200 mm；设备在电气竖井内安装时，应采用下出口进线方式；设备接地应牢固，并应设置明显标识。

②应急照明控制器或集中电源的蓄电池（组），需进行现场安装时，应核对蓄电池（组）的规格、型号、容量，并应符合设计文件的规定，集中电源的前部和后部应适当留出更换蓄电池（组）的作业空间。蓄电池（组）的安装应符合产品使用说明书的要求。

③应急照明控制器、集中电源和应急照明配电箱的接线应符合下列规定：引入设备的电缆或导线，配线应整齐，不宜交叉，并应固定牢靠；线缆芯线的端部，均应标明编号，并与图纸一致，字迹应清晰且不易褪色；端子板的每个接线端，接线不得超过2根；线缆应留有不小于200 mm的余量；导线应绑扎成束；线缆穿管、槽盒后，应将管口、槽口封堵。

④应急照明控制器主电源应设置明显的永久性标识，并应直接与消防电源连接，严禁使用电源插头；应急照明控制器与其外接备用电源之间应直接连接。

（2）灯具安装

①一般规定

a.灯具应固定安装在不燃性墙体或不燃性装修材料上,不应安装在门、窗或其他可移动的物体上。

b.灯具安装后不应对人员正常通行产生影响,灯具周围应无遮挡物,并应保证灯具上的各种状态指示灯易于观察。

②照明灯安装应符合以下规定:

a.照明灯宜安装在顶棚上,照明灯不应安装在地面上。

b.当条件限制时,照明灯可安装在走道侧面墙上,安装高度不应在距地面1~2 m;在距地面1 m以下侧面墙上安装时,应保证光线照射在灯具的水平线以下。

③标志灯安装应符合以下规定:

a.标志灯的标志面宜与疏散方向垂直。

b.出口标志灯应安装在安全出口或疏散门内侧上方居中的位置;受安装条件限制标志灯无法安装在门框上侧时,可安装在门的两侧,但门完全开启时标志灯不能被遮挡。

c.方向标志灯的安装应保证标志灯的箭头指示方向与疏散指示方案一致。

d.楼层标志灯应安装在楼梯间内朝向楼梯的正面墙上,底边距地面的高度宜为2.2~2.5 m。

e.多信息复合标志灯在安全出口、疏散出口附近设置时,应安装在安全出口、疏散出口附近疏散走道、疏散通道的顶部,指示疏散方向的箭头应指向安全出口、疏散出口。

📖 任务测试

一、单项选择题

1.楼层标志灯应安装在楼梯间内朝向楼梯的正面墙上,标志灯底边距地面的高度宜为（   ）。

A.2.5~3.0 m　　　B.1.6~1.8 m　　　C.1.8~2.2 m　　　D.2.2~2.5 m

2.应急照明控制器、集中电源和应急照明配电箱的接线时,应保障线缆留有不小于（   ）的余量。

A.100 m　　　B.200 m　　　C.250 m　　　D.300 m

3.在地面上、多尘或潮湿场所,接线盒和导线的接头应做（   ）处理。

A.防尘和密封　　　B.防腐蚀和防水　　　C.防腐蚀和防潮　　　D.防尘和防水

4.下列关于应急照明控制器主电源安装的表述,正确的是（   ）。

A.应设置明显的永久性标识

B.应直接与消防电源连接,严禁使用电源插头

C.应急照明控制器与其外接备用电源之间应直接连接

D.以上均正确

5.消防应急照明和疏散指示系统施工结束后,（   ）应完成竣工图及竣工报告。

A.施工单位　　　B.建设单位　　　C.监理单位　　　D.设计单位

6.消防应急照明和疏散指示系统施工,管子长度每超过（   ）且无弯曲时,应装设接线盒。

A.8 m　　　B.30 m　　　C.25 m　　　D.10 m

7.线缆在管内或槽盒内,不应有接头或扭结;导线应在接线盒内采用( )可靠连接。

A. 焊接　　　　　　B. 压接　　　　　　C. 接线端子　　　　　　D. 以上均正确

8.系统线路采用槽盒敷设时,应设置吊点或支点,吊杆直径不应小于( )。

A. 6 mm　　　　　　B. 5 mm　　　　　　C. 8 mm　　　　　　D. 7 mm

二、多项选择题

1.关于应急照明控制器、集中电源、应急照明配电箱的安装,下列表述正确的是( )。

A. 应安装牢固,不得倾斜

B. 在轻质墙上采用壁挂方式安装时,应采取加固措施

C. 落地安装时,其底边宜高出地(楼)面100~200 mm

D. 设备在电气竖井内安装时,应采用上出口进线方式

E. 设备接地应牢固,并应设置明显标识

2.应急照明控制器或集中电源的蓄电池(组),需进行现场安装时,应核对蓄电池(组)的( ),并应符合设计文件的规定,蓄电池(组)的安装应符合产品使用说明书的要求。

A. 品牌　　　　　　B. 规格　　　　　　C. 生产日期　　　　　　D. 型号

E. 容量

3.消防应急照明和疏散指示系统应单独布线。除设计要求以外,( )的线路,不应布在同一管内或槽盒的同一槽孔内。

A. 不同回路　　　　B. 不同电压等级　　　　C. 不同防火分区　　　　D. 不同楼层

E. 交流与直流

4.消防应急灯具安装应满足以下( )一般规定。

A. 应固定安装在不燃性墙体或不燃性装修材料上

B. 不应安装在门、窗或其他可移动的物体上

C. 灯具安装后不应对人员正常通行产生影响

D. 灯具周围应无遮挡物

E. 并应保证灯具上的各种状态指示灯易于观察

5.应急照明控制器、集中电源和应急照明配电箱的接线,应符合下列( )规定。

A. 引入设备的电缆或导线,配线应整齐,不宜交叉,并应固定牢靠

B. 线缆芯线的端部,均应标明编号,并与图纸一致,字迹应清晰且不易褪色

C. 端子板的每个接线端,接线不得超过3根

D. 线缆应留有不小于150 mm的余量

E. 导线应绑扎成束,线缆穿管、槽盒后,应将管口、槽口封堵

任务 6.3 应急照明及疏散指示系统的调试

6.3.1 一般规定与调试准备

1) 一般规定

(1) 调试组织

施工结束后,建设单位应根据设计文件和《消防应急照明和疏散指示系统技术标准》(GB 51309—2018)的规定,按照规定的检查项目、检查内容和检查方法,组织施工单位或设备制造企业,对系统进行调试,并按规定填写记录;系统调试前,应编制调试方案。

(2) 系统调试事项及要求

① 系统调试应包括系统部件的功能调试和系统功能调试。

② 系统调试应符合下列规定:

a. 对应急照明控制器、集中电源、应急照明配电箱、灯具的主要功能进行全数检查,应急照明控制器、集中电源、应急照明配电箱、灯具的主要功能、性能应符合现行国家标准《消防应急照明和疏散指示系统》(GB 17945—2024)的规定;

b. 对系统功能进行检查,系统功能应符合《消防应急照明和疏散指示系统技术标准》(GB 51309—2018)和设计文件的规定;

c. 主要功能、性能不符合规定的系统部件应予以更换,系统功能不符合设计文件规定的项目应进行整改,并应重新进行调试。

(3) 系统恢复

在部件调试或者系统功能调试过程中,可能会对系统线路进行短路、断路处理;同时为了防止系统部件的误动作,还会切断部分系统部件之间的连接,系统调试结束后,应恢复系统部件之间的正常连接,并使系统部件恢复到正常工作状态。

(4) 调试报告及相关材料提交

系统调试结束后,应编写调试报告;施工单位、设备制造企业应向建设单位提交系统竣工图,材料、系统部件及配件进场检查记录,安装质量检查记录,调试记录及产品检验报告,合格证明材料等相关材料。

2) 调试准备

(1) 系统部件核查

系统调试前,应按设计文件核查系统部件的规格、型号、数量、备品备件的数量,以确保系统部件的规格、型号、数量、备品备件与设计文件一致。

(2) 线路检查

对系统的线路进行检查,对于错线、开路、虚焊、短路、绝缘电阻小于 20 MΩ 等问题,应采取相应的处理措施,以确保系统运行的稳定性和可靠性。

(3) 地址设置及地址注释

集中控制型系统调试前,应对灯具、集中电源或应急照明配电箱进行地址设置及地址注

释,并应符合下列规定:

①应对应急照明控制器配接的灯具、集中电源或应急照明配电箱进行地址编码,每一台灯具、集中电源或应急照明配电箱应对应一个独立的识别地址,以快速识别灯具的设置部位,便于系统的日常维护管理。

②应急照明控制器对其所配接的灯具、集中电源或应急照明配电箱等系统部件按地址编码进行地址注册,并录入配接部件的地址编码及具体设置部位等地址注释信息。

③应按规定填写系统部件设置情况记录,以便于系统的使用维护。

(4)逻辑编程

集中控制型系统调试前,应按照系统控制逻辑设计文件的规定,进行应急照明控制器控制逻辑的编程,并将控制程序录入应急照明控制器中;应按规定填写应急照明控制器控制逻辑编程记录。

(5)系统调试前应具备的技术文件

系统调试前,应准备好调试过程中所需参考的技术资料,包括:系统图、疏散指示方案和系统各工作模式设计文件、系统部件的现行国家标准、使用说明书、平面布置图和设置情况记录、系统控制逻辑设计文件等必要的技术文件。

(6)单机通电检查

为了避免由于设备自身的故障损坏系统其他部件,系统调试前,应对系统中的应急照明控制器、集中电源和消防应急照明配电箱等设备分别进行单机通电检查,系统部件无明显功能故障时,方能接入系统进行调试。

6.3.2 调试

1)应急照明控制器、集中电源和应急照明配电箱的调试

(1)应急照明控制器调试

①应将应急照明控制器与配接的集中电源、应急照明配电箱、灯具相连接后,接通电源,使控制器处于正常监视状态。

②应对控制器进行下列主要功能进行检查并记录:自检功能;操作级别;主、备电源的自动转换功能;故障报警功能;消音功能;一键检查功能。

(2)集中电源调试

①应将集中电源与灯具相连接后,接通电源,集中电源应处于正常工作状态。

②应对集中电源下列主要功能进行检查并记录:操作级别;故障报警功能;消音功能;电源分配输出功能;集中控制型集中电源转换手动测试功能;集中控制型集中电源通信故障连锁控制功能;集中控制型集中电源灯具应急状态保持功能。

(3)应急照明配电箱调试

①应接通应急照明配电箱的电源,使应急照明配电箱处于正常工作状态。

②应对应急照明配电箱进行下列主要功能检查并记录:主电源分配输出功能;集中控制型应急照明配电箱主电源输出关断测试功能;集中控制型应急照明配电箱通信故障连锁控制功能;集中控制型应急照明配电箱灯具应急状态保持功能。

2) 系统功能调试

(1) 非火灾状态下集中控制型的系统功能调试

① 系统功能调试前,集中电源的蓄电池组、灯具自带的蓄电池应连续充电 24 h。

② 调试应符合以下规定:

a. 根据系统设计文件的规定,应对系统的正常工作模式进行检查并记录,系统的正常工作模式应符合规定;

b. 切断集中电源、应急照明配电箱的主电源,根据系统设计文件的规定,对系统的主电源断电控制功能进行检查并记录,系统的主电源断电控制功能应符合规定;

c. 切断防火分区、楼层的正常照明配电箱的电源,根据系统设计文件的规定,对系统的正常照明断电控制功能进行检查并记录,系统的正常照明断电控制功能应符合规定。

(2) 火灾状态下集中控制型系统控制功能调试

① 系统功能调试前,应将应急照明控制器与火灾报警控制器、消防联动控制器相连,使应急照明控制器处于正常监视状态。

② 调试应符合以下规定:

a. 根据系统设计文件的规定,使火灾报警控制器发出火灾报警输出信号,对系统的自动应急启动功能进行检查并记录,系统的自动应急启动功能应符合规定;

b. 根据系统设计文件的规定,使消防联动控制器发出被借用防火分区的火灾报警区域信号,对需要借用相邻防火分区疏散的防火分区中标志灯指示状态的改变功能进行检查并记录,标志灯具的指示状态改变功能应符合规定;

c. 根据系统设计文件的规定,使消防联动控制器发出代表相应疏散预案的消防联动控制信号,对需要采用不同疏散预案的交通隧道、地铁隧道、地铁站台和站厅等场所中标志灯指示状态的改变功能进行检查并记录,标志灯具的指示状态改变功能应符合规定;

d. 手动操作应急照明控制器的一键启动按钮,对系统的手动应急启动功能进行检查并记录,系统的手动应急启动功能应符合规定。

(3) 非火灾状态下非集中控制型的系统功能调试

① 系统功能调试前,集中电源的蓄电池组、灯具自带的蓄电池应连续充电 24 h。

② 调试应符合以下规定:

a. 根据系统设计文件的规定,对系统的正常工作模式进行检查并记录,系统的正常工作模式应符合规定;

b. 非持续型照明灯具有人体、声控等感应方式点亮功能时,根据系统设计文件的规定,使灯具处于主电供电状态下,对非持续型灯具的感应点亮功能进行检查并记录,灯具的感应点亮功能应符合规定。

(4) 火灾状态下的非集中控制型系统控制功能调试

① 在设置区域火灾报警系统的场所,使集中电源或应急照明配电箱与火灾报警控制器相连,根据系统设计文件的规定,使火灾报警控制器发出火灾报警输出信号,对系统的自动应急启动功能进行检查并记录,系统的自动应急启动功能应符合规定。

② 根据系统设计文件的规定,对系统的手动应急启动功能进行检查并记录,系统的手动应急启动功能应符合规定。

（5）备用照明功能调试

根据设计文件的规定,对系统备用照明的功能进行检查并记录,系统备用照明的功能应符合下列规定:切断为备用照明灯具供电的正常照明电源输出;消防电源专用应急回路供电应能自动投入为备用照明灯具供电。

任务测试

一、单项选择题

1.应急照明及疏散指示系统调试前,应按(　　)核查系统部件的规格、型号、数量、备品备件的数量。

A.库存清单　　　　　B.设计文件　　　　　C.施工条件　　　　　D.采购合同

2.应急照明及疏散指示系统调试前应对系统的(　　)进行检查,对于错线、开路、虚焊、短路、绝缘电阻小于 20 MΩ 等问题,应采取相应的处理措施。

A.水管　　　　　　　B.气管　　　　　　　C.管路　　　　　　　D.线路

3.集中控制型系统调试前,应按照系统控制逻辑设计文件的规定,进行应急照明控制器(　　),并将控制程序录入应急照明控制器中。

A.控制逻辑的编程　　B.地址编码　　　　　C.地址注册　　　　　D.录入地址注释信息

4.应急照明及疏散指示系统调试前,应对系统中的应急照明控制器、集中电源和消防应急照明配电箱等设备分别进行(　　),系统部件无明显功能故障时,方能接入系统进行调试。

A.设备外观检查　　　B.设备完整性检查　　C.单机通电检查　　　D.单机稳定性检查

5.应急照明及疏散指示系统功能调试前,集中电源的蓄电池组、灯具自带的蓄电池应连续充电(　　)。

A.6 h　　　　　　　　B.8 h　　　　　　　　C.12 h　　　　　　　D.24 h

二、多项选择题

1.应急照明及疏散指示系统施工结束后,应对下列(　　)系统设备进行调试,并按规定填写记录。

A.应急照明控制器　　　　　　　　B.蓄电池(组)

C.集中电源　　　　　　　　　　　D.外接备用电源

E.应急照明配电箱

2.应急照明及疏散指示系统调试结束后,应编写调试报告;施工单位、设备制造企业应向建设单位提交(　　),合格证明材料等相关材料。

A.系统竣工图

B.材料、系统部件及配件采购单据

C.材料、系统部件及配件进场检查记录

D.安装质量检查记录

E.调试记录及产品检验报告

3.应急照明及疏散指示系统调试前应对系统的线路进行检查,对于(　　)等问题,应采取相应的处理措施,以确保系统线路的施工质量满足要求,有效保证系统运行的稳定性和可靠性。

A.错线　　　　　　　B.开路　　　　　　　C.虚焊　　　　　　　D.短路

E.绝缘电阻小于 20 MΩ

4. 应急照明控制器调试时,下列事项不属于应进行检查并记录的主要功能是(　　)。

A. 隔离功能　　　　　　　　　　　B. 操作级别

C. 主、备电源的自动转换功能　　　D. 负载功能

E. 一键检查功能

5. 集中电源调试时,下列事项不属于应进行检查并记录的主要功能是(　　)。

A. 自检功能　　　　　　　　　　　B. 故障报警功能

C. 主、备电源的自动转换功能　　　D. 电源分配输出功能

E. 一键检查功能

项目 7　水喷雾灭火系统

📖 项目概述

水喷雾灭火系统是在自动喷水灭火系统的基础上发展起来的,主要用于火灾蔓延快且适合用水但自动喷水灭火系统又难以保护的场所。

水喷雾灭火系统同其他自动喷水灭火系统在组成上相比,特别之处在于采用水雾喷头。水雾喷头是在一定压力作用下,在设定区域内能将水流分解为直径小于 1 mm、具有较高的电绝缘性能和良好的灭火性能的细小水雾,并按设计的洒水形状喷出的喷头。水喷雾灭火系统具有工作压力高、流量大、灭火与防护冷却供给强度高、水雾喷头易堵塞等特点,要求过滤器与雨淋报警阀之间及雨淋报警阀后的管道采用内外热浸镀锌钢管、不锈钢管或铜管,以保证过滤器后的管道不再有影响雨淋报警阀、水雾喷头正常工作的锈渣生成。

水喷雾灭火系统具有灭火和防护冷却两个防护目的,其适用范围随不同的防护目的而设定。灭火时,水喷雾灭火系统可用于扑救固体物质火灾、丙类液体火灾、饮料酒火灾和电气火灾,如输送皮带机、油浸变压器、电缆隧道、陶坛酒库等;防护冷却时,水喷雾灭火系统可用于可燃气体和甲、乙、丙类液体的生产、储存装置或装卸设施的防护冷却,如用于甲$_B$、乙、丙类液体储罐、液化烃或类似液体储罐、液化石油气瓶库等的防护冷却。

水喷雾灭火系统不得用于扑救遇水能发生化学反应造成燃烧、爆炸的火灾,以及水雾会对保护对象造成明显损害的火灾。

📖 知识目标

1. 了解系统的分类、组成及灭火机理。

2. 掌握系统基本设计参数及主要组件的设置要求。

📖 技能目标

1. 了解水喷雾灭火系统的安装及调试的一般规定。

2. 熟悉系统进场检验及安装要求。

3. 掌握系统调试规定。

任务 7.1　水喷雾灭火系统的设计

7.1.1　系统的分类、组成及灭火机理

1)系统分类

水喷雾灭火系统按启动方式,可分为电动启动水喷雾灭火系统和传动管启动水喷雾灭火系统。

(1)电动启动水喷雾灭火系统

电动启动水喷雾灭火系统是以火灾自动报警系统为火灾探测手段,发生火灾时,通过火灾探测器等联动触发器件探测火灾并发出火灾报警信号;确认火灾后,由火灾报警控制器打开控制雨淋报警阀的电磁阀,雨淋报警阀控制腔的压力下降,雨淋报警阀打开,供水侧压力降低,压力开关连锁启动消防水泵,系统开式喷头喷水灭火。图 7.1 所示为电动启动水喷雾灭火系统示意图。

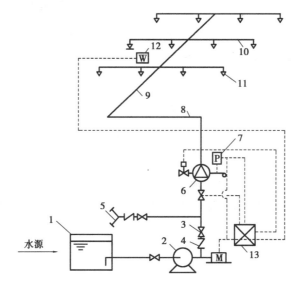

图 7.1　电动启动水喷雾灭火系统示意图

1—消防水池;2—消防水泵;3—闸阀;4—止回阀;5—消防水泵接合器;6—雨淋报警阀;7—压力开关;
8—配水干管;9—配水管;10—配水支管;11—水喷雾喷头;12—感温火灾探测器;13—火灾报警控制器;
P—压力开关;M—驱动电动机

(2)传动管启动水喷雾灭火系统

传动管是利用闭式喷头探测火灾,并利用气压或水压的变化传输信号的管道。传动管启动水喷雾灭火系统是通过传动管探测火灾并启动系统,按照传动管内充压介质的不同,可分为充液(一般为压力水)和充气(一般为压缩空气)两种类型。对于充液传动管启动的系统,闭式喷头动作后,传动管内的压力下降,雨淋报警阀控制腔压力下降,雨淋报警阀打开。对于充气传动管启动的系统,闭式喷头动作后传动管内的压力下降,传动管与雨淋报警阀控制腔

之间的气动阀动作、排水,使雨淋报警阀控制腔的压力下降,雨淋阀打开。雨淋阀打开后系统供水侧压力下降,压力开关自动启动消防水泵,系统开式喷头喷水灭火。传动管启动水喷雾灭火系统适用于不适合电动启动的防爆场所。图 7.2 所示为传动管启动水喷雾灭火系统示意图。

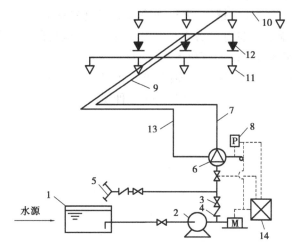

图 7.2 传动管启动水喷雾灭火系统示意图

1—消防水池;2—消防水泵;3—闸阀;4—止回阀;5—消防水泵接合器;6—雨淋报警阀;7—配水干管;
8—压力开关;9—配水管;10—配水支管;11—水雾喷头;12—闭式洒水喷头;13—传动管;
14—火灾报警控制器;P—压力开关;M—驱动电动机

2)系统组成

水喷雾灭火系统通常由水源、供水设备、管道、雨淋报警阀组、过滤器和水雾喷头等组成。水喷雾灭火系统的水源、供水设备、雨淋报警阀组等与自动喷水灭火系统的相关设备要求相同,这里不再赘述。

水雾喷头是在一定的压力作用下,利用离心或撞击原理将水流分解成细小水雾滴的喷头。

(1)水雾喷头分类

水雾喷头按结构特点,可分为离心雾化型水雾喷头和撞击雾化型水雾喷头两种。

①离心雾化型水雾喷头由喷头体、涡流器组成,水在较高的水压下通过喷头内部的离心旋转形成水雾喷射出来,它形成的水雾同时具有良好的电绝缘性,扑救电气火灾应选用离心雾化型水雾喷头。离心雾化型水雾喷头如图 7.3 所示。

图 7.3 离心雾化型水雾喷头

图 7.4 撞击雾化型水雾喷头

②撞击雾化型水雾喷头的压力水流通过撞击外置的溅水盘,在设定区域分散为均匀的锥形水雾。撞击雾化型水雾喷头根据需要可以水平安装,也可以下垂、斜向安装。撞击雾化型

水雾喷头如图7.4所示。

（2）水雾喷头主要性能参数

水雾喷头的主要性能参数包括工作压力、雾化角、有效射程和雾滴尺寸等。

①水雾喷头的雾化效果与喷头的工作压力有直接关系。通常情况下，喷头的工作压力越大，其水雾滴粒径越小，雾化效果越好，灭火和冷却效率也就越高。当水雾喷头的工作压力大于或等于0.2 MPa时，能获得良好的分布形状和雾化效果，满足防护冷却的要求；当压力大于或等于0.35 MPa时，能获得良好的雾化效果，满足灭火的要求。

②水雾喷头喷出的水雾形成围绕喷头轴心线扩展的圆锥体，其锥顶角为水雾喷头的雾化角。水雾喷头常见的雾化角有45°、60°、90°、120°和150°五种规格。水雾喷头雾化角如图7.5所示。

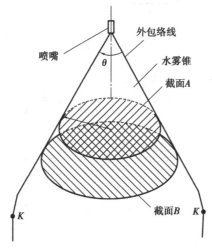

图7.5　水雾喷头雾化角示意图

③水雾喷头的有效射程是指喷头水平喷射时，水雾达到的最高点与喷口之间的距离。有效射程是水雾喷头的重要性能参数，在有效射程范围内的水雾密集、速度适中，可满足灭火控火或防护冷却的要求，因此，水雾喷头与保护对象的距离不应大于水雾喷头的有效射程。水雾喷头的有效射程如图7.6所示。

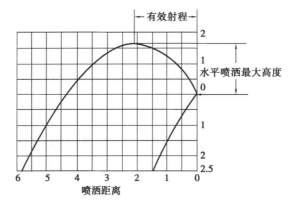

图7.6　水雾喷头的有效射程示意图

④水雾喷头的雾滴尺寸一般以雾滴体积百分比特征直径 $D_{v0.90}$ 表示，该值表示喷雾液体总体积中，在该直径以下雾滴所占体积的百分比为90%。一般情况下，水雾滴平均直径随喷

头工作压力的变化而变化,压力越大,雾滴尺寸越小。

3)系统的灭火机理

水喷雾灭火系统的灭火机理包括表面冷却、窒息、乳化和稀释。

①相同体积的水以水雾滴形态喷出时的表面积比直射流形态喷出时的表面积要大几百倍,当水雾滴喷射到燃烧物质表面时,因换热面积大而吸收大量的热能并迅速汽化,使燃烧物质表面温度迅速降到物质热分解所需要的温度以下,热分解中断,燃烧即终止。

②水雾滴受热后汽化形成水蒸气,其体积约为原液态水体积的1 680倍,可使燃烧物质周围空气中的氧含量降低,燃烧将会因缺氧而受到抑制或中断,实现窒息灭火。

③乳化只适用于不溶于水的可燃液体,当水雾滴喷射到正在燃烧的液体表面时,由于水雾滴的冲击,在液体表层产生搅拌作用,与水不相容的可燃液体与细小水滴产生乳化,并在液体表层产生乳化层,由于乳化层的不燃性而使燃烧中断。

④对于水溶性液体火灾,利用水来稀释液体,使液体的燃烧速度降低,并有足够的喷雾强度和覆盖面实现灭火。

7.1.2　系统基本设计参数及主要组件的设置

1)系统基本设计参数

水喷雾灭火系统的基本设计参数应根据系统的防护目的和保护对象确定。

(1)水雾喷头的工作压力

用于灭火时,水雾喷头的工作压力不应小于0.35 MPa;用于防护冷却时,水雾喷头的工作压力不应小于0.2 MPa,但对于甲$_B$、乙、丙类液体储罐防护冷却时,水雾喷头的工作压力不应小于0.15 MPa。

(2)保护面积

保护面积是指保护对象的全部暴露外表面面积。水喷雾灭火系统主要用于保护室外的大型专用设施或设备,同时也用于保护建筑物内的设施或设备,其保护面积按《水喷雾灭火系统技术规范》(GB 50219—2014)的有关规定确定。例如:当保护对象具有规则的外形时,按保护对象的规则外表面面积确定;当保护对象的外形不规则时,应按包容保护对象的最小规则形体的外表面面积确定;不同的保护对象,有不同的保护面积计算规则。

(3)供给强度、持续供给时间和响应时间

系统的供给强度是指系统在单位时间内向单位保护面积喷洒的水量。响应时间是指自启动系统供水设施起,至系统中最不利点水雾喷头喷出水雾的时间。供给强度、持续供给时间和响应时间应按照《水喷雾灭火系统技术规范》(GB 50219—2014)的有关规定确定。例如:保护对象为固体物资火灾,以灭火为防护目的时,供给强度不应小于15 L/(min·m^2)、持续供给时间不应小于1 h,响应时间不应小于60 s;保护对象为液化石油气灌瓶间、瓶库,以防护冷却为目的时,供给强度不应小于9 L/(min·m^2)、持续供给时间不应小于6 h,响应时间不应小于60 s;不同的保护对象、防护目的,系统的供给强度、持续供给时间和响应时间不尽相同。

2)系统组件的设置

(1)水雾喷头

①水雾喷头的选型:扑救电气火灾应选用离心雾化型水雾喷头;室内粉尘场所设置的水

雾喷头应带防尘帽,室外设置的水雾喷头宜带防尘帽;离心雾化型水雾喷头应带柱状过滤网。

②水雾喷头布置的基本原则:水雾喷头的布置数量按保护对象的保护面积、设计供给强度和喷头的流量特性经计算确定。水雾喷头的位置根据喷头的雾化角、有效射程,按满足喷雾直接喷射并完全覆盖保护对象表面布置。当计算确定的布置数量不能满足上述要求时,适当增设喷头直至喷雾能够满足直接喷射并完全覆盖保护对象表面的要求。

（2）过滤器

在系统供水管道上选择适当位置设置过滤器是为了保障水流的畅通和防止杂物破坏雨淋报警阀的严密性,以及堵塞电磁阀、水雾喷头内部的水流通道。雨淋报警阀前的管道应设置可冲洗的过滤器,过滤器滤网应采用耐腐蚀金属材料,其网孔基本尺寸应为 0.60～0.71 mm。

（3）管道

水喷雾灭火系统管道的设置应符合以下规定:

①过滤器与雨淋报警阀之间及雨淋报警阀后的管道,应采用内外热浸镀锌钢管、不锈钢管或铜管;需要进行弯管加工的管道应采用无缝钢管。

②管道工作压力不应大于 1.6 MPa。

③应在管道的低处设置放水阀或排污口。

📖 **任务测试**

一、单项选择题

1.当水雾喷头的工作压力大于或等于(　　　)时,能获得良好的分布形状和雾化效果,满足防护冷却的要求。

　　A.0.2 MPa　　　　　　B.0.35 MPa　　　　　　C.0.15 MPa　　　　　　D.0.25 MPa

2.当水雾喷头的工作压力大于或等于(　　　)时,能获得良好的雾化效果,满足灭火的要求。

　　A.0.2 MPa　　　　　　B.0.35 MPa　　　　　　C.0.15 MPa　　　　　　D.0.25 MPa

3.水雾喷头的雾滴尺寸一般以雾滴体积百分比特征直径 $D_{v0.90}$ 表示,该值表示喷雾液体总体积中,在该直径以下雾滴所占体积的百分比为(　　　)。

　　A.50%　　　　　　　　B.70%　　　　　　　　C.80%　　　　　　　　D.90%

4.水喷雾灭火系统管道工作压力不应大于(　　　)。

　　A.1.2 MPa　　　　　　B.1.4 MPa　　　　　　C.1.6 MPa　　　　　　D.1.8 MPa

5.水喷雾灭火系统管道采用镀锌钢管时,公称直径不应小于_____ mm;采用不锈钢管或铜管时,公称直径不应小于_____ mm。(　　　)

　　A.25　20　　　　　　B.25　15　　　　　　C.15　20　　　　　　D.25　30

6.下列不属于水喷雾灭火系统基本设计参数的是(　　　)。

　　A.水雾喷头的工作压力　　　　　　　　B.保护面积

　　C.流量　　　　　　　　　　　　　　　D.响应时间

7.水喷雾灭火系统的供给强度是指系统在_____时间内向_____保护面积喷洒的水量。(　　　)

　　A.单位　单位　　　　　　　　　　　　B.单位　全部

　　C.启动　单位　　　　　　　　　　　　D.启动　全部

8.保护对象为固体物资火灾,以灭火为防护目的时,水喷雾灭火系统供给强度不应小于

(　　)L/(min·m²)、持续供给时间不应小于 1 h,响应时间不应小于 60 s。

A. 10　　　　　　B. 15　　　　　　C. 20　　　　　　D. 25

9. 当水喷雾灭火系统保护对象具有规则的外形时,保护面积按保护对象的(　　)确定。

A. 最大规则形体的外表面面积　　　　　B. 最小规则形体的外表面面积

C. 水平投影面积　　　　　　　　　　　D. 规则形体的外表面面积

10. 水喷雾灭火系统响应时间是指自启动系统供水设施起,至系统中(　　)水雾喷头喷出水雾的时间。

A. 最有利点　　　　B. 90%　　　　　C. 最不利点　　　　D. 50%

二、多项选择题

1. 水喷雾灭火系统按启动方式分,可分为(　　)水喷雾灭火系统。

A. 电动启动　　　B. 机械启动　　　C. 手动启动　　　D. 应急启动

E. 传动管启动

2. 水喷雾灭火系统通常由(　　)等组成。

A. 水源　　　　　B. 供水设备　　　C. 管道　　　　　D. 雨淋报警阀

E. 过滤器和水雾喷头

3. 水雾喷头是在一定的压力作用下,利用(　　)原理将水流分解成细小水雾滴的喷头。

A. 加压　　　　　B. 离心　　　　　C. 撞击　　　　　D. 雾化

E. 绝热

4. 水雾喷头常见的雾化角有(　　)等规格。

A. 45°　　　　　B. 60°　　　　　C. 90°　　　　　D. 120°

E. 150°

5. 水喷雾灭火系统的灭火机理包括(　　)。

A. 表面冷却　　　B. 抑制　　　　　C. 窒息　　　　　D. 乳化

E. 稀释

任务 7.2　水喷雾灭火系统的安装

7.2.1　一般规定

1)施工准备

(1)系统施工前应具备的技术资料

①经审核批准的设计施工图、设计说明书。

②主要组件的安装及使用说明书。

③消防泵、雨淋报警阀、沟槽式管接件、水雾喷头等系统组件应具备符合相关准入制度要求的有效证明文件和产品出厂合格证。

④阀门、压力表、管道过滤器、管材及管件等部件和材料应具备产品出厂合格证。

（2）系统施工前应具备的条件

①设计单位已向施工单位进行设计交底，并有记录；

②系统组件、管材及管件的规格、型号符合设计要求；

③与施工有关的基础、预埋件和预留孔经检查符合设计要求；

④场地、道路、水、电等临时设施满足施工要求。

2）质量管理与控制

（1）施工现场质量管理与控制

施工现场应具有相应的施工技术标准、健全的质量管理体系和施工质量检验制度，并应进行施工全过程质量控制。施工现场质量管理应按相关规定要求填写记录，检查结果应合格。

（2）施工过程质量控制规定

系统应按下列规定进行施工过程质量控制：

①应按《水喷雾灭火系统技术规范》（GB 50219—2014）的有关规定对系统组件、材料等进行进场检验，检验合格并经监理工程师签证后方可使用或安装。

②各工序应按施工技术标准进行质量控制，每道工序完成后，应进行检查，合格后方可进行下道工序施工。

③相关各专业工种之间应进行交接认可，并经监理工程师签证后，方可进行下道工序施工。

④应由监理工程师组织施工单位有关人员对施工过程质量进行检查，并应按规定进行记录，检查结果应全部合格。

⑤隐蔽工程在隐蔽前，施工单位应通知有关单位进行验收并按规定要求进行记录。

（3）施工依据及调试

①系统的施工应按经审核批准的设计施工图、技术文件和相关技术标准的规定进行。

②系统安装完毕，施工单位应进行系统调试。当系统需与有关的火灾自动报警系统及联动控制设备联动时，应联合进行调试。调试合格后，施工单位应向建设单位提供质量控制资料和施工过程检查记录。

7.2.2　进场检验及安装

1）进场检验

（1）管材及管件

①管材及管件的材质、规格、型号、质量等应符合国家现行有关产品标准和设计要求。

检查数量：全数检查。

检查方法：检查出厂检验报告与合格证。

②管材及管件的外观质量除应符合其产品标准的规定外，尚应符合下列要求：表面应无裂纹、缩孔、夹渣、折叠、重皮，且不应有超过壁厚负偏差的锈蚀或凹陷等缺陷；螺纹表面应完整无损伤，法兰密封面应平整光洁，无毛刺及径向沟槽；垫片应无老化变质或分层现象，表面应无折皱等缺陷。

检查数量：全数检查。

检查方法：直观检查。

③管材及管件的规格尺寸、壁厚及允许偏差应符合其产品标准和设计要求。

检查数量：每一规格、型号的产品按件数抽查 20%，且不得少于 1 件。

检查方法：用钢尺和游标卡尺测量。

（2）消防泵组、雨淋报警阀、气动控制阀、电动控制阀、沟槽式管接件、阀门、水力警铃、压力开关、压力表、管道过滤器、水雾喷头、水泵接合器等系统组件

①上述系统组件的外观质量应符合下列要求：应无变形及其他机械性损伤；外露非机械加工表面保护涂层应完好；无保护涂层的机械加工面应无锈蚀；所有外露接口应无损伤，堵、盖等保护物包封应良好；铭牌标记应清晰、牢固。

检查数量：全数检查。

检查方法：直观检查。

②上述系统组件的规格、型号、性能参数应符合国家现行产品标准和设计要求。

检查数量：全数检查。

检查方法：核查组件的规格、型号、性能参数等是否与相关准入制度要求的有效证明文件、产品出厂合格证及设计要求相符。

（3）阀门

①阀门的进场检验应符合下列要求：各阀门及其附件应配备齐全；控制阀的明显部位应有标明水流方向的永久性标志；控制阀的阀瓣及操作机构应动作灵活、无卡涩现象，阀体内应清洁、无异物堵塞；强度和严密性试验应合格。

检查数量：全数检查。

检查方法：直观检查，在专用试验装置上测试。

②阀门的强度和严密性试验应符合下列规定：强度和严密性试验应采用清水进行，强度试验压力应为公称压力的 1.5 倍；严密性试验压力应为公称压力的 1.1 倍；试验压力在规定的试验持续时间内应保持不变，且壳体填料和阀瓣密封面应无渗漏；试验合格的阀门应排尽内部积水，并吹干。密封面应涂防锈油，同时应关闭阀门，封闭出入口，作出明显的标记，并应按规定做好记录。

检查数量：每批（同牌号、同型号、同规格）按数量抽查 10%，且不得少于 1 个；主管道上的隔断阀门应全部试验。

检查方法：采用阀门试压装置进行试验。

（4）进场检验其他要求

①消防泵盘车应灵活，无阻滞和异常声音。

检查数量：全数检查。

检查方法：手动检查。

②系统组件和材料在设计上有复验要求或对质量有疑义时，应由监理工程师抽样，并应由具有相应资质的检测单位进行检测复验，其复验结果应符合设计要求和国家现行有关标准的规定。

检查数量：按设计要求数量或送检需要量。

检查方法：检查复验报告。

③系统组件、材料进场抽样检验应按相关规定填写施工过程检查记录。

④进场抽样检查中有一件不合格，应加倍抽样；若仍不合格，则应判定该批产品不合格。

2）安装

（1）消防泵组的安装

消防泵组的安装应符合下列要求：

①消防泵组的安装应符合现行国家标准《机械设备安装工程施工及验收通用规范》（GB 50231—2009）和《风机、压缩机、泵安装工程施工及验收规范》（GB 50275—2010）的规定。消防水泵的规格、型号应符合设计要求，并应有产品合格证和安装使用说明书。

②消防水泵应整体安装在基础上。

③消防水泵进水管吸水口处设置滤网时，滤网架应安装牢固，滤网应便于清洗。

（2）消防水池（罐）、消防水箱的施工和安装

消防水池（罐）、消防水箱的容积、安装位置应符合设计要求。安装时，消防水池（罐）、消防水箱外壁与建筑本体结构墙面或其他池壁之间的净距应满足施工或装配的需要。

（3）消防气压给水设备和稳压泵的安装

消防气压给水设备和稳压泵的安装应符合下列要求：

①消防气压给水设备的气压罐，其容积、气压、水位及工作压力应符合设计要求。

②消防气压给水设备的安装位置、进水管及出水管方向应符合设计要求。

③消防气压给水设备上的安全阀、压力表、泄水管、水位指示器、压力控制仪表等的安装应符合产品使用说明书的要求。

（4）消防水泵接合器的安装

消防水泵接合器的安装可参照自动喷水灭火系统安装的相关内容。

（5）雨淋报警阀组的安装

雨淋报警阀组的安装应符合下列要求：

①雨淋报警阀组的安装应在供水管网试压、冲洗合格后进行。安装时应先安装水源控制阀、雨淋报警阀，再进行雨淋报警阀辅助管道的连接。水源控制阀、雨淋报警阀与配水干管的连接应使水流方向一致。雨淋报警阀组的安装位置应符合设计要求。

②水源控制阀的安装应便于操作，且应有明显开闭标志和可靠的锁定设施；压力表应安装在报警阀上便于观测的位置；排水管和试验阀应安装在便于操作的位置。

③雨淋报警阀手动开启装置的安装位置应符合设计要求，且在发生火灾时应能安全开启和便于操作。

④控制阀的规格、型号和安装位置均应符合设计要求；安装方向应正确，控制阀内应清洁、无堵塞、无渗漏；主要控制阀应加设启闭标志；隐蔽处的控制阀应在明显处设有指示其位置的标志。

⑤压力开关应竖直安装在通往水力警铃的管道上，且不应在安装中拆装改动。压力开关的引出线应用防水套管锁定。

⑥水力警铃的安装应符合设计要求，安装后的水力警铃启动时，警铃响度应不小于 70 dB（A）。

（6）管道的安装

管道的安装应符合下列要求：

①水平管道安装时，其坡度、坡向应符合设计要求。

②立管应用管卡固定在支架上，其间距不应大于设计值。

③埋地管道安装应符合下列要求：埋地管道的基础应符合设计要求；埋地管道安装前应

做好防腐,安装时不应损坏防腐层;埋地管道采用焊接时,焊缝部位应在试压合格后进行防腐处理;埋地管道在回填前应进行隐蔽工程验收,合格后应及时回填,分层夯实,并应按规定进行记录。

④管道支、吊架应安装平整牢固,管墩的砌筑应规整,其间距应符合设计要求。

⑤管道支、吊架与水雾喷头之间的距离不应小于 0.3 m,与末端水雾喷头之间的距离不宜大于 0.5 m。

⑥管道安装前应分段进行清洗。施工过程中,应保证管道内部清洁,不得留有焊渣、焊瘤、氧化皮、杂质或其他异物。

⑦同排管道法兰的间距应方便拆装,且不宜小于 100 mm。

⑧管道穿过墙体、楼板处应使用套管;穿过墙体的套管长度不应小于该墙体的厚度,穿过楼板的套管长度应高出楼地面 50 mm,底部应与楼板底面相平;管道与套管间的空隙应采用防火封堵材料填塞密实;管道穿过建筑物的变形缝时,应采取保护措施。

⑨对于镀锌钢管,应在焊接后再镀锌,且不得对镀锌后的管道进行气割作业。

⑩管道安装完毕应进行水压试验,管道试压合格后,宜用清水冲洗,冲洗合格后,不得再进行影响管内清洁的其他施工,并应按规定作好记录。地上管道应在试压、冲洗合格后进行涂漆防腐。

(7)喷头的安装

喷头的安装应符合下列要求:

①喷头的规格、型号应符合设计要求,并应在系统试压、冲洗、吹扫合格后进行安装。

②喷头应安装牢固、规整,安装时不得拆卸或损坏喷头上的附件。

水喷雾灭火系统设备及组件在安装时涉及的检查数量、检查方法应符合《水喷雾灭火系统技术规范》(GB 50219—2014)的有关规定,具体可参照前述自动喷水灭火系统安装的相关内容。

任务测试

一、单项选择题

1.水喷雾灭火系统管材及管件的规格尺寸、壁厚及允许偏差进场检验时,每一规格、型号的产品按件数抽查(　　),且不得少于 1 件。

A.10%　　　　　B.20%　　　　　C.30%　　　　　D.40%

2.水喷雾灭火系统阀门强度和严密性试验应采用清水进行,强度试验压力应为公称压力的(　　)倍。

A.1.1　　　　　B.1.2　　　　　C.1.3　　　　　D.1.5

3.水喷雾灭火系统阀门强度和严密性试验应采用清水进行,严密性试验压力应为公称压力的(　　)倍。

A.1.1　　　　　B.1.2　　　　　C.1.3　　　　　D.1.5

4.水喷雾灭火系统进场抽样检查中有一件不合格,应(　　);若仍不合格,则应判定该批产品不合格。

A.分批抽样　　　　B.持续抽样　　　　C.停止抽样　　　　D.加倍抽样

二、多项选择题

1.水喷雾灭火系统阀门的进场检验应符合下列(　　　)要求。

A.各阀门及其附件应配备齐全

B.控制阀的明显部位应有标明水流方向的永久性标志

C.控制阀的阀瓣及操作机构应动作灵活、无卡涩现象,阀体内应清洁、无异物堵塞

D.强度或严密性试验应合格

E.检查数量:全数检查。检查方法:直观检查,在专用试验装置上测试

2.下列关于水喷雾灭火系统的组件和材料在设计上有复验要求或对质量有疑义时,采取的做法正确的是(　　　)。

A.应由项目负责人抽样

B.并应由具有相应资质的检测单位进行检测复验

C.其复验结果应符合设计要求和国家现行有关标准的规定

D.检查数量:按设计要求数量或送检需要量

E.检查方法:检查复验报告

3.水喷雾灭火系统管材及管件的(　　　)应符合其产品标准和设计要求。

A.生产日期　　　　B.规格尺寸　　　　C.壁厚　　　　D.允许偏差

E.导热性能

4.水喷雾灭火系统经强度和严密性试验合格的阀门,应符合下列(　　　)规定。

A.应排尽内部积水,并吹干

B.密封面应涂防锈油

C.同时应关闭阀门,封闭出入口

D.作出明显的标记,并应按规定做好记录

E.无阻滞和异常声音

任务 7.3　水喷雾灭火系统的调试

7.3.1　一般规定

(1)调试时间节点

系统调试应在系统施工结束和与系统有关的火灾自动报警装置及联动控制设备调试合格后进行。

(2)调试准备

系统调试应具备以下条件:

①调试前应具备符合规定要求的技术资料和施工记录及调试所必需的其他资料;

②调试前应制订调试方案;

③调试前应对系统进行检查,并应及时处理发现的问题;

④调试前应将需要临时安装在系统上并经校验合格的仪器、仪表安装完毕,调试时所需的检查设备应准备齐全;

⑤水源、动力源应满足系统调试要求,电气设备应具备与系统联动调试的条件。

7.3.2 系统调试

1)系统调试内容

①水源测试。

②消防水泵调试。

③稳压泵、消防气压给水设备调试。

④雨淋报警阀调试。

⑤排水设施调试。

⑥联动试验。

2)系统调试要求

(1)水源测试

水源测试应符合下列要求:

①消防水池、消防水箱的容积及储水量、消防水箱设置高度应符合设计要求,消防储水应有不作他用的技术措施。

检查数量:全数检查。

检查方法:对照图纸核查和尺量检查。

②消防水泵接合器的数量和供水能力应符合设计要求。

检查数量:全数检查。

检查方法:直观检查并应通过移动式消防水泵做供水试验进行验证。

(2)消防水泵调试

消防水泵的调试应符合下列要求:

①消防水泵的启动时间应符合设计规定。

检查数量:全数检查。

检查方法:使用秒表检查。

②控制柜应进行空载和加载控制调试,控制柜应能按其设计功能正常动作和显示。

检查数量:全数检查。

检查方法:使用电压表、电流表和兆欧表等仪表通电直观检查。

(3)稳压泵、消防气压给水设备调试

稳压泵、消防气压给水设备应按设计要求进行调试。当达到设计启动条件时,稳压泵应立即启动;当达到系统设计压力时,稳压泵应自动停止运行。

检查数量:全数检查。

检查方法:直观检查。

(4)雨淋报警阀的调试

雨淋报警阀调试宜利用检测、试验管道进行。自动和手动方式启动的雨淋报警阀应在 15 s 之内启动;公称直径大于 200 mm 的雨淋报警阀调试时,应在 60 s 之内启动,雨淋报警阀调试时,当报警水压为 0.05 MPa 时,水力警铃应发出报警铃声。

检查数量:全数检查。

检查方法:使用压力表、流量计、秒表、声强计测量检查,直观检查。

（5）排水设施调试

调试过程中，系统排出的水应能通过排水设施全部排走。

检查数量：全数检查。

检查方法：直观检查。

（6）联动试验

联动试验应符合下列规定：

①采用模拟火灾信号启动系统，相应的分区雨淋报警阀、压力开关和消防水泵及其他联动设备均应能及时动作并发出相应的信号。

检查数量：全数检查。

检查方法：直观检查。

②采用传动管启动的系统，启动1只喷头，相应的分区雨淋报警阀、压力开关和消防水泵及其他联动设备均应能及时动作并发出相应的信号。

检查数量：全数检查。

检查方法：直观检查。

③系统的响应时间、工作压力和流量应符合设计要求。

检查数量：全数检查。

检查方法：当为手动控制时，以手动方式进行 1~2 次试验；当为自动控制时，以自动和手动方式各进行 1~2 次试验，并用压力表、流量计、秒表计量。

（7）填写记录

系统调试合格后，应按规定填写调试检查记录，并应用清水冲洗后放空，复原系统。

📖 任务测试

一、单项选择题

1. 水喷雾灭火系统水源测试的下列说法，错误的是（   ）。

A. 消防水池、消防水箱的容积及储水量、消防水箱设置高度应符合设计要求

B. 消防储水应有不作他用的技术措施

C. 检查数量：全数的 50% 检查

D. 检查方法：对照图纸核查和尺量检查

2. 水喷雾灭火系统的主动力源和备用动力源进行切换试验时，以（   ）方式各进行 1~2 次试验。

A. 自动   B. 手动   C. 自动和手动   D. 机械应急

3. 雨淋报警阀调试时，自动和手动方式启动的雨淋报警阀应在（   ）之内启动。

A.15 s   B.25 s   C.30 s   D.60 s

4. 公称直径大于 200 mm 的雨淋报警阀调试时，应在（   ）之内启动。

A.15 s   B.25 s   C.30 s   D.60 s

5. 雨淋报警阀调试时，当报警水压为（   ）时，水力警铃应发出报警铃声。

A.0.04 MPa   B.0.05 MPa   C.0.03 MPa   D.0.06 MPa

二、多项选择题

1. 水喷雾灭火系统调试应具备下列（   ）条件。

A. 调试前应具备符合规定要求的技术资料和施工记录及调试所必需的其他资料

B. 调试前应制订调试方案

C. 调试前应对系统进行检查,并应及时处理发现的问题

D. 调试前应将需要临时安装在系统上并经校验合格的仪器、仪表安装完毕,调试时所需的检查设备应准备齐全

E. 水源、动力源应满足系统调试要求,电气设备应具备与系统联动调试的条件

2. 下列关于水喷雾灭火系统联动试验的说法,正确的是(   )。

A. 采用模拟火灾信号启动系统,相应的分区雨淋报警阀、压力开关和消防水泵及其他联动设备均应能及时动作并发出相应的信号

B. 采用传动管启动的系统,启动 1 只喷头,相应的分区雨淋报警阀、压力开关和消防水泵及其他联动设备均应能及时动作并发出相应的信号

C. 系统的响应时间、工作压力和流量应符合设计要求

D. 检查数量:全数检查

E. 检查方法:当为手动控制时,以手动方式进行 1 ~ 2 次试验;当为自动控制时,以自动和手动方式各进行 1 ~ 2 次试验,并用压力表、流量计、秒表计量

3. 水喷雾灭火系统雨淋报警阀调试时,使用(   )测量检查,直观检查。

A. 万用表　　　　　　B. 压力表　　　　　　C. 流量计　　　　　　D. 秒表

E. 声强计

项目 8　细水雾灭火系统

📖 **项目概述**

　　细水雾是指水在最小设计工作压力下,经喷头喷出并在喷头轴线下方 1.0 m 处的平面上形成的直径 $D_{v0.50}$ 小于 200 μm, $D_{v0.99}$ 小于 400 μm 的水雾滴。细水雾灭火系统以水作为灭火介质,采用特殊喷头,在压力作用下喷洒细水雾,并充满整个防护空间或包裹并充满保护对象的空隙,通过冷却、窒息等方式进行灭火或控火的固定消防系统。该系统具有灭火效能较高、环保、适用范围较广的特点,成为哈龙灭火系统的替代系统之一。

　　细水雾灭火系统适用于扑救相对封闭空间内的可燃固体表面火灾、可燃液体火灾和带电设备的火灾。细水雾灭火系统不适用于扑救可燃固体的深位火灾、能与水发生剧烈反应或产生大量有害物质的活泼金属及其化合物的火灾和可燃气体火灾。

　　和传统的自动喷水灭火系统相比,细水雾灭火系统用水量少、水渍损失小、传递到火焰区域以外的热量少;和气体灭火系统相比,细水雾对人体无害、对环境无影响,有很好的冷却、隔热作用和烟气洗涤作用,其作为灭火剂的水源更容易获取,灭火的可持续能力强。

📖 **知识目标**

1. 了解系统的分类、组成及工作原理。
2. 熟悉调试准备及调试内容。
3. 掌握系统设计及主要组件的设置要求。

📖 **技能目标**

1. 了解系统安装的一般规定。
2. 熟悉系统进场检验及安装要求。
3. 掌握系统调试规定。

任务 8.1　细水雾灭火系统的设计

细水雾灭火系统与水喷雾灭火系统的区别

8.1.1　系统的分类、组成及灭火机理

1)细水雾灭火系统的分类

细水雾灭火系统可以按照工作压力、所使用的细水雾喷头型式和供水方式等进行分类。

(1)按工作压力分类

①低压系统:系统工作压力小于或等于 1.21 MPa 的细水雾灭火系统。

②中压系统:系统工作压力大于 1.21 MPa,且小于 3.45 MPa 的细水雾灭火系统。

③高压系统:系统工作压力大于或等于 3.45 MPa 的细水雾灭火系统。

(2)按所使用的细水雾喷头型式分类

①开式系统:采用开式细水雾喷头的细水雾灭火系统,包括全淹没应用方式和局部应用方式,系统由配套的火灾自动报警系统控制。

a.全淹没应用方式。全淹没应用方式是指向整个防护区内喷放细水雾,并持续一定时间,保护其内部所有保护对象的系统应用方式。

b.局部应用方式。局部应用方式是指直接向保护对象喷放细水雾,并持续一定时间,保护空间内具体保护对象的系统应用方式。

②闭式系统:采用闭式细水雾喷头的细水雾灭火系统。

(3)按供水方式分类

①泵组式系统:采用泵组(或稳压装置)作为供水装置的细水雾灭火系统。

②瓶组式系统:采用储水容器储水、储气容器进行加压供水的细水雾灭火系统。

2)细水雾灭火系统的组成

(1)系统主要组件

细水雾灭火系统主要由供水装置、过滤装置、控制阀、细水雾喷头等组件和供水管道组成。

①供水装置:

a.泵组系统采用柱塞泵、高压离心泵或气动泵等泵组作为系统的驱动源。泵组系统的供水装置由储水箱、水泵控制柜、安全阀等部件组成。

b.瓶组系统采用储气容器和储水容器,分别储存高压氮气和水,系统启动后释放出高压气体来驱动水形成细水雾。瓶组系统的供水装置由储水容器、储气容器和压力显示装置等部件组成。

②过滤装置:过滤器是细水雾灭火系统的关键部件之一。细水雾灭火系统的喷头孔径小、工作压力高,通过安装过滤器可以防止因水中存在杂质或管网锈蚀等原因而导致喷头堵塞,确保系统的喷雾效果。

③控制阀:

a.对于开式细水雾灭火系统,系统的分区控制阀是执行火灾自动报警系统控制器启/停

指令的重要部件,火灾时能够接收控制信号自动开启,使细水雾向对应的防护区或保护对象喷放。开式系统的分区控制阀可选用电磁阀、电动阀、气动阀、雨淋阀等自动控制阀组。

b. 对于闭式细水雾灭火系统,系统的分区控制阀主要用于切断管网的供水水源,以便系统排空、检修管网及更换喷头等。闭式系统的分区控制阀多采用具有明显启闭标志的阀门或信号阀。

④细水雾喷头:将水流进行雾化并实施喷雾灭火的重要部件。细水雾灭火系统的喷头按动作方式可以分为开式细水雾喷头和闭式细水雾喷头;按细水雾产生原理可以分为撞击式细水雾喷头和离心式细水雾喷头。

⑤供水管道:与自动喷水灭火系统、水喷雾灭火系统等系统相比,细水雾灭火系统由于工作压力高、喷头孔径小,为确保系统应用效果,需要系统管道具有较高的承压能力和防腐性能,以满足系统长期工作要求。

(2)不同供水方式下开式细水雾灭火系统的组成示例

①泵组式细水雾灭火系统:由细水雾喷头、控制阀组、系统管网、泵组、水源以及火灾自动报警及联动控制系统组成,如图8.1所示。

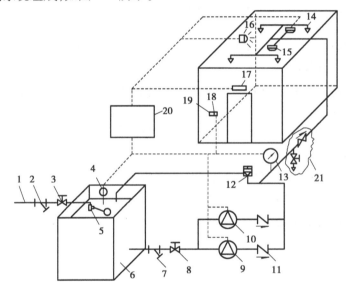

图8.1　泵组式细水雾灭火系统组成示意图

1—进水管;2—进水过滤器;3—进水阀;4—液位计;5—浮球阀;6—水箱;7—出口过滤器;
8—水箱出水阀;9—主消防泵;10—备用消防泵;11—单向阀;12—溢流阀;13—压力传感器;
14—细水雾喷头;15—火灾探测器;16—声光警报器;17—喷放指示灯;18—手动/自动转换开关;
19—紧急启动按钮;20—水雾灭火报警控制器;21—系统动作试验装置

②瓶组式细水雾灭火系统:由细水雾喷头、控制阀、储气瓶组、储水瓶组、瓶架、系统管网以及火灾自动报警及联动控制系统等组成,如图8.2所示。

3)细水雾灭火系统的灭火机理

细水雾的灭火机理主要是吸热冷却、隔氧窒息、阻隔辐射热和浸湿作用。

①吸热冷却:细小水滴受热后易于汽化,在气、液相态变化过程中,从燃烧物质表面或火灾区域吸收大量的热量。燃烧物质表面温度迅速下降后,会使热分解中断,燃烧随即终止。

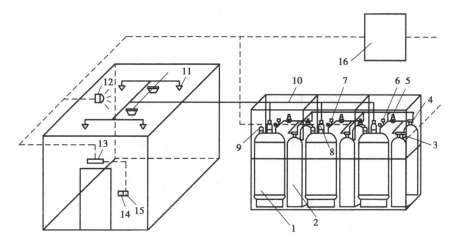

图 8.2　瓶组式细水雾灭火系统组成示意图

1—储水瓶组;2—储气瓶组;3—电磁启动器;4—气启动器;5—减压器;6—低压泄漏阀;7—压力表;
8—多功能容器阀;9—液位计;10—集流管;11—细水雾喷头;12—声光警报器;13—喷放指示灯;
14—紧急启停按钮;15—手动/自动转换开关;16—水雾灭火报警控制器

②隔氧窒息:水雾滴受热后汽化形成体积为原体积 1 680 倍的水蒸气,最大限度地排斥火场的空气使燃烧物质周围的氧含量降低,燃烧会因缺氧而受到抑制或中断。

③阻隔辐射热:细水雾喷入火场后,形成的水蒸气迅速将燃烧物、火焰和烟羽笼罩,对火焰的辐射热具有极佳的阻隔能力,能够有效抑制辐射热引燃周围其他物品。

④浸湿作用:颗粒大、冲量大的水雾滴会冲击到燃烧物表面,从而使燃烧物得到浸湿,阻止其进一步挥发可燃气体。另外,系统喷出的细水雾还可以充分将着火位置以外的燃烧物浸湿,从而抑制火灾的蔓延和发展。

8.1.2　系统设计及主要组件的设置

1)系统设计

(1)系统选型原则

细水雾灭火系统应在综合分析系统设置场所的火灾危险性及其火灾特点、设计防护目的、防护对象的特征和环境条件的基础上,合理选择系统类型。

(2)系统选型规定

①下列场所宜选择全淹没应用方式的开式系统:

液压站、配电室、电缆隧道、电缆夹层、电子信息系统机房、文物库,以及采用密集柜存储的图书库、资料库和档案库。

②下列场所宜选择局部应用方式的开式系统:

油浸变压器室、涡轮机房、柴油发电机房、润滑油站和燃油锅炉房、厨房内烹饪设备及其排烟罩和排烟管道部位。

③采用非密集柜存储的图书库、资料库和档案库可选择闭式系统。

④难以设置泵房或消防供电不能满足系统工作要求的场所,可选择瓶组系统,但闭式系统不应采用瓶组系统。

（3）系统主要设计参数

①细水雾喷头的最低设计工作压力不应小于 1.20 MPa。

②闭式细水雾灭火系统的喷雾强度、喷头的布置间距和安装高度,宜经火灾模拟试验确定。

③闭式细水雾灭火系统的作用面积不宜小于 140 m²,每套泵组所带喷头数量不应超过100 只。

④采用全淹没应用方式的开式细水雾灭火系统,其喷雾强度、喷头的布置间距、安装高度和工作压力,宜经火灾模拟试验确定。

⑤采用全淹没应用方式的开式细水雾灭火系统,其防护区数量不应大于 3 个;单个防护区的容积,对于泵组系统不宜超过 3 000 m³,对于瓶组系统不宜超过 260 m³。

⑥采用局部应用方式的开式细水雾灭火系统,当保护具有可燃液体火灾危险的场所时,系统的设计参数应根据国家授权的认证检验机构依法进行产品认证检验所获得的试验数据确定。

⑦采用局部应用方式的开式细水雾灭火系统,对于外形规则的保护对象其保护面积应为该保护对象的外表面面积;对于外形不规则的保护对象,其保护面积应为包容该保护对象的最小规则形体的外表面面积。

⑧开式细水雾灭火系统的设计响应时间不应大于 30 s;采用全淹没应用方式的开式细水雾灭火系统,当采用瓶组系统且在同一防护区内使用多组瓶组时,各瓶组应能同时启动,其动作响应时差不应大于 2 s。

⑨细水雾灭火系统的设计持续喷雾时间应符合《细水雾灭火系统技术规范》（GB 50898—2013）的规定。

2）系统主要组件的设置

细水雾灭火系统主要由供水装置、细水雾喷头、控制阀、过滤装置、试水阀、泄水阀、排气阀和系统管道等组件组成。

（1）供水装置

①为保证系统中形成细水雾的部件正常工作,系统对水质的要求较高,系统的水质应满足以下要求:

a. 对于泵组系统,其供水的水质应符合《生活饮用水卫生标准》（GB 5749—2022）的有关规定。

b. 对于瓶组系统,其供水的水质不应低于《食品安全国家标准　包装饮用水》（GB 19298—2014）的有关规定,而且系统补水水源的水质应与系统的水质要求一致。

②泵组系统的供水装置由储水箱、水泵、水泵控制柜、安全阀等部件组成,泵组系统供水装置的设置应满足以下要求:

a. 系统的储水箱应采用密闭结构,并应采用不锈钢或其他能保证水质的材料制作,且应具有防尘、避光的技术措施。储水箱应设置保证自动补水的装置,并应设置液位显示装置,高低液位报警装置和溢流、透气、放空装置。

b. 泵组系统应设置独立的水泵。

c. 水泵控制柜应设置在干燥、通风的部位,便于操作和检修,其防护等级不应低于 IP54。

d. 水泵的出水总管上应设置安全阀,其动作压力应为系统最大工作压力的 1.15 倍。

③瓶组系统的供水装置由储水容器、储气容器和压力显示装置等部件组成,瓶组系统供水装置的设置应满足以下要求:

a. 储水容器、储气容器均应设置安全阀。

b. 使用多个储水容器和储气容器的瓶组系统,同一集流管下储水容器或储气容器的规格、充装量和充装压力应分别一致。

c. 储水量和储气量应根据保护对象的重要性、维护恢复时间等设置备用量。对于恢复时间超过 48 h 的瓶组系统应按主用量的 100% 设置备用量。

d. 容器组的布置应便于检查、测试、重新灌装和维护。

（2）细水雾喷头

①细水雾喷头的选择应符合以下要求:

a. 对于喷头的喷孔易被外部异物堵塞的场所,应选用具有相应防护措施且不影响细水雾喷放效果的喷头,如粉尘场所应选用带防尘罩的喷头。

b. 对于闭式系统,应选择其公称动作温度宜高于环境最高温度 30 ℃,且同一防护区内应采用相同热敏性能的喷头。

c. 对于腐蚀性环境,应采用防腐材料或具有防腐镀层的喷头。

d. 对于电气火灾危险场所的细水雾灭火系统,不宜采用撞击式细水雾喷头。

②细水雾喷头的布置应符合以下要求:

a. 喷头的布置应能保证细水雾喷放均匀并完全覆盖保护区域。

b. 采用局部应用方式的开式系统,其喷头的布置应能保证细水雾完全包容或覆盖保护对象或部位,喷头与保护对象的距离不宜小于 0.5 m。

c. 系统应按喷头的型号、规格储存备用喷头,其数量不应小于相同型号、规格喷头实际设计使用总数的 1%,且分别不应少于 5 只。

（3）控制阀

控制阀的设置应符合以下要求:

①开式系统应按防护区设置分区控制阀。

②闭式系统应按楼层或防火分区设置分区控制阀。

③分区控制阀宜靠近防护区设置,并应设置在防护区外便于操作、检查和维护的位置。

④分区控制阀上宜设置系统动作信号反馈装置。

（4）过滤装置

过滤装置的设置应符合以下要求:

①在储水箱进水口处以及出水口处或控制阀前应设置过滤器。系统控制阀组前的管道应就近设过滤器;当细水雾喷头无滤网时,雨淋控制阀组后应设过滤器。

②过滤器的材质应为不锈钢、铜合金,或其他耐腐蚀性能不低于不锈钢、铜合金的材料。

③管道过滤器应设在便于维护、更换的位置,且应设旁通管,以便清洗。

（5）试水阀、泄水阀和排气阀

试水阀、泄水阀和排气阀的设置应符合以下要求:

①开式系统每个分区控制阀上或阀后邻近位置,宜设置泄放试验阀。

②闭式系统的最高点处宜设置手动排气阀,每个分区控制阀后的管网应设置试水阀。

③系统管网的最低点处应设置泄水阀。

（6）系统管道

系统管道的设置应符合以下要求：

①细水雾灭火系统的管道应采用耐腐蚀和耐压性能相当的金属管道。

②系统管道连接件的材质应与管道相同。系统管道宜采用专用接头或法兰连接，也可采用氩弧焊焊接。

③系统管道和管道附件的公称压力不应小于系统的最大工作压力。

④系统管道应采用金属防晃支架、吊架固定在建筑构件上，并应能承受管道充满水时的质量及冲击。

⑤设置在有爆炸危险环境中的细水雾灭火系统，其管网和组件应采取可靠的静电导除措施。

📖 任务测试

一、单项选择题

1. 低压细水雾灭火系统是指系统工作压力（   ）的细水雾灭火系统。

A. 小于或等于 1.21 MPa   B. 小于或等于 1.31 MPa

C. 小于或等于 1.41 MPa   D. 小于或等于 1.51 MPa

2. 高压细水雾灭火系统是指工作压力（   ）的细水雾灭火系统。

A. 大于或等于 3.15 MPa   B. 大于或等于 3.25 MPa

C. 大于或等于 3.35 MPa   D. 大于或等于 3.45 MPa

3. 下列关于细水雾灭火系统的说法，不正确的是（   ）。

A. 细水雾灭火系统主要按工作压力、所使用的细水雾喷头型式、流动介质类型和供水方式等进行分类

B. 中压系统是指系统工作压力大于 1.21 MPa，且小于等于 3.45 MPa 的细水雾灭火系统

C. 全淹没细水雾灭火系统适用于扑救相对封闭空间内的火灾

D. 局部应用细水雾灭火系统适用于扑救大空间内具体保护对象的火灾

4. 细水雾灭火系统按供水方式可以分为（   ）。

A. 泵组式系统和瓶组式系统

B. 单流体系统和双流体系统

C. 开式系统和闭式系统

D. 全淹没应用方式和局部应用方式

5. 细水雾灭火系统供水装置的安全阀应设置在水泵的出水总管上，其动作压力应为系统最大工作压力的（   ）倍。

A.1.05   B.1.10   C.1.15   D.1.20

6. 细水雾灭火系统应按喷头的型号、规格储存备用喷头，其数量不应小于相同型号、规格喷头实际设计使用总数的 1%，且分别不应少于（   ）只。

A.3   B.5   C.8   D.10

7. 细水雾灭火系统应按喷头的最低设计工作压力不应小于（   ）MPa。

A.1.0   B.1.2   C.1.4   D.2.0

8. 闭式细水雾灭火系统的作用面积不宜小于＿＿＿＿ m²，每套泵组所带喷头数量不应超过＿＿＿＿只。（   ）

　　A.140　100　　　　　B.120　100　　　　　C.140　200　　　　　D.120　200

9.采用全淹没应用方式的开式细水雾灭火系统,其防护区数量不应大于(　　)个。

　　A.2　　　　　　　　　B.3　　　　　　　　　C.4　　　　　　　　　D.5

10.开式细水雾灭火系统的设计响应时间不应大于_____s;采用全淹没应用方式的开式细水雾灭火系统,当采用瓶组系统且在同一防护区内使用多组瓶组时,各瓶组应能同时启动,其动作响应时差不应大于_____s。(　　)

　　A.20　2　　　　　　　B.20　3　　　　　　　C.30　2　　　　　　　D.30　3

二、多项选择题

1.细水雾灭火系统的喷头按细水雾产生原理可以分为(　　)。

　　A.撞击式细水雾喷头　　　　　　　　　B.单孔细水雾喷头

　　C.黄铜细水雾喷头　　　　　　　　　　D.离心式细水雾喷头

　　E.多孔细水雾喷头

2.细水雾的灭火机理主要是(　　)。

　　A.化学抑制　　　　B.吸热冷却　　　　C.隔氧窒息　　　　D.辐射热阻隔

　　E.浸湿作用

3.下列关于细水雾灭火系统水质的要求的表述,正确的是(　　)。

　　A.为保证系统中形成细水雾的部件正常工作,系统对水质的要求较高

　　B.对于泵组系统,其供水的水质应符合《生活饮用水卫生标准》(GB 5749—2022)的有关规定

　　C.对于瓶组系统,其供水的水质不应低于《食品安全国家标准　包装饮用水》(GB 19298—2014)的有关规定

　　D.系统补水水源的水质应与系统的水质要求一致

　　E.泵组系统应设置独立的水泵

任务 8.2　细水雾灭火系统的安装

8.2.1　一般规定及进场检验

1)一般规定

(1)分部分项工程划分

分部、分项工程的划分,应符合《细水雾灭火系统技术规范》(GB 50898—2013)的相关规定。

(2)施工过程质量控制

施工过程质量控制应符合下列规定:

①应按规定对系统组件、材料等进行进场检验,应检验合格并经监理工程师签证后再安装使用。

②各工序应按施工组织计划进行质量控制;每道工序完成后,相关专业工种之间应进行

交接认可,应经监理工程师签证后再进行下道工序施工。

③应由监理工程师组织施工单位对施工过程进行检查。

④隐蔽工程在封闭前,施工单位应通知有关单位进行验收并记录。

(3)其他质量控制要求

①施工现场应具有相应的施工组织计划,质量管理体系和施工质量检查制度,并应实现施工全过程质量控制。施工现场质量管理应按规定填写记录。

②施工应按经审核批准的工程设计文件进行。设计变更文件应由原设计单位出具。

(4)调试及资料提交

①系统安装完毕,施工单位应进行系统调试。当系统需与有关的火灾自动报警系统及联动控制设备联动时,应进行联合调试。

②调试合格后,施工单位应向建设单位提供质量控制资料和按规定要求填写的全部施工过程检查记录,并应提交验收申请报告申请验收。

2)进场检验

(1)填写检查记录

材料和系统组件的进场检验应按《细水雾灭火系统技术规范》(GB 50898—2013)的相关规定填写施工进场检验记录。

(2)管材及管件

①管材及管件的材质、规格、型号、质量等应符合设计要求和现行国家相关标准的规定。

检查数量:全数检查。

检查方法:检查出厂合格证或质量认证书。

②管材及管件的外观应符合下列规定:

a.表面应无明显的裂纹、缩孔、夹渣、折叠、重皮等缺陷;

b.法兰密封面应平整光洁,不应有毛刺及径向沟槽;螺纹法兰的螺纹表面应完整无损伤;

c.密封垫片表面应无明显折损、皱纹、划痕等缺陷。

检查数量:全数检查。

检查方法:直观检查。

③管材及管件的规格、尺寸和壁厚及允许偏差,应符合国家现行有关产品标准和设计要求。

检查数量:每一规格、型号产品按件数抽查20%,且不得少于1件。

检查方法:用钢尺和游标卡尺测量。

(3)储水瓶组、储气瓶组、泵组单元、控制柜、储水箱、控制阀、过滤器、安全阀、减压装置、信号反馈装置等系统组件

上述系统组件的规格、型号,应符合国家现行有关产品标准和设计要求,外观应无变形及其他机械性损伤;外露非机械加工表面保护涂层应完好;所有外露口均应设有保护堵盖,且密封应良好;铭牌标记应清晰、牢固、方向正确。

检查数量:全数检查。

检查方法:直观检查,并检查产品出厂合格证和市场准入制度要求的有效证明文件。

(4)喷头

细水雾喷头的进场检验应符合下列要求:

①喷头的商标、型号、制造厂及生产时间等标志应齐全、清晰。

②喷头的数量等应满足设计要求。

③喷头外观应无加工缺陷和机械损伤。

④喷头螺纹密封面应无伤痕、毛刺、缺丝或断丝现象。

检查数量：分别按不同型号、规格抽查1%，且不得少于 5 只；少于 5 只时，全数检查。

检查方法：直观检查，并检查喷头出厂合格证和市场准入制度要求的有效证明文件。

（5）阀组

阀组的进场检验应符合下列要求：

①各阀门的商标、型号、规格等标志应齐全。

②各阀门及其附件应配备齐全，不得有加工缺陷和机械损伤。

③控制阀的明显部位应有标明水流方向的永久性标志。

④控制阀的阀瓣及操作机构应动作灵活、无卡涩现象，阀体内应清洁、无异物堵塞，阀组进出口应密封完好。

检查数量：全数检查。

检查方法：直观检查及在专用试验装置上测试，主要测试设备有试压泵、压力表。

（6）储气瓶组驱动装置

储气瓶组进场时，驱动装置应按产品使用说明规定的方法进行动作检查，动作应灵活无卡阻现象。

检查数量：全数检查。

检查方法：直观检查。

（7）不合格判定

进场抽样检查时有一件不合格，应加倍抽样；仍有不合格时，应判定该批产品不合格。

8.2.2　安装

1）系统安装应具备的条件

系统安装前，设计单位应向施工单位进行技术交底，并应具备下列条件：

①经审核批准的设计施工图、设计说明书及设计变更等技术文件齐全。

②系统及其主要组件的安装使用等资料齐全。

③系统组件、管件及其他设备、材料等的品种、规格、型号符合设计要求。

④防护区或保护对象及设备间的设置条件与设计文件相符。

⑤系统所需的预埋件和预留孔洞等符合设计要求。

⑥施工现场和施工中使用的水、电、气满足施工要求。

2）系统组件安装

（1）储水瓶组、储气瓶组

储水瓶组、储气瓶组的安装应符合下列规定：

①应按设计要求确定瓶组的安装位置。

②瓶组的安装、固定和支撑应稳固，且固定支框架应进行防腐处理。

③瓶组容器上的压力表应朝向操作面，安装高度和方向应一致。

检查数量：全数检查。

检查方法:尺量和直观检查。

(2)泵组

泵组的安装应符合下列规定:

①系统采用柱塞泵时,泵组安装后应充装润滑油并检查油位。

②泵组吸水管上的变径处应采用偏心异径管连接。

检查数量:全数检查。

检查方法:直观检查,高压泵组应启泵检查。

(3)泵组控制柜

泵组控制柜的安装应符合下列规定:

①控制柜基座的水平度偏差不应大于±2 mm/m,并应采取防腐及防水措施。

②控制柜与基座应采用直径不小于12 mm的螺栓固定,每台控制柜不应少于4只螺栓。

③制作控制柜的上下进出线口时,不应破坏控制柜的防护等级。

检查数量:全部检查。

检查方法:直观检查。

(4)阀组

阀组的安装应符合下列规定:

①应按设计要求确定阀组的观测仪表和操作阀门的安装位置,并应便于观测和操作。阀组上的启闭标志应便于识别,控制阀上应设置标明所控制防护区的永久性标志牌。

检查数量:全数检查。

检查方法:直观检查和尺量检查。

②分区控制阀的安装高度宜为1.2~1.6 m,操作面与墙或其他设备的距离不应小于0.8 m,并应满足安全操作要求。

检查数量:全数检查。

检查方法:对照图纸进行尺量检查和操作阀门检查。

③分区控制阀应有明显启闭标志和可靠的锁定设施,并应具有启闭状态的信号反馈功能。

检查数量:全数检查。

检查方法:直观检查。

④闭式系统试水阀的安装位置应便于安全的检查、试验。

检查数量:全数检查。

检查方法:尺量和直观检查,必要时可操作试水阀检查。

(5)管道和管件

管道和管件的安装应符合下列规定:

①管道安装前应分段进行清洗。施工过程中,应保证管道内部清洁,不得留有焊渣、焊瘤、氧化皮、杂质或其他异物,施工过程中的开口应及时封闭。

②并排管道法兰应方便拆装,间距不宜小于100 mm。

③管道之间或管道与管接头之间的焊接应采用对口焊接

④管道穿越墙体、楼板处应使用套管;穿过墙体的套管长度不应小于该墙体的厚度,穿过楼板的套管长度应高出楼地面50 mm。管道与套管间的空隙应采用防火封堵材料填塞密实。

设置在有爆炸危险场所的管道应采取导除静电的措施。

⑤管道应按照规定要求进行固定。

检查数量：全数检查。

检查方法：尺量和直观检查。

（6）管道冲洗

管道安装固定后，应进行冲洗，并应符合下列规定：

①冲洗前，应对系统的仪表采取保护措施，并应对管道支、吊架进行检查，必要时应采取加固措施。

②冲洗用水的水质宜满足系统的要求。

③冲洗流速不应低于设计流速。

④冲洗合格后，应按规定要求填写管道冲洗记录。

检查数量：全数检查。

检查方法：宜采用最大设计流量，沿灭火时管网内的水流方向分区、分段进行，用白布检查无杂质为合格。

（7）管道压力试验

管道冲洗合格后，管道应进行压力试验，并应符合下列规定：

①试验用水的水质应与管道的冲洗水一致。

②试验压力应为系统工作压力的 1.5 倍。

③试验的测试点宜设在系统管网的最低点，对不能参与试压的设备、仪表、阀门及附件应加以隔离或在试验后安装。

④试验合格后，应按规定要求填写试验记录。

检查数量：全数检查。

检查方法：管道充满水、排净空气，用试压装置缓慢升压，当压力升至试验压力后，稳压 5 min，管道无损坏、变形，再将试验压力降至设计压力，稳压 120 min，以压力不降、无渗漏、目测管道无变形为合格。

（8）吹扫

压力试验合格后，系统管道宜采用压缩空气或氮气进行吹扫，吹扫压力不应大于管道的设计压力，流速不宜小于 20 m/s。

检查数量：全数检查。

检查方法：在管道末端设置贴有白布或涂白漆的靶板，以 5 min 内靶板上无锈渣、灰尘、水渍及其他杂物为合格。

（9）喷头的安装

喷头的安装应在管道试压、吹扫合格后进行，并应符合下列规定：

①应根据设计文件逐个核对其生产厂标志、型号、规格和喷孔方向，不得对喷头进行拆装、改动。

②应采用专用扳手安装。

③喷头安装高度、间距，与吊顶、门、窗、洞口、墙或障碍物的距离应符合设计要求。

④不带装饰罩的喷头，其连接管管端螺纹不应露出吊顶；带装饰罩的喷头应紧贴吊顶；带有外置式过滤网的喷头，其过滤网不应伸入支干管内。

⑤喷头与管道的连接宜采用端面密封或 O 形圈密封,不应采用聚四氟乙烯、麻丝、黏结剂等作密封材料。

检查数量:全数检查。

检查方法:直观检查

(10)填写记录

系统的安装应按《细水雾灭火系统技术规范》(GB 50898—2013)相关规定填写施工过程记录和隐蔽工程验收记录。

📖 任务测试

一、单项选择题

1.细水雾灭火系统安装完毕,(   )应进行系统调试。

A. 建设单位　　　　 B. 施工单位　　　　 C. 监理单位　　　　 D. 检测单位

2.下列关于细水雾灭火系统管材及管件的外观检查的表述,不正确的是(   )。

A. 表面应无明显的裂纹、缩孔、夹渣、折叠、重皮等缺陷

B. 法兰密封面应平整光洁,不应有毛刺及径向沟槽

C. 密封垫片表面应无明显折损、皱纹、划痕等缺陷

D. 检查数量:不低于全数50%抽查

3.在对细水雾灭火系统管材及管件的规格、尺寸和壁厚及允许偏差进场检验时,要求检查数量:每一规格、型号产品按件数抽查(   )%,且不得少于1件。

A. 10　　　　　　　 B. 20　　　　　　　 C. 15　　　　　　　 D. 25

4.下列关于细水雾喷头的进场检验的说法,不正确的是(   )。

A. 喷头的商标、型号、制造厂及生产时间等标志应齐全、清晰

B. 检查数量:按喷头总数抽查1%,且不得少于5只;少于5只时,全数检查

C. 喷头外观应无加工缺陷和机械损伤

D. 喷头螺纹密封面应无伤痕、毛刺、缺丝或断丝现象

5.细水雾灭火系统泵组控制柜的安装时,控制柜与基座应采用直径不小于(   )mm 的螺栓固定,每台控制柜不应少于 4 只螺栓。

A. 8　　　　　　　　 B. 10　　　　　　　 C. 12　　　　　　　 D. 14

6.细水雾灭火系统压力试验合格后,系统管道应进行吹扫,吹扫压力不应大于管道的设计压力,流速不宜小于(   )m/s。

A. 25　　　　　　　 B. 10　　　　　　　 C. 20　　　　　　　 D. 15

7.细水雾灭火系统管道冲洗合格后,管道应进行压力试验,试验压力应为系统工作压力的(   )倍。

A. 0.8　　　　　　　 B. 1.0　　　　　　　 C. 2.0　　　　　　　 D. 1.5

8.细水雾灭火系统管道冲洗合格后,管道应进行压力试验,试验的测试点宜设在系统管网的(   )。

A. 最低点　　　　　 B. 控制阀前　　　　 C. 最高点　　　　　 D. 控制阀后

9.下列关于细水雾灭火系统储水瓶组、储气瓶组的安装,正确的是(   )。

A. 应按设计要求确定瓶组的安装位置

B. 瓶组的安装、固定和支撑应稳固,且固定支框架应进行防腐处理

C.瓶组容器上的压力表应朝向操作面,安装高度和方向应一致

D.以上均正确

10.下列关于细水雾灭火系统管道冲洗检查方法的说法,正确的是(　　　)。

A.宜采用最小设计流量　　　　　　　B.沿灭火时管网内的水流方向分区、分段进行

C.目测检查无杂质为合格　　　　　　D.宜采用最大设计压力

二、多项选择题

1.下列关于细水雾灭火系统喷头安装的说法,正确的是(　　　)。

A.喷头的安装应在管道试压、吹扫合格前进行

B.应根据设计文件逐个核对其生产厂标志、型号、规格和喷孔方向,对喷头可适当进行拆装、改动

C.应采用专用扳手安装

D.喷头安装高度、间距,与吊顶、门、窗、洞口、墙或障碍物的距离应符合设计要求

E.喷头与管道的连接可采用聚四氟乙烯、麻丝、黏结剂等作密封材料

2.下列关于细水雾灭火系统施工过程质量控制的说法,正确的是(　　　)。

A.应按规定对系统组件、材料等进行进场检验,应检验合格并经监理工程师签证后再安装使用

B.每道工序完成后,相关专业工种之间应进行交接认可,应经监理工程师签证后再进行下道工序施工

C.应由监理工程师组织施工单位对施工过程进行检查

D.隐蔽工程在封闭前,施工单位应通知有关单位进行验收并记录

E.系统安装完毕,监理单位应进行系统调试

3.下列关于细水雾灭火系统管道冲洗的说法,正确的是(　　　)。

A.管道安装固定后,应进行冲洗

B.冲洗前,应对系统的仪表采取保护措施,并应对管道支、吊架进行检查,必要时应采取加固措施

C.冲洗用水的水质无要求

D.冲洗流速低于设计流速

E.冲洗合格后,应按规定要求填写管道冲洗记录

任务 8.3　细水雾灭火系统的调试

8.3.1　系统调试准备及调试项目

(1)调试准备

系统调试前,应具备下列条件:

①系统及与系统联动的火灾报警系统或其他装置、电源等均应处于准工作状态,现场安全条件应符合调试要求。

②系统调试时所需的检查设备应齐全,调试所需仪器、仪表应经校验合格并与系统连接

和固定。

③应具备经监理批准的调试方案。

(2)调试项目

系统调试应包括泵组、稳压泵、分区控制阀的调试和联动试验,并应根据批准的方案按程序进行。

8.3.2 系统调试

1)系统组件调试

(1)泵组

泵组调试应符合下列规定:

①以自动或手动方式启动泵组时,泵组应立即投入运行。

检查数量:全数检查。

检查方法:手动和自动启动泵组。

②以备用电源切换方式或备用泵切换启动泵组时,泵组应立即投入运行。

检查数量:全数检查。

检查方法:手动切换启动泵组。

③采用柴油泵作为备用泵时,柴油泵的启动时间不应大于 5 s。

检查数量:全数检查。

检查方法:手动启动柴油泵。

④控制柜应进行空载和加载控制调试,控制柜应能按其设计功能正常动作和显示。

检查数量:全数检查。

检查方法:使用电压表、电流表和兆欧表等仪表通电直观检查。

(2)稳压泵

稳压泵调试时,在模拟设计启动条件下,稳压泵应能立即启动;当达到系统设计压力时,应能自动停止运行。

检查数量:全数检查。

检查方法:模拟设计启动条件启动稳压泵检查。

(3)分区控制阀

分区控制阀调试应符合下列规定:

①对于开式系统,分区控制阀应能在接到动作指令后立即启动,并应发出相应的阀门动作信号。

检查数量:全数检查。

检查方法:采用自动和手动方式启动分区控制阀,水通过泄放试验阀排出,直观检查。

②对于闭式系统,当分区控制阀采用信号阀时,应能反馈阀门的启闭状态和故障信号。

检查数量:全数检查。

检查方法:在试水阀处放水或手动关闭分区控制阀,直观检查。

2)联动试验

(1)开式系统的联动试验

开式系统的联动试验应符合下列规定:

①进行实际细水雾喷放试验时,可采用模拟火灾信号启动系统,分区控制阀、泵组或瓶组应能及时动作并发出相应的动作信号,系统的动作信号反馈装置应能及时发出系统启动的反馈信号,相应防护区或保护对象保护面积内的喷头应喷出细水雾。

②进行模拟细水雾喷放试验时,应手动开启泄放试验阀,采用模拟火灾信号启动系统时,泵组或瓶组应能及时动作并发出相应的动作信号,系统的动作信号反馈装置应能及时发出系统启动的反馈信号。

③相应场所入口处的警示灯应动作。

检查数量:全数检查。

检查方法:直观检查。

（2）闭式系统的联动试验

闭式系统的联动试验可利用试水阀放水进行模拟。打开试水阀后,泵组应能及时启动并发出相应的动作信号;系统的动作信号反馈装置应能及时发出系统启动的反馈信号。

检查数量:全数检查。

检查方法:打开试水阀放水,直观检查。

（3）与火灾自动报警系统联动试验

当系统需与火灾自动报警系统联动时,可利用模拟火灾信号进行试验。在模拟火灾信号下,火灾报警装置应能自动发出报警信号,系统应动作,相关联动控制装置应能发出自动关断指令,火灾时需要关闭的相关可燃气体或液体供给源关闭等设施应能联动关断。

检查数量:全数检查。

检查方法:模拟火灾信号,直观检查。

3）记录及系统恢复

系统调试合格后,应按规定要求填写调试记录,并应用压缩空气或氮气吹扫,将系统恢复至准工作状态。

📖 任务测试

一、单项选择题

1.细水雾灭火系统稳压泵调试时,在模拟设计启动条件下,稳压泵应能立即启动;当达到系统（　　）时,应能自动停止运行。

A.设计压力　　　　B.测试压力　　　　C.最大压力　　　　D.最小压力

2.下列关于闭式细水雾灭火系统联动试验的表述,正确的是（　　）。

A.闭式系统的联动试验可利用试水阀放水进行模拟

B.打开试水阀后,泵组应能及时启动并发出相应的动作信号

C.系统的动作信号反馈装置应能及时发出系统启动的反馈信号

D.以上均正确

3.进行实际细水雾喷放试验时,下列说法不正确的是（　　）。

A.可采用模拟火灾信号启动系统

B.分区控制阀、泵组或瓶组应能及时动作并发出相应的动作信号

C.系统的动作信号反馈装置应能及时发出系统启动的反馈信号

D.相应防护区或保护对象保护面积内不少于 50% 的喷头应喷出细水雾

二、多项选择题

1.细水雾灭火系统调试应包括(   ),并应根据批准的方案按程序进行。

A.泵组调试   B.稳压泵调试

C.分区控制阀调试   D.喷头调试

E.联动试验

2.细水雾灭火系统泵组调试应符合下列(   )规定。

A.以自动或手动方式启动泵组时,泵组应立即投入运行

B.以备用电源切换方式或备用泵切换启动泵组时,泵组应立即投入运行

C.采用柴油泵作为备用泵时,柴油泵的启动时间不应大于8 s

D.控制柜应进行空载和加载控制调试,控制柜应能按其设计功能正常动作和显示

E.应由监理工程师组织施工单位对施工过程进行检查

3.下列关于细水雾灭火系统联动试验的说法中,正确的是(   )。

A.开式系统进行实际细水雾喷放试验时,可采用模拟火灾信号启动系统

B.闭式系统的联动试验可利用试水阀放水进行模拟

C.开式系统进行模拟细水雾喷放试验时,应手动开启泄放试验阀

D.当系统需与火灾自动报警系统联动时,可利用模拟火灾信号进行试验

E.检查数量:全数检查

项目 9　泡沫灭火系统

📖 项目概述

泡沫灭火系统是通过机械作用将泡沫灭火剂、水与空气充分混合并产生泡沫实施灭火的灭火系统,具有安全可靠、经济实用、灭火效率高等优点。

泡沫灭火系统以泡沫液作为灭火剂。泡沫液是指可按适宜的混合比与水混合形成泡沫溶液的浓缩液体。常见的泡沫液包括以下几种:

①蛋白泡沫,以动物蛋白或植物蛋白水解物作为主要发泡剂,具有泡沫稳定性高,耐高温,成本低等优点,但流动性差,抗油污能力较弱;

②氟蛋白泡沫,在蛋白泡沫的基础上,添加氟碳表面活性剂,抗油污能力显著增强,流动性优于普通蛋白泡沫;

③水成膜泡沫,以氟碳表面活性剂为主要发泡剂,在燃料表面形成一层水膜,快速隔绝空气,灭火速度快,流动性好;

④抗溶性泡沫,添加多糖类稳泡剂,增强抗溶性,能够抵抗极性溶液的破坏,泡沫稳定性高,适用于水溶性燃料火灾。泡沫液与水按特定混合比配制成的泡沫溶液称为泡沫混合液。

泡沫灭火系统的主要应用场所之一是储罐区,是一种主要用于可燃液体储罐的灭火系统。储罐按照顶的形式分为三种类型:固定顶储罐是指罐顶周边与罐壁顶部固定连接的储罐;内浮顶储罐是指在固定顶储罐内装有随液面上下浮动的浮盘的储罐;外浮顶储罐是指顶盖漂浮在液面上的储罐。不同的储罐形式及储存物对泡沫液及系统形式有不同的适用要求。

泡沫灭火系统主要靠隔离、窒息和冷却等作用灭火,发泡倍数不同,其灭火机理有所区别。发泡倍数是指泡沫体积与形成该泡沫的泡沫混合液体积的比值。低倍数泡沫主要通过泡沫的遮盖作用将可燃液体与空气隔离实现灭火。高倍数泡沫主要通过密集状态的大量高倍数泡沫封闭火灾区域,阻断新空气流入达到窒息灭火。中倍数泡沫的灭火机理取决于其发泡倍数和使用方式,当以较低的倍数用于扑救可燃液体流淌火灾时,其灭火机理与低倍数泡沫相同;当以较高的倍数用于全淹没方式灭火时,其灭火机理与高倍数泡沫相同。由于泡沫析液基本是水,因此,灭火同时伴有冷却作用,以及灭火过程中产生的水蒸气起到窒息灭火作用。

📖 **知识目标**

1. 了解泡沫灭火系统的分类、组成。

2. 熟悉泡沫灭火系统的工作机理。

3. 掌握泡沫灭火系统型式选择的要求。

📖 **技能目标**

1. 了解泡沫灭火系统的安装、调试的一般规定。

2. 熟悉泡沫灭火系统的进场检验要求。

3. 掌握泡沫灭火系统的安装、调试要求。

任务 9.1　泡沫灭火系统的设计

泡沫灭火系统的
重要组件认识

9.1.1　系统的分类、组成及工作原理

1）系统分类

泡沫灭火系统可以按照所产生泡沫倍数不同、系统组件安装方式进行分类。

（1）按照所产生泡沫倍数不同进行分类

按照所产生泡沫倍数不同,泡沫灭火系统可分为低倍数、中倍数和高倍数泡沫灭火系统。

①低倍数泡沫灭火系统:系统产生的灭火泡沫的倍数低于 20 的系统。储罐区低倍数泡沫灭火系统按泡沫喷射形式不同,分为液上喷射系统、液下喷射系统。

a.液上喷射系统:将泡沫产生装置产生的泡沫在导流装置的引导下,从燃烧液体上方施加到燃烧液体表面实现灭火的系统,如图 9.1 所示。

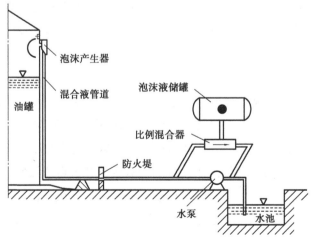

图 9.1　液上喷射泡沫灭火系统示意图

b. 液下喷射系统:将高背压泡沫产生器产生的泡沫,通过泡沫喷射管从燃烧液体液面下输送到储罐内,泡沫在初始动能和浮力的作用下浮到燃液表面实施灭火的系统,如图9.2所示。

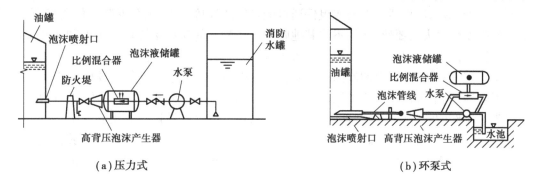

(a)压力式　　　　　　　　　　　　　　(b)环泵式

图9.2　液下喷射泡沫灭火系统示意图

②中倍数和高倍数泡沫灭火系统:中倍数泡沫灭火系统是指系统产生的灭火泡沫倍数为20~200的系统,高倍数泡沫灭火系统是指系统产生的灭火泡沫倍数高于200的系统。按应用形式不同,中倍数和高倍数泡沫灭火系统可分为全淹没系统、局部应用系统、移动式系统。

a. 全淹没系统:由固定式泡沫产生器直接或通过导泡筒将泡沫喷放到封闭或被围挡的防护区内,并在规定的时间内达到一定泡沫淹没深度的灭火系统,如图9.3所示。

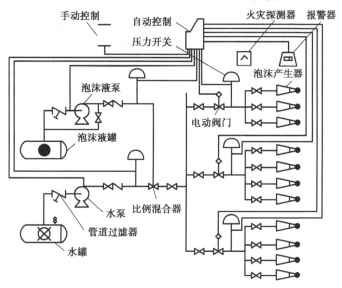

图9.3　全淹没式高倍数泡沫灭火系统示意图

b. 局部应用系统:由固定式泡沫产生器直接或通过导泡筒将泡沫喷放到火灾部位的灭火系统。

c. 移动式系统:车载式或便携式系统,移动式高倍数灭火系统可作为固定系统的辅助设施,也可作为独立系统用于某些场所。

(2)按照系统组件安装方式进行分类

按系统组件的安装方式分类,泡沫灭火系统又可分为固定式系统、半固定式系统和移动式系统。

①固定式系统:由固定的泡沫消防水泵、泡沫比例混合器(装置)、泡沫产生器(或喷头)和管道等组成的灭火系统。对于储罐区来说,固定式灭火系统是指消防水源、泡沫消防泵、泡沫比例混合器、泡沫产生器等设备或组件通过固定管道连接起来,永久安装在使用场所;当被保护的储罐发生火灾需要使用时,不需其他临时设备配合的泡沫系统。图9.1和图9.2所示为液上喷射泡沫灭火系统、液下喷射泡沫灭火系统,均为固定式系统。

②半固定式系统:由固定的泡沫产生器与部分连接管道,泡沫消防车或机动消防泵与泡沫比例混合器,用水带连接组成的灭火系统。对于储罐区来说,半固定式系统是将泡沫产生器或将带控制阀的泡沫管道永久性安装在储罐上,通过固定管道连接并引到防火堤外的安全处,且安装上固定接口,当被保护储罐发生火灾时,用消防水带将泡沫消防车或其他泡沫供给设备与固定接口连接起来,通过泡沫消防车或其他泡沫供给设备向储罐内供给泡沫实施灭火的系统。

③移动式系统:在储罐上不安装任何固定泡沫灭火设备,火灾时完全由消防车或机动消防泵、泡沫比例混合器、泡沫枪或泡沫炮等组成,通过水带连接的移动式泡沫灭火力量扑救火灾的系统。移动式泡沫灭火系统示意图如图9.4所示。

图9.4 移动式泡沫灭火系统示意图

2)系统组成

泡沫灭火系统主要由泡沫消防水泵、泡沫液储罐、泡沫比例混合器、泡沫产生装置、泡沫液泵、控制阀门及管道等组成。

(1)泡沫消防水泵

泡沫消防水泵是为泡沫灭火系统供水的消防水泵。

(2)泡沫液储罐

泡沫液储罐即盛装泡沫液的储罐,应采用耐腐蚀材料制作,且与泡沫液直接接触的内壁或衬里不应对泡沫液的性能产生不利影响。

(3)泡沫比例混合器

泡沫比例混合器是一种使水与泡沫原液按规定比例混合成混合液,以供泡沫产生设备发泡的装置。

(4)泡沫产生装置

泡沫产生装置主要包括低倍数泡沫产生器、高背压泡沫产生器、中倍数泡沫产生器、高倍数泡沫产生器、泡沫喷头、泡沫枪、泡沫炮、泡沫钩管等。

(5)泡沫液泵

泡沫液泵是为泡沫灭火系统供给泡沫液的泵。

3)系统工作原理

火灾发生后,经火灾探测与启动控制装置,或者手动启动装置,启动泡沫消防水泵、比例混合装置及相关控制阀门,向系统供给消防水,消防压力水经过泡沫比例混合装置和泡沫液混合形成泡沫混合液,泡沫混合液经管道输送至泡沫产生装置产生灭火所需泡沫,施加到保护对象进行灭火。

9.1.2　系统型式选择

(1)储罐区低倍数泡沫灭火系统的选择

①非水溶性甲、乙、丙类液体固定顶储罐,可选用液上喷射系统,条件适宜时也可选用液下喷射系统。

②水溶性甲、乙、丙类液体和其他对普通泡沫有破坏作用的甲、乙、丙类液体固定顶储罐,应选用液上喷射系统。

③外浮顶和内浮顶储罐应选用液上喷射系统。

④非水溶性液体外浮顶储罐、内浮顶储罐、直径大于18 m的固定顶储罐及水溶性甲、乙、丙类液体立式储罐,不得选用泡沫炮作为主要灭火设施。

⑤高度大于7 m或直径大于9 m的固定顶储罐,不得选用泡沫枪作为主要灭火设施。

液下喷射系统适用于非水溶性液体固定顶储罐,不适用于水溶性液体和其他对普通泡沫有破坏作用的甲、乙、丙类液体固定顶储罐,这是因为泡沫注入该类液体后,由于该类液体分子的脱水作用而使泡沫遭到破坏,无法浮升到液面实施灭火。液下喷射系统也不适用于外浮顶和内浮顶储罐,因为浮顶会阻碍泡沫的正常分布。

(2)中倍数与高倍数泡沫灭火系统

系统型式的选择应根据防护区的总体布局、火灾的危害程度、火灾的种类和扑救条件等因素,经综合技术经济比较后确定。

①全淹没系统。

全淹没系统可用于下列场所:封闭空间场所;设有阻止泡沫流失的固定围墙或其他围挡设施的场所;小型封闭空间场所与设有阻止泡沫流失的固定围墙或其他围挡设施的小场所,宜设置中倍数泡沫灭火系统。

②局部应用系统。

中倍数泡沫局部应用系统可用于固定位置面积不大于100 m² 的流淌 B 类火灾场所;高倍数泡沫局部应用系统可用于四周不完全封闭的 A 类火灾与 B 类火灾场所、天然气液化站与接收站的集液池或储罐围堰区。

局部应用系统的保护范围应包括火灾蔓延的所有区域。

③移动式系统。

移动式系统可用于下列场所:发生火灾的部位难以确定或人员难以接近的场所;发生火灾时需要排烟、降温或排除有害气体的封闭空间;中倍数泡沫系统还可用于面积不大于100 m² 的可燃液体流淌火灾场所。

📖 任务测试

一、单项选择题

1.低倍数泡沫灭火系统是指系统产生的灭火泡沫的倍数低于(　　　)的系统。

A. 20　　　　　　B. 50　　　　　　C. 100　　　　　　D. 200

2. 中倍数泡沫灭火系统是指系统产生的灭火泡沫倍数为(　　)的系统。

A. 10～100　　　B. 20～200　　　C. 30～300　　　D. 40～400

3. 高倍数泡沫灭火系统是指系统产生的灭火泡沫倍数高于(　　)的系统。

A. 20　　　　　　B. 50　　　　　　C. 100　　　　　　D. 200

二、多项选择题

1. 按照系统组件的安装方式,泡沫灭火系统可分为(　　)。

A. 低倍数泡沫灭火系统　　　　　　B. 固定式系统

C. 半固定式系统　　　　　　　　　D. 移动式系统

E. 高倍数泡沫灭火系统

2. 泡沫灭火系统主要由(　　)等组成。

A. 泡沫消防水泵、泡沫液泵　　　　B. 泡沫液储罐

C. 泡沫比例混合器(装置)　　　　　D. 泡沫产生装置

E. 控制阀门及管道

任务 9.2　泡沫灭火系统的安装

9.2.1　一般规定及进场检验

1) 一般规定

(1) 分部分项工程划分

泡沫灭火系统分部、分项工程应按《泡沫灭火系统技术标准》(GB 50151—2021)的有关规定划分。

(2) 施工前应具备的技术资料

泡沫灭火系统施工前应具备下列技术资料:

①有效的施工图设计文件。

②主要组件的安装使用说明书。

③泡沫产生装置、泡沫比例混合器、泡沫液储罐、泡沫消防水泵、报警阀组、压力开关、水流指示器、水泵接合器、泡沫消火栓、阀门、压力表、管道过滤器、泡沫液、管材及管件等系统组件和材料应具备有效证明文件和产品出厂合格证。

(3) 施工应具备的条件

泡沫灭火系统的施工应具备下列条件:

①设计单位应向施工单位进行设计交底,并有记录。

②系统组件、管材及管件的规格、型号应符合设计要求。

③与施工有关的基础、预埋件和预留孔,经检查应符合设计要求。

④场地、道路、水、电等临时设施应满足施工要求。

（4）施工过程质量控制

泡沫灭火系统施工过程质量控制应符合下列规定：

①采用的系统组件和材料应按规定进行进场检验，合格后经监理工程师签证方可安装使用。

②各工序应按施工技术标准进行质量控制，每道工序完成后应进行检查，合格后方可进行下道工序施工。

③相关各专业工种之间应进行交接认可，并经监理工程师签证后方可进行下道工序施工。

④应对施工过程进行检查，并应由监理工程师组织施工单位人员进行检查。

⑤隐蔽工程在隐蔽前应由施工单位通知有关单位进行验收。

⑥安装完毕，施工单位应按本标准的规定进行系统调试；调试合格后，施工单位应向建设单位提交验收申请报告申请验收。

（5）其他要求

①泡沫灭火系统的施工现场应具有相应的施工技术标准，健全的质量管理体系和施工质量检验制度，实现施工全过程质量控制。

②施工现场质量管理应按规定要求做好检查记录。

③泡沫灭火系统的施工应按有效的施工图设计文件和相关技术标准进行，需改动时，应由原设计单位修改。

2）进场检验

（1）泡沫液

泡沫液进场后，应由监理工程师组织取样留存，旨在以后在需要时能进行质量检测，同时也警示应生产和采购合格泡沫液。

检查数量：按全项检测需要量。

检查方法：观察检查和检查泡沫液的自愿性认证或检验的有效证明文件、产品出厂合格证。

（2）管材及管件

①管材及管件的材质、规格、型号、质量等应符合国家现行有关产品标准规定和设计要求。

检查数量：全数检查。

检查方法：检查出厂检验报告与合格证。

②管材及管件的外观质量除应符合其产品标准的规定外，尚应符合下列规定：表面无裂纹、缩孔、夹渣、折叠、重皮和不超过壁厚负偏差的锈蚀或凹陷等缺陷；螺纹表面完整无损伤，法兰密封面平整光洁无毛刺及径向沟槽；垫片无老化变质或分层现象，表面无褶皱等缺陷。

检查数量：全数检查。

检查方法：观察检查。

③管材及管件的规格尺寸和壁厚及其允许偏差应符合产品标准和设计的要求。

检查数量：每一规格、型号的产品按件数抽查20%，且不得少于1件。

检查方法：用钢尺和游标卡尺测量。

（3）阀门

①阀门的进场检验应符合下列规定：各阀门及其附件应配备齐全；控制阀的明显部位应有标明水流方向的永久性标志；控制阀的阀瓣及操作机构应动作灵活、无卡阻现象，阀体内应清洁、无异物堵塞。

检查数量：全数检查。

检查方法：观察检查。

②阀门的强度和严密性试验应符合下列规定：

a. 强度和严密性试验应采用清水进行，强度试验压力应为公称压力的 1.5 倍；严密性试验压力应为公称压力的 1.1 倍。

b. 在试验持续时间内试验压力应保持不变，且壳体填料和阀瓣密封面应无渗漏。

c. 阀门试压的试验持续时间不应少于规定的时间。

d. 试验合格的阀门，应排尽内部积水并吹干。密封面应涂防锈油，应关闭阀门，封闭出入口，做出明显的标记，并应按规定要求做好记录。

检查数量：每批（同牌号、同型号、同规格）按数量抽查 10%，且不得少于 1 个；主管道上的隔断阀门，应全部试验。

检查方法：将阀门安装在试验管道上，有液流方向要求的阀门，试验管道应安装在阀门的进口，然后管道充满水，排净空气，用试压装置缓慢升压，待达到严密性试验压力后，在最短试验持续时间内阀瓣密封面不渗漏为合格；最后将压力升至强度试验压力，在最短试验持续时间内壳体填料无渗漏为合格。

（4）手动盘车

泡沫消防水泵手动盘车应灵活，无阻滞，无异常声音；高倍数泡沫产生器用手转动叶轮应灵活；固定式泡沫炮的手动机构应无卡阻现象。

检查数量：全数检查。

检查方法：手动检查。

（5）其他系统组件

其他系统组件通常包括泡沫产生装置、泡沫比例混合器、泡沫液储罐、泡沫消防水泵、报警阀组、压力开关、水流指示器、水泵接合器、泡沫消火栓、阀门、压力表、管道过滤器等。

①上述系统组件的规格、型号、性能应符合国家现行产品标准和设计要求。

检查数量：全数检查。

检查方法：检查自愿性认证或检验的有效证明文件、产品出厂合格证和相关技术资料。

②上述系统组件的外观质量，应符合下列规定：无变形及其他机械性损伤；外露非机械加工表面保护涂层完好；无保护涂层的机械加工面无锈蚀；所有外露接口无损伤，堵、盖等保护物包封良好；铭牌标记清晰、牢固。

检查数量：全数检查。

检查方法：观察检查。

（6）不合格判定

①材料和系统组件进场抽样检查时有一件不合格，应加倍抽查；若仍有不合格，应判定此批产品不合格。

②当对产品质量或真伪有疑义时,应由监理工程师组织检测或核实。

(7)填写记录

检验结果应按《泡沫灭火系统技术标准》(GB 50151—2021)的有关规定填写施工过程检查记录。

9.2.2　安装

1)系统组件

(1)泡沫消防水泵

泡沫消防水泵宜整体安装在基础上,并应以底座水平面为基准进行找平、找正,同时要满足设计要求和产品性能要求。

检查数量:全数检查。

检查方法:观察检查,用水平尺和塞尺检查。

(2)泡沫液储罐

①泡沫液储罐的安装位置和高度应符合设计要求。储罐周围应留有满足检修需要的通道,其宽度不宜小于 0.7 m,且操作面不宜小于 1.5 m;当储罐上的控制阀距地面高度大于 1.8 m 时,应在操作面处设置操作平台或操作凳。储罐上应设置铭牌,并应标识泡沫液种类、型号、出厂日期和灌装日期、有效期及储量等内容,不同种类、不同牌号的泡沫液不得混存。

检查数量:全数检查。

检查方法:尺量和观察检查。

②常压钢质泡沫液储罐应进行盛水试验,试验压力应为储罐装满水后的静压力,试验前应将焊接接头的外表面清理干净,并使之干燥,试验时间不应小于 1 h,目测应无渗漏。

检查数量:全数检查。

检查方法:观察检查,检查全部焊缝、焊接接头和连接部位,以无渗漏为合格。

③常压钢质泡沫液储罐内、外表面应按设计要求进行防腐处理,并应在盛水试验合格后进行。

④泡沫液储罐应根据环境条件采取防晒、防冻和防腐等措施。

检查数量:全数检查。

检查方法:观察检查。

(3)泡沫比例混合器

泡沫比例混合器的安装应符合下列规定:

①泡沫比例混合器的标注方向应与液流方向一致。

②泡沫比例混合器与管道连接处的安装应严密。

检查数量:全数检查。

检查方法:观察检查。

(4)泡沫产生器

①低倍数泡沫产生器的安装应符合设计要求,并满足下列规定:液上喷射的泡沫产生器用于外浮顶储罐时,立式泡沫产生器的吸气口应位于罐壁顶之下,横式泡沫产生器应安装于罐壁顶之下;液下喷射的高背压泡沫产生器应水平安装在防火堤外的泡沫混合液管道上。

图 9.5 所示为立式泡沫产生器安装示意图。

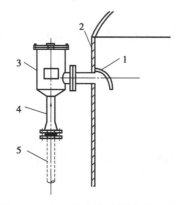

图 9.5　立式泡沫产生器安装示意图
1—泡沫反射板;2—罐壁;3—泡沫室;4—泡沫产生器本体;5—混合液管道

②中倍数、高倍数泡沫产生器的安装应符合设计要求,并符合下列规定:中倍数、高倍数泡沫产生器的进气端 0.3 m 范围内不应有遮挡物,发泡网前 1.0 m 范围内不应有影响泡沫喷放的障碍物;中倍数、高倍数泡沫产生器应整体安装,不得拆卸,并应固定牢固。

检查数量:全数检查。

检查方法:观察检查。

(5)喷头

喷头的安装应符合下列规定:

①喷头的规格、型号应符合设计要求,并应在系统试压、冲洗合格后安装。

②喷头的安装应牢固、规整,安装时不得拆卸或损坏喷头上的附件。

检查数量:全数检查。

检查方法:观察检查,检查系统试压、冲洗记录。

2)管道阀门

(1)管道的安装

管道的安装应符合下列要求:

①水平管道安装时,其坡度、坡向应符合设计要求。

检查数量:全数检查。

检查方法:用水平仪检查。

②立管应用管卡固定在支架上,其间距不应大于设计值。

检查数量:全数检查。

检查方法:尺量和观察检查。

③埋地管道安装应符合下列规定:

a.埋地管道的基础应符合设计要求;

b.埋地管道安装前应做好防腐,安装时不应损坏防腐层;

c.埋地管道采用焊接时,焊缝部位应在试压合格后进行防腐处理;

d.埋地管道在回填前应进行隐蔽工程验收,合格后应及时回填,分层夯实,并应按规定作好记录。

检查数量:全数检查。

检查方法:观察检查。

④管道支架、吊架安装应平整牢固,管墩的砌筑应规整,其间距应符合设计要求。

检查数量:按安装总数的 5% 抽查,且不得少于 5 个。

检查方法:观察和尺量检查。

⑤当管道穿过防火墙、楼板时,应安装套管。穿防火墙套管的长度不应小于防火墙的厚度,穿楼板套管长度应高出楼板 50 mm,底部应与楼板底面相平;管道与套管间的空隙应采用防火材料封堵;管道穿过建筑物的变形缝时应采取保护措施。

检查数量:全数检查。

检查方法:观察和尺量检查。

⑥管道安装完毕后应进行水压试验,并应符合下列规定:

a.试验应采用清水进行,试验时环境温度不应低于 5 ℃,当环境温度低于 5 ℃时,应采取防冻措施;

b.试验压力应为设计压力的 1.5 倍;

c.试验前应将泡沫产生装置、泡沫比例混合器(装置)隔离;

d.试验合格后,应按规定作好记录。

检查数量:全数检查。

检查方法:管道充满水,排净空气,用试压装置缓慢升压,当压力升至试验压力后稳压 10 min,管道无损坏、变形,再将试验压力降至设计压力,稳压 30 min,以压力不降、无渗漏为合格。

⑦管道试压合格后,应用清水冲洗,冲洗合格后不得再进行影响管内清洁的其他施工,并应按规定作好记录。

检查数量:全数检查。

检查方法:宜采用最大设计流量,流速不低于 1.5 m/s,以排出水色和透明度与入口水目测一致为合格。

⑧地上管道应在试压、冲洗合格后进行涂漆防腐。

检查数量:全数检查。

检查方法:观察检查。

(2)阀门的安装

阀门的安装应符合下列要求:

①阀门的安装位置及高度应符合设计要求,采用的阀门应按相关标准进行安装,满足安全及方便操作要求,并应有明显的启闭标志。

检查数量:全数检查。

检查方法:按相关标准的要求检查。

②有流向要求的止回阀等阀门应水平安装,标注的方向应与泡沫的流动方向一致。

检查数量:全数检查。

检查方法:观察检查。

③泡沫混合液管道上设置的自动排气阀应在系统试压、冲洗合格后立式安装。

检查数量:全数检查。

检查方法:观察检查。

3)其他规定

①火灾自动报警系统与泡沫灭火系统联动部分的施工,应按现行国家标准《火灾自动报警系统施工及验收标准》(GB 50166—2019)执行。

②泡沫灭火系统的施工应按规定进行记录。

📖 任务测试

一、单项选择题

1.泡沫液储罐周围应留有满足检修需要的通道,其宽度不宜小于_____,且操作面不宜小于_____。(   )

A.0.7 m 1.5 m   B.0.6 m 1.5 m   C.0.7 m 1.3 m   D.0.6 m 1.4 m

2.当泡沫液储罐上的控制阀距地面高度大于(   )时,应在操作面处设置操作平台或操作凳。

A.1.5 m   B.1.6 m   C.1.7 m   D.1.8 m

3.泡沫消防水泵宜整体安装在基础上,并应以(   )水平面为基准进行找平、找正。

A.减振支座   B.底座   C.支架   D.地面

4.中倍数、高倍数泡沫产生器的进气端(   )范围内不应有遮挡物。

A.0.5 m   B.0.4 m   C.0.3 m   D.0.2 m

5.下列关于泡沫灭火系统泡沫比例混合器安装的说法,不正确的是(   )。

A.泡沫比例混合器的标注方向宜与液流方向一致

B.泡沫比例混合器与管道连接处的安装应严密

C.检查数量:全数检查

D.检查方法:观察检查

6.下列关于泡沫灭火系统喷头安装的说法,不正确的是(   )。

A.喷头的规格、型号应符合设计要求

B.喷头应在系统试压合格后安装,安装完毕后进行冲洗

C.喷头的安装应牢固、规整

D.安装时不得拆卸或损坏喷头上的附件

7.下列关于泡沫灭火系统常压钢质泡沫液储罐安装的说法,正确的是(   )。

A.常压钢质泡沫液储罐内或外表面应按设计要求进行防腐处理

B.防腐处理完成后进行盛水试验并合格

C.泡沫液储罐应采取防晒、防冻等措施

D.以上均不正确

二、多项选择题

1.泡沫灭火系统的施工应具备下列(   )条件。

A.设计单位应向施工单位进行设计交底,并有记录

B.系统组件、管材及管件的规格、型号应符合设计要求

C. 与施工有关的基础、预埋件和预留孔,经检查应符合设计要求

D. 场地、道路、水、电等临时设施应满足施工要求

E. 采用的系统组件和材料应按规定进行进场检验合格

2. 泡沫液储罐应根据环境条件采取(　　)等措施。

A. 防水　　　　　　B. 防尘　　　　　　C. 防晒　　　　　　D. 防冻

E. 防腐

3. 下列关于泡沫灭火系统喷头的安装的说法,符合规定的是(　　)。

A. 应在系统试压、冲洗合格后安装喷头

B. 喷头的规格、型号应符合设计要求

C. 喷头的安装应牢固、规整

D. 安装时不得拆卸或损坏喷头上的附件

E. 其他要求应符合设计要求,并按照《泡沫灭火系统技术标准》(GB 50151—2021)的有关规定进行安装

4. 下列关于泡沫灭火系统常压钢质泡沫液储罐盛水试验的说法,正确的是(　　)。

A. 按常压钢质泡沫液储罐总数的 50% 应进行盛水试验

B. 试验压力应为储罐装满水后的静压力

C. 试验前应将焊接接头的外表面清理干净,并使之干燥

D. 试验时间 0.5 h,目测应无渗漏

E. 检查 80% 焊缝、焊接接头和连接部位,以无渗漏为合格

任务 9.3　泡沫灭火系统的调试

9.3.1　一般规定

(1)调试时间节点

泡沫灭火系统调试应在系统施工结束和与系统有关的火灾自动报警装置及联动控制设备调试合格后进行。

(2)调试准备

①调试前应具备有效的施工图设计文件、主要组件的安装使用说明书,并且系统组件和材料应具备通过了自愿性认证或检验的有效证明文件和产品出厂合格证等技术资料。

②调试前施工单位应制订调试方案,并经监理单位批准。调试人员应根据批准的方案按程序进行。

③调试前应对系统进行检查,并应及时处理发现的问题。

④调试前临时安装在系统上经校验合格的仪器、仪表应安装完毕,调试时所需的检查设备应准备齐全。

⑤水源、动力源和泡沫液应满足系统调试要求,电气设备应具备与系统联动调试的条件。

（3）填写记录

系统调试合格后，应按规定填写施工过程调试检查记录，并应用清水冲洗后放空、复原系统。

9.3.2　调试

泡沫灭火系统的调试包括动力源和备用动力切换试验、水源测试、消防水泵和稳压设备调试、泡沫比例混合器调试、泡沫产生装置的调试和系统调试等项目。

（1）动力源和备用动力切换试验

①泡沫灭火系统的动力源和备用动力应按全数检查进行切换试验，动力源和备用动力及电气设备运行应正常。

②当为手动控制时，以手动的方式进行1~2次试验；当为自动控制时，以自动和手动的方式各进行1~2次试验。

（2）水源测试

①按设计要求核实消防水池（水箱）的容量及消防水箱设置高度；与其他用水合用时，消防储水应有不作他用的技术措施。

②核实消防水泵接合器的数量和供水能力，并应通过移动式消防水泵做供水试验进行验证。

（3）消防水泵和稳压设备调试

①泡沫消防水泵应进行试验，并应符合下列规定：

a.对全部泡沫消防水泵进行运行试验，其性能应符合设计和产品标准的要求。

b.泡沫消防水泵与备用泵应在设计负荷下按全数进行转换运行检查试验，其主要性能应符合设计要求。

c.当为手动启动时，以手动的方式进行1~2次试验；当为自动启动时，以自动和手动的方式各进行1~2次试验，并用压力表、流量计、秒表进行计量。

②稳压泵、消防气压给水设备应按设计要求按全数进行检查调试。当达到设计启动条件时，稳压泵应立即启动；当达到系统设计压力时，稳压泵应自动停止运行。

（4）泡沫比例混合器调试

泡沫比例混合器调试时，应按全数检查并与系统喷泡沫试验同时进行，其混合比不应低于所选泡沫液的混合比。

（5）泡沫产生装置的调试

①应选择距离泡沫泵站最远的储罐和流量最大的储罐上设置的低倍数泡沫产生器进行喷水试验，其进口压力应符合设计要求。

②泡沫枪应按全数检查进行喷水试验，其进口压力和射程应符合设计要求。

③中倍数、高倍数泡沫产生器应按全数检查进行喷水试验，其进口压力不应小于设计值，每台泡沫产生器发泡网的喷水状态应正常。

（6）系统调试

泡沫灭火系统的调试包括喷水试验和喷泡沫试验。

①喷水试验应符合下列规定：

a.当为手动灭火系统时，应以手动控制的方式进行一次喷水试验；当为自动灭火系统时，应以手动和自动控制的方式各进行一次喷水试验,系统流量、泡沫产生装置的工作压力、比例混合装置的工作压力、系统的响应时间均应达到设计要求。

b.当为手动灭火系统时,选择最远的防护区或储罐;当为自动灭火系统时,选择所需泡沫混合液流量最大和最远的两个防护区或储罐分别以手动和自动的方式进行试验。

②喷泡沫试验应符合下列规定:

a.低倍数泡沫灭火系统喷水试验完毕,将水放空后进行喷泡沫试验;当为自动灭火系统时,应以自动控制的方式进行;喷射泡沫的时间不宜小于1 min;实测泡沫混合液的流量、发泡倍数及到达最远防护区或储罐的时间应符合设计要求,混合比不应低于所选泡沫液的混合比。

b.中倍数、高倍数泡沫灭火系统喷水试验完毕,将水放空后进行喷泡沫试验,当为自动灭火系统时,应以自动控制的方式对防护区进行喷泡沫试验,喷射泡沫的时间不宜小于30 s,实测泡沫供给速率及自接到火灾模拟信号至开始喷泡沫的时间应符合设计要求,混合比不应低于所选泡沫液的混合比。

c.低倍数泡沫灭火系统要求选择最远的防护区或储罐,进行一次试验。中倍数、高倍数泡沫灭火系统要求对所有防护区进行试验。

📖 **任务测试**

一、单项选择题

1.泡沫灭火系统的动力源和备用动力应进行(　　　),动力源和备用动力及电气设备运行应正常。

A.切换试验　　　　　B.启动试验　　　　　C.低温试验　　　　　D.耐压试验

2.泡沫消防水泵应进行运行试验,检查数量:全数(　　　)%检查。

A.30　　　　　　　　B.50　　　　　　　　C.80　　　　　　　　D.100

3.泡沫消防水泵与备用泵应在设计负荷下进行转换运行试验,当为手动启动时,以手动的方式进行(　　　)试验。

A.1~2次　　　　　　B.2~3次　　　　　　C.3~4次　　　　　　D.4~5次

4.低倍数泡沫灭火系统进行喷泡沫试验应选择(　　　)的防护区或储罐,进行一次试验。

A.最小　　　　　　　B.最大　　　　　　　C.最近　　　　　　　D.最远

5.泡沫枪应进行喷水试验,其(　　　)应符合设计要求。

A.进口压力和射程　　　　　　　　　B.出口压力和射程

C.进口压力和充实水流　　　　　　　D.出口压力和充实水流

二、多项选择题

1.泡沫产生装置的调试包括(　　　)。

A.低倍数泡沫产生器调试　　　　　　B.泡沫枪调试

C.泡沫管线调试　　　　　　　　　　D.中倍数、高倍数泡沫产生器

E.喷头调试

2.下列关于低倍数泡沫灭火系统调试喷泡沫试验的说法,正确的是(　　　)。

A.按照规定喷水试验完毕后,将水放空后进行喷泡沫试验

B.当为自动灭火系统时,应以自动控制的方式进行喷泡沫试验

C. 喷射泡沫的时间不宜小于 1 min

D. 实测泡沫混合液的流量、发泡倍数及到达最近防护区或储罐的时间应符合设计要求，混合比不应低于所选泡沫液的混合比

E. 检查数量：选择最近的防护区或储罐，进行一次试验

3. 下列关于中倍数、高倍数泡沫灭火系统调试喷泡沫试验的说法，正确的是( )。

A. 按照规定喷水试验完毕后，将水放空后进行喷泡沫试验

B. 当为自动灭火系统时，应以自动和手动控制的方式分别对防护区进行喷泡沫试验

C. 喷射泡沫的时间不宜小于 30 s

D. 实测泡沫供给速率及自接到火灾模拟信号至开始喷泡沫的时间应符合设计要求

E. 混合比不应低于所选泡沫液的混合比

项目 10　干粉灭火系统

📖 项目概述

　　干粉灭火系统是由干粉供应源通过输送管道连接到固定的喷嘴上,通过喷嘴喷放干粉的灭火系统。该系统具有灭火速度快、不导电、对环境条件要求不严格等特点,广泛适用于港口、装车栈台、输油管线、甲类可燃液体生产线、石化生产线、天然气储罐、储油罐、汽轮机组及淬火油槽和大型变压器等场所。

　　按照成分不同,干粉灭火剂可分为普通干粉灭火剂、多用途干粉灭火剂和专用干粉灭火剂。普通干粉灭火剂(如以碳酸氢钠为基料的钠盐干粉灭火剂)可扑救 B 类、C 类、E 类火灾,因而又称为 BC 干粉灭火剂。多用途干粉灭火剂(如以磷酸铵盐为基料的干粉灭火剂)可扑救 A 类、B 类、C 类、E 类火灾,因而又称为 ABC 干粉灭火剂。专用干粉灭火剂以扑救 D 类火灾为主,又称 D 类专用干粉灭火剂。D 类干粉灭火剂投加到某些燃烧的金属后,会与金属表面发生反应,并在金属表面形成熔层,从而使金属与外界隔绝,使金属燃烧因窒息而熄灭。

　　干粉在灭火过程中,粉雾与火焰接触、混合,发生一系列物理和化学作用,其灭火机理包括化学抑制作用和隔离作用。

　　干粉灭火系统可用于扑救灭火前可切断气源的气体火灾,易燃、可燃液体和可熔化固体火灾,可燃固体表面火灾以及带电设备火灾。

📖 知识目标

1. 了解系统的分类、组成及工作原理。
2. 掌握系统主要组件及系统设计要求。

📖 技能目标

1. 熟悉系统进场检验要求。
2. 掌握系统组件安装与调试要求。

任务 10.1　干粉灭火系统的设计

10.1.1　系统的分类、组成及工作原理

1)系统分类

干粉灭火系统可根据应用方式、系统组成、保护情况、驱动气体储存方式等进行分类。

(1)按应用方式分类

干粉灭火系统按照应用方式,可分为全淹没灭火系统和局部应用灭火系统。

①全淹没灭火系统:在规定的时间内向防护区喷射一定浓度的干粉,并使其均匀地充满整个防护区的灭火系统。

②局部应用灭火系统:主要由一个适当的灭火剂供应源组成,并能将灭火剂直接喷放到着火物上。当不宜在整个房间建立灭火浓度或仅保护某一局部范围、某一设备、室外火灾危险场所等时,可选择局部应用灭火系统。

(2)按系统组成分类

干粉灭火系统按照系统组成,可分为管网式灭火系统和预制灭火装置。

①管网式灭火系统:根据保护对象的具体情况通过计算确定的系统形式,并按要求选择各部件的设备型号。

②预制灭火装置:按一定的应用条件,将灭火剂储存装置和喷嘴等部件预先组装起来的成套灭火装置。装置的规格通过对保护对象进行灭火试验后预先计算确定,使用时只需选型,不必进行复杂的计算。

(3)按系统保护情况分类

干粉灭火系统按照保护情况,可分为组合分配系统和单元独立系统。

①组合分配系统:用一套灭火剂储存装置保护两个及以上防护区或保护对象的灭火系统。当一个区域有多个保护对象且每个保护对象发生火灾后又不会相互蔓延时,可选用组合分配系统,如图 10.1 所示。

②单元独立系统:用一套干粉储存装置保护一个防护区或保护对象的灭火系统,如图 10.2 所示。

(4)按驱动气体储存方式分类

干粉灭火系统按照驱动气体储存方式,可分为贮气瓶型系统、贮压型系统和燃气驱动型系统。

①贮气瓶型系统:通过储存在贮气瓶内的驱动气体驱动干粉灭火剂喷放的灭火系统。驱动气体通常采用氮气或二氧化碳,并单独储存在贮气瓶中,灭火时再将驱动气体充入干粉储存容器,进而驱动干粉喷放实施灭火。

②贮压型系统:干粉灭火剂与驱动气体储存在同一容器内,通过驱动气体驱动干粉灭火剂喷放的灭火系统。

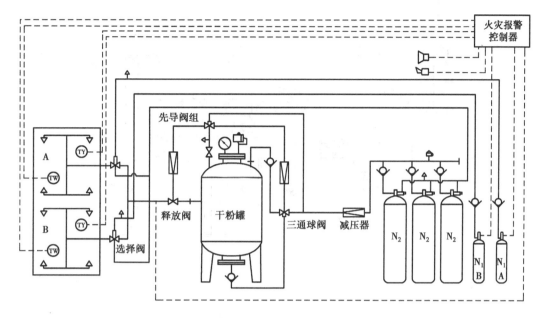

图 10.1　组合分配系统示意图

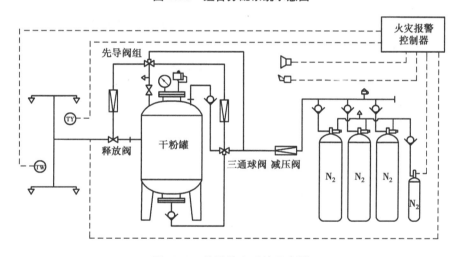

图 10.2　单元独立系统示意图

③燃气驱动型系统:通过燃气发生器内固体燃料燃烧产生的气体驱动干粉灭火剂喷放的灭火系统。这种系统,是在发生火灾时点燃燃气发生器内的固体燃料,通过燃烧生成的燃气压力来驱动干粉喷放实施灭火。

2)系统组成与工作原理

(1)系统组成

①管网式灭火系统:都是贮气瓶型系统,它由干粉灭火设备部分和自动报警、控制部分组成,如图 10.3 所示。

②预制灭火装置:大多为柜式结构,主要用来保护特定的小型设备或者小空间。预制灭火装置主要由柜体、干粉储存容器、驱动气体瓶组、输粉管路和干粉喷嘴以及与之配套的火灾探测器、火灾报警控制器等组成,如图 10.4 所示。

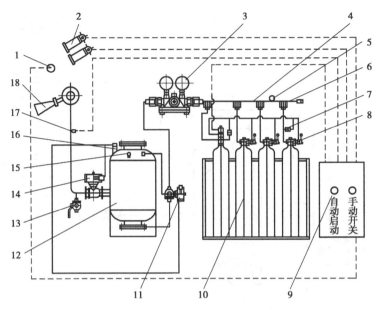

图 10.3　管网式干粉灭火系统组成示意图

1—紧急启动按钮;2—火灾探测器;3—减压阀;4—集流管;5—安全泄放装置;6—主单向阀;7—气体单向阀;
8—容器阀;9—控制盘;10—驱动气体瓶组;11—充气球阀;12—干粉储存容器;13—吹扫管口;
14—出粉总阀;15—安全阀;16—定压动作机构;17—信号反馈装置;18—喷嘴

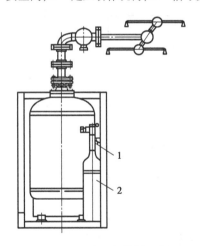

图 10.4　预制灭火装置示意图

1—启动阀;2—驱动气瓶

（2）系统工作原理

①管网式灭火系统:当启动机构接收到控制器的启动信号后动作,通过启动机构开启驱动气体储瓶的瓶头阀,高压驱动气体进入减压器,经减压后,具有一定压力的气体进入干粉储存容器,搅动干粉储存容器中的干粉灭火剂,使干粉储存容器中的干粉灭火剂疏松形成粉—气混合流,同时使干粉储存容器内的压力快速升高。当干粉储存容器内的压力升到规定的数值时,定压动作机构开始动作,打开干粉储存容器出口的总阀门,并根据控制盘的指令打开通向防护区或着火对象的选择阀。干粉灭火剂被气体带动,经过总阀门、选择阀、输粉管输送到喷放组件,把干粉灭火剂喷向着火对象实施灭火。

②贮压型干粉系统:当启动机构接收到控制器的启动信号后动作,通过启动机构开启干粉储存容器的容器阀,容器内的驱动气体驱动干粉灭火剂从容器阀喷出,进而喷向保护空间或者保护对象。

③燃气驱动型干粉系统:燃气发生器预先安装在干粉储存容器中,发生器中装有固体燃烧药剂,当燃气发生器接收到控制盘的启动信号后动作,固体燃烧剂在干粉储存容器内燃烧产生高压气体,高压气体进而驱动干粉灭火剂从喷嘴喷出。

10.1.2 系统主要组件及系统设计要求

1)系统主要组件

干粉灭火系统由储存装置、输送释放装置、启动分配装置、信号反馈装置等组件构成,工程应用中采用的干粉灭火系统应是满足相关国家标准要求的定型产品,系统及其组件性能应符合有关标准要求。

(1)储存装置

干粉灭火系统的储存装置由干粉储存容器、安全泄压装置、驱动气体储瓶、减压阀等组成。

①干粉储存容器。

干粉储存容器是用来储存干粉灭火剂的容器,一般采用圆柱形容器,也可采用球形容器。

②安全泄压装置。

干粉储存容器自身是承压容器,当干粉储存容器出现超压时,为了保证系统安全,需要在干粉储存容器上设置安全泄压装置。

③驱动气体储瓶。

驱动气体储瓶是干粉灭火系统的动力源,主要用来储存驱动干粉灭火剂的气体,驱动气体储瓶上设有压力计和检漏装置。

④减压阀。

减压阀的作用是将驱动气瓶内的高压气体减压至规定的压力值,输入干粉储存容器以驱动干粉。当干粉储存容器内的压力达到工作压力时,减压阀会自动关闭主阀门,停止供气。当干粉储存容器的压力降低时,减压阀又自动开启,恢复供气。

(2)输送释放装置

输送释放装置主要包括干粉释放阀、输送管道和喷嘴,用于输送灭火剂并保证保护空间达到灭火浓度。

(3)启动分配装置

启动分配装置主要由启动气体储瓶、选择阀和启动气体管路组成。

①启动气体储瓶一般为小型氮气瓶,是用来储存启动容器阀、选择阀等组件的启动气体的储瓶,其上的瓶头阀由火灾自动报警系统控制开启。

②选择阀用于组合分配系统中,安装在灭火剂释放管道上,由它控制释放到相应的保护区。选择阀平时关闭,启动方式有气动式和电动式,并均应设手动执行机构,以便在自动启动失灵时仍能将阀门打开。在选择阀的出口部位设置压力讯号器,通常为压力开关,对于单元独立系统压力讯号器则设置在集流管或释放管网上。当灭火剂释放时,压力开关动作,将灭火剂释放信号传送给控制中心,起到反馈灭火系统动作状态的作用。

（4）信号反馈装置

信号反馈装置通常安装在干粉储存容器上。系统动作后,驱动气体储瓶向干粉储存容器充气,经过一定时间,干粉储存容器内的压力达到设定工作压力后,信号反馈装置动作,输出信号给控制装置,控制装置再发出启动信号开启干粉储存容器出口总阀门,常用的信号反馈装置为压力开关。

2）主要组件设置要求

（1）储存装置

①储存容器作为固定式压力容器,其安全性能指标应符合有关安全技术规程的要求。

②干粉储存容器的储存容器压力可取 1.6 MPa 或 2.5 MPa 压力级;其干粉灭火剂的装量系数不应大于 0.85,其增压时间不应大于 30 s。装量系数是指干粉储存容器中干粉的体积（按松密度计算值）与该容器容积之比。增压时间是指干粉储存容器中,从干粉受驱动至干粉储存容器开始释放的时间。

③驱动气体储瓶应选用惰性气体作为驱动气体,并宜选用氮气;驱动压力不得大于干粉储存容器的最高工作压力。驱动压力是指输送干粉灭火剂的驱动气体压力。

④储存装置的布置应方便检查和维护,并应避免阳光直射,其环境温度应为−20 ~ 50 ℃。储存装置宜设在专用的储存装置间内,专用储存装置间应靠近防护区,出口应直接通向室外或疏散通道,耐火等级不应低于二级;并宜保持干燥和良好通风。

（2）选择阀和喷头

①在组合分配系统中,每个防护区或保护对象应设一个选择阀。选择阀的位置宜靠近干粉储存容器,并便于手动操作,方便检查和维护。选择阀上应设有标明防护区的永久性铭牌。

②选择阀应采用快开型阀门,其公称直径应与连接管道的公称直径相等。

③选择阀可采用电动、气动或液动驱动方式,并应有机械应急操作方式。

④系统启动时,选择阀应在输出容器阀动作之前打开。

⑤喷头应有防止灰尘或异物堵塞喷孔的防护装置,防护装置在灭火剂喷放时应能被自动吹掉或打开。

⑥喷头的单孔直径不得小于 6 mm。

（3）管道及附件

干粉灭火系统的管道及附件应能承受最高环境温度下工作压力,管道应采用无缝钢管。管道及附件应进行内外表面防腐处理。对防腐层有腐蚀的环境,管道及附件可采用不锈钢、铜管或其他耐腐蚀的不燃材料。输送启动气体的管道,宜采用铜管。

干粉灭火系统管道可采用螺纹连接、沟槽（卡箍）连接、法兰连接或焊接。对于公称直径不超过 DN80 的管道,宜采用螺纹连接;公称直径大于 DN80 的管道宜采用沟槽（卡箍）连接。

3）设计一般规定及安全要求

（1）设计一般规定

①干粉灭火系统当用于扑救封闭空间内的火灾时,应采用全淹没灭火系统,当用于扑救具体保护对象的火灾时,可采用局部应用灭火系统。

②对于采用全淹没灭火系统的防护区,在喷放干粉时,不能自动关闭的开口总面积不应大于该防护区总内表面面积的 15%,且开口不应设在底面。防护区的围护结构及门、窗的耐

火极限不应低于 0.50 h,吊顶的耐火极限不应低于 0.25 h;围护结构及门、窗的允许压力不宜小于 1 200 Pa。

③对于采用局部应用灭火系统的保护对象,保护对象周围的空气流动速度不应大于 2 m/s,必要时可采取挡风措施。在喷头和保护对象之间喷头喷射角范围内不应有遮挡物。

④当防护区或保护对象有可燃气体和易燃、可燃液体供应源时,应在启动干粉灭火系统之前或同时,切断气体、液体的供应源。可燃气体,易燃、可燃液体和可熔化固体火灾宜采用碳酸氢钠干粉灭火剂;可燃固体表面火灾应采用磷酸铵盐干粉灭火剂。

⑤组合分配系统的灭火剂储存量不应小于所需储存量最多的一个防护区或保护对象的储存量。组合分配系统保护的防护区与保护对象之和不得超过 8 个。当防护区与保护对象之和超过 5 个时,或者在喷放后 48 h 内不能恢复到正常工作状态时,灭火剂应有备用量。备用量不应小于系统设计的储存量,备用干粉储存容器应与系统管网相连,并能与主用干粉储存容器切换使用。

(2)安全要求

①防护区设置。要求防护区的走道和安全出口应保证人员能在 30 s 内疏散完毕。防护区的门应向疏散方向开启,并应能自动关闭,在任何情况下均应能在防护区内打开。防护区入口处应装设自动、手动转换开关。转换开关安装高度宜使中心位置距地面 1.5 m。地下防护区和无窗或设固定窗扇的地上防护区,应设置独立的机械排风装置,排风口应通向室外。

②火灾声光警报器的设置。防护区内及入口处应设火灾声光警报器,防护区入口处应设置干粉灭火剂喷放指示门灯及干粉灭火系统永久性标志牌。局部应用灭火系统,应设置火灾声光警报器。

📖 任务测试

一、单项选择题

1.下列关于全淹没干粉灭火系统的说法,错误的是(　　)。

A.是按应用方式进行的分类

B.全淹没灭火系统是指在规定的时间内向防护区喷射一定浓度的干粉,并使其均匀地充满整个防护区的灭火系统

C.该系统的特点是对防护区提供整体保护,适用于较小的封闭空间

D.当不宜在整个房间建立灭火浓度或仅保护某一局部范围时,可选择全淹没灭火系统

2.下列关于预制干粉灭火装置的说法,错误的是(　　)。

A.需要根据保护对象的具体情况通过计算确定的系统形式

B.指按一定的应用条件,将灭火剂储存装置和喷嘴等部件预先组装起来的成套灭火装置

C.装置的规格通过对保护对象进行灭火试验后预先计算确定

D.适用于保护对象较小且无特殊要求的场所

3.贮气瓶型干粉灭火系统是指通过储存在贮气瓶内的驱动气体驱动干粉灭火剂喷放的灭火系统。驱动气体通常采用(　　)。

A.空气或一氧化碳　　　　　　　　B.空气或二氧化碳

C.氮气或二氧化碳　　　　　　　　D.氮气或一氧化碳

4.管道可采用螺纹连接、沟槽(卡箍)连接、法兰连接或焊接。对于公称直径不超过(　　)的干粉灭火系统管道,宜采用螺纹连接。

A. DN50   B. DN80   C. DN65   D. DN100

5.公称直径大于 DN80 的干粉灭火系统管道宜采用(　　)连接。

A.螺纹   B.沟槽(卡箍)   C.法兰   D.焊接

6.干粉储存容器的储存容器压力可取 1.6 MPa 或 2.5 MPa 压力级;其干粉灭火剂的装量系数不应大于(　　),其增压时间不应大于 30 s。

A.0.65   B.0.75   C.0.85   D.0.95

7.下列关于组合分配式干粉灭火系统中选择阀的说法,正确的是(　　)。

A.每个防护区或保护对象应设一个选择阀,选择阀的位置宜靠近干粉储存容器,并便于手动操作,方便检查和维护

B.选择阀上应设有标明防护区的永久性铭牌

C.选择阀应采用快开型阀门,其公称直径应小于连接管道的公称直径

D.选择阀应有机械应急操作方式

8.下列关于干粉灭火系统管道及附件的说法,不正确的是(　　)。

A.干粉灭火系统的管道及附件应能承受最高环境温度下工作压力,管道应采用无缝钢管

B.管道及附件应进行内外表面防腐处理

C.对防腐层有腐蚀的环境,管道及附件可采用不锈钢、铜管或其他耐腐蚀的不燃材料

D.输送启动气体的管道,宜采用热浸镀锌钢管

二、多项选择题

1.下列属于按干粉灭火系统驱动气体储存方式分类的是(　　)。

A.贮气瓶型系统   B.贮压型系统

C.组合分配系统   D.燃气驱动型系统

E.单元独立系统

2.干粉灭火系统的储存装置由(　　)等组成。

A.压力开关   B.干粉储存容器

C.安全泄压装置   D.驱动气体储瓶

E.减压阀

3.下列关于干粉灭火系统选择阀的说法,正确的是(　　)。

A.在组合分配系统中,每个防护区或保护对象应设一个选择阀

B.选择阀的位置宜靠近干粉储存容器,并便于手动操作

C.选择阀上应设有标明防护区的永久性铭牌

D.选择阀可采用电动、气动或液动驱动方式,并应有机械应急操作方式

E.系统启动时,选择阀应在输出容器阀动作之后打开

4.下列关于干粉灭火系统操作与控制的说法,正确的是(　　)。

A.干粉灭火系统应设有自动控制、手动控制和机械应急操作三种启动方式

B.当局部应用灭火系统用于经常有人保护场所时可不设手动控制

C.手动启动装置的安装高度宜使其中心位置距地面 1.5 m

D.所有手动启动装置都应明显地标示出其对应的防护区或保护对象的名称

E.预制灭火装置可以不设机械应急操作启动方式

任务 10.2 干粉灭火系统的安装与调试

10.2.1 进场检验

干粉灭火系统施工安装前,按照施工过程质量控制要求,需要对质量控制文件、系统组件、材料进行现场检查、检验,不允许使用不合格的组件、材料。

1)干粉储存容器的现场检查

干粉储存容器是用来储存干粉灭火剂的容器,其上设有充装干粉口、出粉管、法兰口、安全阀、压力表、进气排气接口及清扫口等。干粉储存容器的检查主要有三个方面:外观质量检查、密封面检查和充装量检查。

(1)外观质量检查

外观质量检查应满足以下要求:

①铭牌清晰、牢固、方向正确。

②干粉储存容器外表颜色为红色。

③无碰撞变形及其他机械性损伤。

④外露非机械加工表面保护涂层完好。

⑤品种、规格、性能等符合国家现行产品标准和设计要求。

可采用目测观察,核查产品出厂合格证和法定机构出具的有效证明文件等方法进行检查。

(2)密封面检查

密封面检查应满足以下要求:

①所有外露接口均设有防护堵、盖,且封闭良好。

②接口螺纹和法兰密封面无损伤,可采用目测观察检查。

(3)充装量检查

充装量检查要求实际充装量不得小于设计充装量,也不得超过设计充装量的3%,可通过核查产品出厂合格证、灭火剂充装时称重测量等方法检查。

2)气体储瓶、减压阀、选择阀、信号反馈装置、喷头、安全防护装置、压力报警及控制器等的现场检查

(1)外观检查

外观检查应满足以下要求:

①铭牌清晰、牢固、方向正确。

②无碰撞变形及其他机械性损伤。

③外露非机械加工表面保护涂层完好。

④品种、规格、性能等符合国家现行产品标准和设计标准要求。

⑤对同一规格的干粉储存容器和驱动气体储瓶,其高度差不超过20 mm。

⑥对同一规格的启动气体储瓶,其高度差不超过10 mm。

⑦驱动气体储瓶容器阀具有手动操作机构。

⑧选择阀在明显部位永久性标有介质的流动方向。

（2）密封面检查

密封面检查应满足以下要求：

①外露接口均设有防护堵、盖，且封闭良好。

②接口螺纹和法兰密封面无损伤。

针对上述检查内容可采用目测观察、核查产品出厂合格证和法定机构出具的有效证明文件、采用钢直尺测量等方法。

3）阀驱动装置的现场检查

（1）外观质量检查

外观质量检查应满足以下要求：

①铭牌清晰、牢固、方向正确。

②无碰撞变形及其他机械性损伤。

③外露非机械加工表面保护涂层完好。

④所有外露接口均设有防护堵、盖，且封闭良好，接口螺纹和法兰密封面无损伤。

（2）功能检查

功能检查应满足以下要求：

①电磁驱动器的电源电压符合设计要求。满足系统启动要求，且动作灵活，无卡阻现象。

②启动气体储瓶内压力不低于设计压力，且不超过设计压力的5%，设置在启动气体管道的单向阀启闭灵活，无卡阻现象。

③机械驱动装置传动灵活，无卡阻现象。

针对上述检查内容可采取目测观察和用压力表测量等方法。

10.2.2 系统组件安装与调试

1）系统主要组件的安装

干粉灭火系统的安装应按照相应的技术标准、质量管理体系和施工质量检验制度进行，并对施工全过程进行质量控制。

（1）干粉储存容器

①干粉储存容器在安装前需核对其安装位置是否符合设计图样要求，周边是否留有操作空间及维修间距。

②安装时注意干粉储存容器的支座与地面固定牢固，并做防腐处理；且安装地点避免潮湿或高温环境、不要受阳光直接照射。

③在安装时，要注意安全防护装置的泄压方向不能朝向操作面；压力显示装置方便人员观察和操作；阀门便于手动操作。

（2）驱动气体储瓶

①驱动气体储瓶在安装前要检查瓶架是否固定牢固并做防腐处理；检查集流管和驱动气体管道内腔，确保清洁无异物并紧固在瓶架上。

②安装驱动气体储瓶时，注意安全防护装置的泄压方向不能朝向操作面；启动气体储瓶和驱动气体储瓶上压力计、检漏装置的安装位置便于人员观察和操作；驱动介质流动方向与

减压阀、止回阀标记的方向一致。

（3）干粉输送管道

①采用螺纹连接时，管材采用机械切割，螺纹不得有缺纹和断纹等现象；螺纹连接的密封材料均匀附着在管道的螺纹部分，拧紧螺纹时，避免将填料挤入管道内；安装后的螺纹根部有 2~3 扣外露螺纹，连接处外部清理干净并做防腐处理。

②采用法兰连接时，衬垫不能凸入管内，其外边缘宜接近螺栓孔，不能放双垫或偏垫。拧紧后凸出螺母的长度不能大于螺杆直径的 1/2，确保有不少于 2 扣外露螺纹。

③经过防腐处理的无缝钢管不能采用焊接连接，与选择阀等个别连接部位需采用法兰焊接连接时，要对被焊接损坏的防腐层进行二次防腐处理。

④管道穿过墙壁、楼板处需安装套管。套管公称直径比管道公称直径至少大 2 级，穿墙套管长度与墙厚相等，穿楼板套管长度高出地板 50 mm。管道与套管间的空隙采用防火封堵材料填塞密实。当管道穿越建筑物的变形缝时，需设置柔性管段。

⑤管道末端采用防晃支架固定，支架与末端喷头间的距离不大于 500 mm。

（4）喷头

①在安装喷头前，需逐个核对喷头型号、规格及喷孔方向是否符合设计要求。

②当安装在吊顶下时，喷头如果没有装饰罩，其连接管的管端螺纹不能露出吊顶；如果带有装饰罩，装饰罩需紧贴吊顶安装。

③在安装喷头时还应设有防护装置，以防灰尘或异物堵塞喷头。

（5）系统试压与吹扫

为确保系统投入运行后不出现漏粉、管道及管件承压能力不足、杂质及污损物影响正常使用等问题，在管网安装完成后，需对管网进行强度试验和严密性试验。

一般情况下，系统强度试验和严密性试验采用清水作为介质，当不具备水压强度试验条件时，可采用气压强度试验代替。水压试验合格后，用干燥压缩空气对管道进行吹扫，以清除残留水分和异物。系统试压完成后，及时拆除所有临时盲板和试验用管道，并与记录核对无误。

2）系统调试

干粉灭火系统调试在系统各组件安装完成后进行，系统调试包括对系统进行模拟启动试验、模拟喷放试验和模拟切换操作试验等。

模拟启动试验的目的是检测控制系统及驱动装置是否安装正确和系统组件是否可靠；模拟喷放试验是用来检测系统动作顺序和动作可靠性、反馈信号以及管道连接的正确性；模拟切换操作试验的目的在于检查备用干粉储存容器连接及切换操作的正确性，从而保证系统起到预期作用。

📖 **任务测试**

一、单项选择题

1.干粉储存容器充装量检查要求实际充装量不得小于设计充装量，也不得超过设计充装量的（ ），可通过核查产品出厂合格证、灭火剂充装时称重测量等方法检查。

A.2%　　　　　　B.3%　　　　　　C.4%　　　　　　D.5%

2.对干粉灭火系统同一规格的干粉储存容器和驱动气体储瓶，其高度差不超过（ ）mm。

A.10　　　　　　B.15　　　　　　C.20　　　　　　D.25

3. 对干粉灭火系统同一规格的启动气体储瓶,其高度差不超过(　　)mm。

A. 10　　　　　　　B. 15　　　　　　　C. 20　　　　　　　D. 25

4. 干粉灭火系统启动气体储瓶内压力不低于设计压力,且不超过设计压力的(　　),设置在启动气体管道的单向阀启闭灵活,无卡阻现象。

A. 2%　　　　　　　B. 3%　　　　　　　C. 4%　　　　　　　D. 5%

5. 干粉储存容器安装,要做到以下(　　)规定。

A. 在安装前需核对其安装位置是否符合设计图样要求

B. 安装时注意干粉储存容器的支座与地面固定牢固,并做防腐处理

C. 安装地点避免潮湿或高温环境、不要受阳光直接照射

D. 以上均正确

二、多项选择题

1. 下列符合干粉灭火系统选择阀外观检查标准的是(　　)。

A. 铭牌清晰、牢固、方向正确

B. 无碰撞变形及其他机械性损伤

C. 品种、规格、性能等符合国家现行产品标准和设计标准要求

D. 所有外露接口均设有防护堵、盖,且封闭良好

E. 选择阀在明显部位永久性标有介质的流动方向

2. 下列符合干粉储存容器密封面检查要求的是(　　)。

A. 无碰撞变形及其他机械性损伤

B. 所有外露接口均设有防护堵、盖,且封闭良好

C. 干粉储存容器外表颜色为红色

D. 接口螺纹和法兰密封面无损伤

E. 可采用目测观察检查

3. 下列关于干粉灭火系统干粉输送管道安装的说法中,正确的是(　　)。

A. 采用螺纹连接时,连接处外部清理干净并做防腐处理

B. 采用法兰连接时,衬垫不能凸入管内,其外边缘宜接近螺栓孔

C. 经过防腐处理的无缝钢管不能采用焊接连接

D. 管道穿过墙壁、楼板处需安装套管,穿楼板套管长度高出地板 20 mm

E. 管道末端采用防晃支架固定,支架与末端喷头间的距离不大于 500 mm

4. 在安装干粉灭火系统喷头前,需逐个核对喷头(　　)是否符合设计要求。

A. 规格　　　　　B. 型号　　　　　C. 品牌　　　　　D. 喷孔方向

E. 喷孔数量

附录

附录1　学业水平测试卷(一)

一、单项选择题(每题1分,共40分)

1.火灾自动报警系统各类管路暗敷时,应敷设在不燃结构内,且保护层厚度不应小于(　　)mm。

A.30　　　　　　　B.25　　　　　　　C.40　　　　　　　D.35

2.从接线盒、槽盒等处引到探测器底座、控制设备、扬声器的线路,当采用可弯曲金属电气导管保护时,其长度不应大于(　　)m。

A.3　　　　　　　　B.2　　　　　　　　C.4　　　　　　　　D.5

3.系统导线敷设结束后,应用_____V兆欧表测量每个回路导线对地的绝缘电阻,且绝缘电阻值不应小于_____MΩ。(　　)

A.300　10　　　　B.200　10　　　　C.500　20　　　　D.1 000　20

4.消防给水系统试压过程中,当出现泄漏时,下列处理方式正确的是(　　)。

A.第一时间堵漏,边堵漏边继续进行作业

B.及时判断泄漏量,在泄漏量不影响现场作业的情况下,继续进行

C.应停止试压,并应放空管网中的试验介质,消除缺陷后,应重新再试

D.将泄漏管段用盲板隔离,继续后续管段的试压作业

5.下列关于消防给水管网冲洗顺序的表述,错误是(　　)。

A.先室外,后室内

B.先地下,后地上

C.室内部分的冲洗应按供水干管、水平管和立管的顺序进行

D.先金属管,后非金属管

6.消防给水管穿过墙体或楼板时应加设套管,套管长度不应小于墙体厚度,或应高出楼面或地面(　　)。

A.30 mm　　　　　B.40 mm　　　　　C.50 mm　　　　　D.60 mm

7.压力开关应(　　)安装在通往水力警铃的管道上,且不应在安装中拆装改动。

A.竖直　　　　　　B.水平　　　　　　C.并联　　　　　　D.串联

8.湿式系统的联动试验时,应启动一只喷头或以(　　)的流量从末端试水装置处放水。

A.0.90～2.0 L/s　　　　　　　　　B.0.90～1.5 L/s

C.0.94~1.5 L/s   D.0.94~2.0 L/s

9. 雨淋阀调试时,当报警水压为(   )时,水力警铃应发出报警铃声。

　　A.0.05 MPa　　　　B.0.04 MPa　　　　C.0.02 MPa　　　　D.0.01 MPa

10. 建筑高度大于_____的公共建筑、工业建筑和建筑高度大于_____的住宅建筑应采用机械加压送风系统。(   )

　　A.24 m　54 m　　B.50 m　100 m　　C.24 m　50 m　　D.24 m　27 m

11. 采用自然通风方式的封闭楼梯间、防烟楼梯间,应在最高部位设置面积不小于(   )的可开启外窗或开口。

　　A.1.0 m²　　　　　B.2.0 m²　　　　　C.3.0 m²　　　　　D.4.0 m²

12. 应急照明及疏散指示系统灯具应选择采用(   )的灯具。

　　A. 高亮光源　　　　B. 清洁能源　　　　C. 节能光源　　　　D. 自带电源

13. 地面上设置的消防应急标志灯应选择(   )灯具。

　　A. 自带电源 A 型　　B. 集中电源 A 型　　C. 集中电源 B 型　　D. 自带电源 B 型

14. 当水雾喷头的工作压力大于或等于(   )时,能获得良好的分布形状和雾化效果,满足防护冷却的要求。

　　A.0.2 MPa　　　　　B.0.35 MPa　　　　C.0.15 MPa　　　　D.0.25 MPa

15. 公称直径大于 DN80 的干粉灭火系统管道宜采用(   )连接。

　　A. 螺纹　　　　　　B. 沟槽(卡箍)　　　C. 法兰　　　　　　D. 焊接

16. 低倍数泡沫灭火系统是指系统产生的灭火泡沫的倍数低于(   )的系统。

　　A.20　　　　　　　B.50　　　　　　　C.100　　　　　　　D.200

17. 细水雾灭火系统应按喷头的型号、规格储存备用喷头,其数量不应小于相同型号、规格喷头实际设计使用总数的 1%,且分别不应少于(   )只。

　　A.3　　　　　　　　B.5　　　　　　　　C.8　　　　　　　　D.10

18. 防排烟系统风机安装时,风机外壳至墙壁或其他设备的距离不应小于(   )。

　　A.600 mm　　　　　B.500 mm　　　　　C.300 mm　　　　　D.200 mm

19. 气体灭火系统,对于有爆炸危险的气体、液体类火灾的防护区,应采用(   )。

　　A. 灭火设计浓度　　　　　　　　　　B. 惰化设计浓度

　　C. 设计喷放浓度　　　　　　　　　　D. 灭火浸渍浓度

20. 气体灭火系统的储存装置_____内不能重新充装恢复工作的,应按系统原储存量的_____设置备用量。(   )

　　A.72 h　100%　　B.48 h　100%　　C.48 h　120%　　D.72 h　120%

21. 消防联动控制器接收到满足联动触发条件的报警信号后,应在(   )s 内发出控制相应受控设备动作的启动信号,点亮启动指示灯,记录启动时间。

　　A.3　　　　　　　　B.5　　　　　　　　C.2　　　　　　　　D.4

22. 消防控制室图形显示装置应接收并显示(   )发送的联动控制信息、受控设备的动作反馈信息。

　　A. 消防电气控制装置　　　　　　　　B. 消防联动控制器

　　C. 火灾报警控制器　　　　　　　　　D. 消防电动装置

23. 在探测器监视区域内最不利处采用专用检测仪器或模拟火灾的方法,向点型火焰探测器和图像型火灾探测器释放试验光波,探测器的火警确认灯应在( )s点亮并保持。

A.40 B.50 C.20 D.30

24. 消防水池的给水管应根据其有效容积和补水时间确定,补水时间不宜大于_____h,但当消防水池有效总容积大于2 000 m³时,不应大于_____h。( )

A.48 96 B.36 72 C.24 48 D.12 24

25. 当消防水池采用两路消防供水且在火灾情况下连续补水能满足消防要求时,消防水池的有效容积应根据计算确定,但不应小于_____m³,当仅设有消火栓系统时不应小于_____m³。( )

A.200 100 B.100 50 C.150 100 D.50 25

26. 消防水池的总蓄水有效容积大于_____m³时,宜设两格能独立使用的消防水池;当大于_____m³时,应设置能独立使用的两座消防水池。( )

A.200 400 B.400 800 C.500 1 000 D.800 1 200

27. 自动喷水灭火系统排水设施调试过程中,下列说法不正确的是( )。

A. 检查数量:全数检查

B. 检查方法:观察检查

C. 系统排出的水应通过排水设施全部排走

D. 系统排出的水应通过直排方式全部排走

28. 墙壁消防水泵接合器的安装应符合设计要求。设计无要求时,其安装高度距地面宜为_____;与墙面上的门、窗、孔、洞的净距离不应小于_____,且不应安装在玻璃幕墙下方。( )

A.0.8 m 2.0 m B.0.7 m 2.0 m C.0.7 m 1.5 m D.0.8 m 1.5 m

29. 自动喷水灭火系统中,信号阀应安装在水流指示器前的管道上,与水流指示器之间的距离不宜小于( )。

A.400 mm B.200 mm C.300 mm D.500 mm

30. 排烟风机应满足_____时连续工作_____的要求,排烟风机应与风机入口处的排烟防火阀连锁,当该阀关闭时,排烟风机应能停止运转。( )

A.280 ℃ 30 min B.280 ℃ 25 min C.250 ℃ 30 min D.250 ℃ 25 min

31. 当吊顶内有可燃物时,吊顶内的排烟管道应采用不燃材料进行隔热,并应与可燃物保持不小于( )的距离。

A.100 mm B.150 mm C.200 mm D.250 mm

32. 应急照明及疏散指示系统调试前,应对系统中的应急照明控制器、集中电源和消防应急照明配电箱等设备分别进行( ),系统部件无明显功能故障时,方能接入系统进行调试。

A. 设备外观检查 B. 设备完整性检查 C. 单机通电检查 D. 单机稳定性检查

33. 应急照明及疏散指示系统功能调试前,集中电源的蓄电池组、灯具自带的蓄电池应连续充电( )。

A.6 h B.8 h C.12 h D.24 h

34. 水喷雾灭火系统管道采用镀锌钢管时,公称直径不应小于_____mm;采用不锈钢管或铜管时,公称直径不应小于_____mm。( )

A.25 20 B.25 15 C.15 20 D.25 30

35. 对干粉灭火系统同一规格的干粉储存容器和驱动气体储瓶,其高度差不超过( )mm。

    A. 10   B. 15   C. 20   D. 25

36. 当泡沫液储罐上的控制阀距地面高度大于( )时,应在操作面处设置操作平台或操作凳。

    A. 1.5 m   B. 1.6 m   C. 1.7 m   D. 1.8 m

37. 细水雾灭火系统泵组控制柜的安装时,控制柜与基座应采用直径不小于( )mm的螺栓固定,每台控制柜不应少于 4 只螺栓。

    A. 8   B. 10   C. 12   D. 14

38. 模拟火灾,相应区域火灾报警后,同一防烟分区内挡烟垂壁应在( )以内联动下降到设计高度。

    A. 90 s   B. 30 s   C. 60 s   D. 120 s

39. 下列关于气体灭火系统启动的说法,正确的是( )。

A. 预制灭火系统应设自动控制、手动控制和机械应急操作三种启动方式

B. 管网灭火系统应设自动控制和手动控制两种启动方式

C. 气体灭火系统由专用的气体灭火控制器控制

D. 以上各说法均正确

40. 组合分配气体灭火系统启动时,选择阀应在容器阀开启( )打开。

    A. 前或同时   B. 前   C. 同时   D. 后

二、多项选择题(每题 2 分,共 20 分)

1. ( )等发生火灾时仍需工作、值守的区域应同时设置备用照明、疏散照明和疏散指示标志。

    A. 避难间(层)   B. 配电室   C. 消防控制室   D. 洗衣房

E. 自备发电机房

2. 采用机械加压送风系统的防烟楼梯间及其前室应分别设置( )。

    A. 控制装置   B. 送风井(管)道   C. 报警装置   D. 送风口(阀)

E. 送风机

3. 气体灭火系统模拟启动试验结果,应符合下列( )规定。

    A. 延迟时间与设定时间相符   B. 有关声、光报警信号正确

    C. 联动设备动作正确   D. 驱动装置动作可靠

E. 响应时间满足要求

4. 下列关于消防给水管网冲洗的表述,正确的是( )。

A. 管网冲洗的水流流速、流量不应小于系统设计的水流流速、流量;管网冲洗宜分区、分段进行;水平管网冲洗时,其排水管位置与冲洗管网平齐

B. 管网冲洗的水流方向应与灭火时管网的水流方向相反

C. 管网冲洗应连续进行。当出口处水的颜色、透明度与入口处水的颜色、透明度基本一致时,冲洗可结束

D. 管网冲洗宜设临时专用排水管道,其排放应畅通和安全。排水管道的截面面积不应小于被冲洗管道截面面积的 60%

E. 干式消火栓系统管网冲洗结束,管网内水排除干净后,宜自然风干

5. 下列不宜安装感烟火灾探测器的场所是(　　)。

A. 档案库　　　　　　B. 厨房　　　　　　C. 锅炉房　　　　　　D. 发电机房

E. 烘干车间

6. 消防应急照明和疏散指示系统应单独布线。除设计要求以外,(　　)的线路,不应布在同一管内或槽盒的同一槽孔内。

A. 不同回路　　　B. 不同电压等级　　　C. 不同防火分区　　　D. 不同楼层

E. 交流与直流

7. 防排烟系统风管的(　　)应符合设计要求,且现场风管的安装不得缩小接口的有效截面。

A. 规格　　　　　　B. 安装位置　　　　　　C. 数量　　　　　　D. 标高

E. 走向

8. 气体灭火系统适用于扑救下列(　　)火灾。

A. 电气火灾　　　　　　　　　　　　B. 固体表面火灾

C. 液体火灾　　　　　　　　　　　　D. 氢化钾、氢化钠等金属氢化物火灾

E. 可燃固体物质的深位火灾

9. 下列关于消火栓的调试和测试的表述,正确的是(　　)。

A. 试验消火栓动作时,应检测消防水泵是否在规定的时间内自动启动

B. 试验消火栓动作时,应测试其出流量、压力和充实水柱的长度;并应根据消防水泵的性能曲线核实消防水泵供水能力

C. 应检查旋转型消火栓的性能能否满足其性能要求

D. 应采用专用检测工具,测试减压稳压型消火栓的阀后动静压是否满足设计要求

E. 检查数量:按全数的50%

10. 下列关于报警区域划分的说法,正确的是(　　)。

A. 划分报警区域的目的主要是为了迅速确定报警及火灾发生部位,并解决消防系统的联动设计问题

B. 报警区域应根据防火分区或楼层划分

C. 可将一个防火分区或一个楼层划分为一个报警区域

D. 也可将发生火灾时需要同时联动消防设备的相邻几个防火分区或楼层划分为一个报警区域

E. 电缆隧道的一个报警区域宜由一个封闭长度区间组成,一个报警区域不应超过相连的2个封闭长度区间

三、案例综合分析(每题20分,共40分)

案例一:某综合楼,共12层,1~3层为商场,层高4.8 m,4~12层为办公场所,层高3.2 m。每层建筑面积5 000 m²,平均划分2个防火分区。该建筑按照国家消防技术规范要求设置了集中控制型火灾自动报警系统。在对该综合楼办公楼层检查时发现:办公楼层内设置了自带电源非集中控制型消防应急照明和疏散指示系统;每层设置的标志灯和照明灯均为B型非持续型大型灯具;办公室走道的照明灯具设置在侧墙上,距离地面高度为1.5 m。

根据以上材料,指出该综合楼办公楼层的应急照明和疏散指示系统存在的问题,并说明

理由。

案例二:消防技术服务机构对南方某单层木器厂房开展消防设施检测工作。该厂房建筑面积 12 000 m²,耐火等级为二级,共划分为两个防火分区。厂房设置了湿式自动喷水灭火系统全保护。

通过查阅档案,部件进场检查记录如下:

1. 对水流指示器灵敏度进行检查,试验压力为 0.4 ~ 1.2 MPa,当流量为 0.7 L/s,水流指示器不报警,当流量为 1 L/s 时,水流指示器报警,桨片动作后 60 s 水流指示器报警,现场工作人员认为报警延迟时间过长,便调整延迟时间至 15 s 后报警。

2. 对报警阀操作性能进行检验。试验压力为 0.14 MPa,排水流量为 0.24 L/s 时,报警阀报警。认为湿式报警阀合格。

3. 湿式自动喷水灭火系统设有 2 个湿式报警阀组,分别控制防火分区 1(共有 800 只喷头)和防火分区 2(共有 1 100 只喷头)的全部喷头,经现场查看 1#报警阀组设置在机电设备间,2#报警阀距地的高度为 1.5 m,报警阀组采用铺设软管的方式借用相邻卫生间排水。水力警铃压力表显示工作压力为 0.04 MPa,集中设置在卫生间内墙上。

根据以上材料,回答问题。

①指出该木器厂房自动喷水灭火系统部件在进场检验时存在的问题,并说明理由。

②指出该木器厂房自动喷水灭火系统报警阀组设置存在的问题,并说明理由。

附录 2　学业水平测试卷（二）

一、单项选择题（每题 1 分，共 40 分）

1. 探测器周围水平距离（　　）m 内不应有遮挡物。

A. 0.3　　　　　　B. 0.2　　　　　　C. 0.4　　　　　　D. 0.5

2. 探测器宜水平安装，当确需倾斜安装时，倾斜角不应大于（　　）。

A. 30°　　　　　　B. 45°　　　　　　C. 60°　　　　　　D. 65°

3. 火灾探测器报警确认灯应朝向便于人员观察的（　　）方向。

A. 次要道路　　　B. 主要道路　　　C. 次要入口　　　D. 主要入口

4. 消防水泵吸水管水平管段上不应有气囊和漏气现象；变径连接时，应采用_____管件并应采用_____。（　　）

A. 同心异径　管顶平接　　　　　　　B. 同心异径　管底平接

C. 偏心异径　管顶平接　　　　　　　D. 偏心异径　管底平接

5. 消火栓栓口出水方向宜向下或与设置消火栓的墙面成_____角，栓口不应安装在门轴侧；消火栓箱门的开启角度不应小于_____。（　　）

A. 90°　120°　　B. 90°　175°　　C. 100°　120°　　D. 110°　120°

6. 消防给水管道冲洗试验时，冲洗管道直径大于（　　）时，应对其死角和底部进行振动，但不应损伤管道。

A. DN80　　　　　B. DN100　　　　　C. DN650　　　　　D. DN50

7. 干式报警阀组的安装完成后，应向报警阀气室注入高度为（　　）的清水。

A. 10 ~ 50 mm　　B. 50 ~ 100 mm　　C. 20 ~ 50 mm　　D. 50 ~ 150 mm

8. 下列关于稳压泵调试的说法，错误的是（　　）。

A. 稳压泵应按设计要求进行调试

B. 当达到设计启动条件时，稳压泵应立即启动

C. 当达到系统设计压力时，稳压泵应手动停止运行

D. 当消防主泵启动时，稳压泵应停止运行

9. 消防水源测试时，要求合用水池、水箱的消防储水应有（　　）的技术措施。

A. 不做他用　　　B. 自动补水　　　C. 水质监测　　　D. 水位控制

10. 建筑高度大于 100 m 的建筑，其机械加压送风系统应竖向分段独立设置，且每段高度不应超过（　　）。

A. 24 m　　　　　B. 36 m　　　　　C. 50 m　　　　　D. 100 m

11. 机械加压送风系统的设计风量不应小于计算风量的（　　）。

A. 1.2 倍　　　　B. 1.3 倍　　　　C. 1.5 倍　　　　D. 2.0 倍

12. 火灾状态下，高危险场所灯具光源应急点亮的响应时间不应大于（　　）。

A. 5 s　　　　　　B. 10 s　　　　　　C. 0.50 s　　　　　D. 0.25 s

13. 方向标志灯的标志面与疏散方向垂直时，灯具的设置间距不应大于_____；方向标

志灯的标志面与疏散方向平行时,灯具的设置间距不应大于_____。(   )

    A.20 m 10 m   B.30 m 20 m   C.25 m 15 m   D.30 m 10 m

14.当水雾喷头的工作压力大于或等于(   )时,能获得良好的雾化效果,满足灭火的要求。

    A.0.2 MPa   B.0.35 MPa   C.0.15 MPa   D.0.25 MPa

15.干粉储存容器的储存容器压力可取 1.6 MPa 或 2.5 MPa 压力级;其干粉灭火剂的装量系数不应大于(   ),其增压时间不应大于 30 s。

    A.0.65   B.0.75   C.0.85   D.0.95

16.中倍数泡沫灭火系统是指系统产生的灭火泡沫倍数为(   )的系统。

    A.10 ~ 100   B.20 ~ 200   C.30 ~ 300   D.40 ~ 400

17.细水雾灭火系统按供水方式可以分为(   )。

    A.泵组式系统和瓶组式系统   B.单流体系统和双流体系统

    C.开式系统和闭式系统   D.全淹没应用方式和局部应用方式

18.风管(道)系统安装完毕后,应按系统类别进行(   )检验,检验应以主、干管道为主,漏风量应满足设计和《建筑防烟排烟系统技术标准》(GB 51251—2017)相关规定要求。

    A.严密性   B.强度   C.承载力   D.通风量

19.防护区围护结构及门窗的耐火极限均不宜低于_____,吊顶的耐火极限不宜低于_____。(   )

    A.1.0 h 0.5 h   B.0.5 h 1.0 h   C.0.25 h 0.5 h   D.0.5 h 0.25 h

20.气体灭火系统防护区围护结构承受内压的允许压强,不宜低于(   )。

    A.600 Pa   B.800 Pa   C.1 200 Pa   D.1 000 Pa

21.消防应急广播扬声器采用壁挂方式安装时,底边距地面高度应大于(   )m。

    A.1.3   B.1.5   C.2.0   D.2.2

22.手动火灾报警按钮连接导线应留有不小于(   )mm 的余量,且在其端部应设置明显的永久性标识。

    A.100   B.150   C.200   D.250

23.线型光束感烟火灾探测器发射器和接收器(反射式探测器的探测器和反射板)之间的距离不宜超过(   )m。

    A.100   B.150   C.200   D.250

24.储存室外消防用水的消防水池或供消防车取水的消防水池应设置取水口(井),且吸水高度不应大于(   )m。

    A.4   B.5   C.6   D.8

25.单台消防水泵的最小额定流量不应小于_____ L/s,最大额定流量不宜大于_____ L/s。(   )

    A.10 320   B.20 160   C.15 300   D.5 100

26.柴油机消防水泵应具备连续工作的性能,试验运行时间不应小于(   )h。

    A.8   B.12   C.24   D.48

27.下列关于消防水泵调试的说法,不正确的是(   )。

    A.以自动或手动方式启动消防水泵时,消防水泵应在 55 s 内投入正常运行

B. 以备用电源切换方式或备用泵切换启动消防水泵时,消防水泵应在 2 min 或 1 min 内投入正常运行

C. 检查数量:全数检查

D. 检查方法:用秒表检查

28. 消防供水管直接与市政供水管、生活供水管连接时,连接处应安装( )。

A. 倒流防止器　　　B. 水锤消除器　　　C. 水流指示器　　　D. 液位显示器

29. 消防水泵接合器应安装在便于消防车接近的人行道或非机动车行驶地段,距室外消火栓或消防水池的距离宜为( )。

A. 15 ~ 40 m　　　B. 25 ~ 40 m　　　C. 15 ~ 30 m　　　D. 25 ~ 30 m

30. 前室、封闭避难层(间)与走道之间的压差应为_____,楼梯间与走道之间的压差应为_____。( )

A. 20 ~ 25 Pa　30 ~ 40 Pa　　　　　　　B. 40 ~ 50 Pa　25 ~ 30 Pa

C. 25 ~ 30 Pa　40 ~ 50 Pa　　　　　　　D. 30 ~ 40 Pa　20 ~ 25 Pa

31. 对于有吊顶的空间,当吊顶开孔不均匀或开孔率小于或等于( )时,吊顶内空间高度不得计入储烟仓厚度。

A. 5%　　　　　　B. 15%　　　　　　C. 35%　　　　　　D. 25%

32. 地面上设置的标志灯的配电线路和通信线路应选择( )。

A. 耐火线缆　　　B. 耐腐蚀橡胶线缆　　C. 阻燃线缆　　　D. 绝缘护套线缆

33. 消防应急照明和疏散指示系统施工结束后,( )应完成竣工图及竣工报告。

A. 施工单位　　　B. 建设单位　　　C. 监理单位　　　D. 设计单位

34. 水雾喷头的雾滴尺寸一般以雾滴体积百分比特征直径 $D_{v0.90}$ 表示,该值表示喷雾液体总体积中,在该直径以下雾滴所占体积的百分比为( )。

A. 50%　　　　　　B. 70%　　　　　　C. 80%　　　　　　D. 90%

35. 干粉储存容器充装量检查要求实际充装量不得小于设计充装量,也不得超过设计充装量的( ),可通过核查产品出厂合格证、灭火剂充装时称重测量等方法检查。

A. 2%　　　　　　B. 3%　　　　　　C. 4%　　　　　　D. 5%

36. 高倍数泡沫灭火系统是指系统产生的灭火泡沫倍数高于( )的系统。

A. 20　　　　　　B. 50　　　　　　C. 100　　　　　　D. 200

37. 细水雾灭火系统安装完毕,( )应进行系统调试。

A. 建设单位　　　B. 施工单位　　　C. 监理单位　　　D. 检测单位

38. 防排烟系统施工前施工现场及施工中的( )等条件满足连续施工作业要求。

A. 给水、道路、供气　　　　　　　　　B. 防尘、供电、供气

C. 给水、供电、供气　　　　　　　　　D. 给水、供电、道路

39. 下列不属于应对消防联动控制器进行检查并记录的主要功能是( )。

A. 自检功能　　　B 操作级别　　　C. 一键启动　　　D. 屏蔽功能

40. 消防给水管道冲洗试验时,冲洗管道直径大于( )时,应对其死角和底部进行振动,但不应损伤管道。

A. DN80　　　　　B. DN100　　　　　C. DN650　　　　　D. DN50

二、多项选择题(每题 2 分,共 20 分)

1. 应急照明及疏散指示系统调试前应对系统的线路进行检查,对于( )等问题,应采取相应的处理措施,以确保系统线路的施工质量满足要求,有效保证系统运行的稳定性和可靠性。

A. 错线   B. 开路   C. 虚焊   D. 短路

E. 绝缘电阻小于 20 MΩ

2. 水雾喷头是在一定的压力作用下,利用( )原理将水流分解成细小水雾滴的喷头。

A. 加压   B. 离心   C. 撞击   D. 雾化

E. 绝热

3. 自动喷水灭火系统中,下列( )应有水流方向的永久性标志。

A. 压力开关   B. 水流指示器   C. 水泵接合器   D. 真空压力表

E. 过滤器

4. 消防水泵机组应由( )等组成;一组消防水泵可由同一消防给水系统的工作泵和备用泵组成。

A. 水泵   B. 消防水池   C. 驱动器   D. 专用控制柜

E. 消防水箱

5. 同一报警区域内的模块宜集中安装,不应安装在( )内。

A. 配电柜   B. 配电箱   C. 金属箱   D. 控制柜

E. 控制箱

6. 火灾报警控制器调试前准备工作包括( )。

A. 应切断火灾报警控制器的所有外部控制连线

B. 将任意一个总线回路的火灾探测器、手动火灾报警按钮等部件相连接后接通电源

C. 使控制器处于正常监视状态

D. 应检查火灾报警控制器的所有外部控制连线是否连接完好

E. 接通电源后将任意一个总线回路的火灾探测器、手动火灾报警按钮等部件相连接

7. 建筑高度大于 50 m 的公共建筑、工业建筑和建筑高度大于 100 m 的住宅建筑,其( )应采用机械加压送风系统。

A. 合用前室   B. 防烟楼梯间   C. 独立前室   D. 共用前室

E. 消防电梯前室

8. 气体灭火系统调试项目应包括( ),并应按《气体灭火系统施工及验收规范》(GB 50263—2007)相关规定填写施工过程检查记录。

A. 模拟切换操作试验   B. 模拟报警试验

C. 模拟灭火试验   D. 模拟喷气试验

E. 模拟启动试验

9. 下列关于报警阀组安装要求的说法,正确的是( )。

A. 报警阀组的安装应在供水管网试压、冲洗合格前进行

B. 报警阀组的安装应在供水管网试压、冲洗合格后进行

C. 安装时应先安装水源控制阀、报警阀,然后进行报警阀辅助管道的连接

D. 安装时应先进行报警阀辅助管道的连接,然后安装水源控制阀、报警阀

E. 水源控制阀、报警阀与配水干管的连接,应使水流方向一致

10. 下列关于消防水泵的表述,正确的是( )。

A. 消防水泵应设置备用泵,其性能宜与工作泵性能一致

B. 消防水泵应采取自灌式吸水

C. 一组消防水泵,吸水管不应少于两条

D. 消防水泵吸水管布置应避免形成气囊

E. 消防水泵吸水口的淹没深度应满足消防水泵在最高水位运行安全的要求

三、案例综合分析(每题 20 分,共 40 分)

案例一:某大型购物中心,地上 6 层,地下 2 层,每层层高 5 m,每层建筑面积均为 5 000 m²。一到 4 层为商场,5 层为空中花园和餐厅,6 层为办公区。地下一层为汽车库,地下二层为汽车库及设备用房。建筑内设置有室内、室外消火栓系统、湿式自动喷水灭火系统、控制中心火灾报警系统等。工程竣工后,该建筑消防设施施工单位对该建筑消防设施进行调试。

1. 调试时发现该购物中心 6 层的办公区内选用保护面积 60 m² 的感烟火灾探测器,探测器距空调送风口和多孔送风口的距离均为 1.2 m。每个办公室的建筑面积为 120 m²,中间采用书架分隔成 3 个办公区,书架顶部距楼板底面的距离为 24 cm,房间共安装 2 只感烟火灾探测器。在此期间 2 只探测器发出报警,检测人员立即到现场检查,发现有两位顾客在吸烟区吸烟。

2. 检测人员发现该建筑 5 层有一西餐厅:总建筑面积 1 080 m²,划分为一个探测区域,该区域设置一条报警回路总线,内有火灾报警控制点 38 个,联动控制点 17 个,并设置有 1 个总线短路隔离器。

根据以上材料,回答问题。

①指出该购物中心 6 层办公区火灾探测器设置是否正确,并说明理由。

②指出该购物中心 5 层西餐厅探测区域及总线短路隔离器设置是否正确,并说明理由。

案例二:某省级博物馆珍宝馆,存放珍贵古籍、字画等,高 4.8 m,建筑面积 780 m²,设置为一个防护区,采用管网式 IG541 气体灭火系统保护,防护区内围护结构的耐火极限为 0.25 h,所能承受的允许压强为 2 100 Pa。在防护区入口处设置火灾声光警报器和灭火剂喷放指示灯,灭火剂喷放完毕后,指示灯自动熄灭。

系统共设置有 15 个规格为 90 L 的灭火剂储瓶,由于 72 h 内无法重新充装恢复工作,故另外设置 10 个灭火剂储气瓶作为备用。

根据以上材料,指出该博物馆气体灭火系统防护区及组件设置方面是否正确,并说明理由。

参考文献

[1] 中华人民共和国公安部.火灾自动报警系统设计规范:GB 50116—2013[S].北京:中国计划出版社,2013.

[2] 中华人民共和国应急管理部.火灾自动报警系统施工及验收标准:GB 50166—2019[S].北京:中国计划出版社,2019.

[3] 中华人民共和国公安部.消防给水及消火栓系统技术规范:GB 50974—2014[S].北京:中国计划出版社,2014.

[4] 中华人民共和国公安部.自动喷水灭火系统设计规范:GB 50084—2017[S].北京:中国计划出版社,2017.

[5] 中华人民共和国公安部.自动喷水灭火系统施工及验收规范:GB 50261—2017[S].北京:中国计划出版社,2017.

[6] 中华人民共和国公安部.气体灭火系统设计规范:GB 50370—2005[S].北京:中国计划出版社,2006.

[7] 中华人民共和国公安部.气体灭火系统施工及验收规范:GB 50263—2007[S].北京:中国计划出版社,2007.

[8] 中华人民共和国公安部.建筑防烟排烟系统技术标准:GB 51251—2017[S].北京:中国计划出版社,2018.

[9] 中华人民共和国应急管理部.消防应急照明和疏散指示系统技术标准:GB 51309—2018[S].北京:中国计划出版社,2018.

[10] 中华人民共和国公安部.水喷雾灭火系统设计规范:GB 50219—2014[S].北京:中国计划出版社,2014.

[11] 中华人民共和国公安部.细水雾灭火系统技术规范:GB 50898—2013[S].北京:中国计划出版社,2013.

[12] 中华人民共和国应急管理部.泡沫灭火系统技术标准:GB 50151—2021[S].北京:中国计划出版社,2021.

[13] 中华人民共和国公安部.干粉灭火系统设计规范:GB 50347—2004[S].北京:中国计划出版社,2004.

[14] 陈伟.火灾自动报警及消防联动控制[M].重庆:重庆大学出版社,2025.

[15] 公安部消防局.消防安全技术综合能力:2016年版[M].2版.北京:机械工业出版社,2016.

[16] 国家消防救援局.消防安全技术实务:上、下册[M].2版.北京:中国计划出版社,2022.